中国生物化学与分子生物学会推荐科普读物

生物化学的故事

——代谢之旅

主　编：解　军　程景民

副主编：李　琦　郭　睿

编　委：常冰梅　李美宁　刘志贞　赵　虹　于保锋
张升校　范月莹　魏妙艳　张原媛　赵　娟
马小雯　姜　涛　吴思佳　郭彩艳　王国珍
王　靓　张　帆　杨　秀　张雨薇

插　图：贾志荣　张慧敏　黄佳林

高等教育出版社·北京

内容提要

《生物化学的故事——代谢之旅》以生物化学课程的主干知识为基础，以细胞中的物质代谢知识作为背景，为读者精心安排了一段奇妙的旅行，读者在“导游”的精心安排下依次参观并聆听围绕酶、糖类、蛋白质、脂质、能量和维生素新陈代谢的故事。

本书采用师生对话的形式展开故事内容，每期内容都分为两大部分，第一部分围绕科学家的故事，主要讲述该领域最具代表性的知名科学家所做出的贡献，最大限度地还原知识的发现和建立过程，真正实现“知其然，知其所以然”；第二部分以医学生的视角讲述临床的真实案例，使读者在聆听故事的同时，不仅能感受到医学生和医务人员在临床工作中的亲身经历，还可以将生物化学基础知识和临床实践结合起来，达到学以致用的效果。

本书面向广大医学工作者、生命科学研究人员、医学生、生命科学相关专业大学生，以及医学爱好者。希望通过这种方式促进读者对科学研究的思考，提升学生的科研思维，共同促进生命科学教育和卫生健康事业的发展。

图书在版编目（CIP）数据

生物化学的故事：代谢之旅 / 解军，程景民主编.
-- 北京：高等教育出版社，2020.8（2024.10重印）
ISBN 978-7-04-054144-1

Ⅰ.①生… Ⅱ.①解… ②程… Ⅲ.①医用化学－生物化学－普及读物②代谢－人体生理学－普及读物 Ⅳ.①Q5-49 ②R333.6-49

中国版本图书馆CIP数据核字（2020）第099696号

Shengwu Huaxue de Gushi——Daixie zhi Lü

策划编辑 瞿德竑　　责任编辑 瞿德竑　　封面设计 王凌波　　责任印制 刘弘远

出版发行	高等教育出版社	网　　址	http://www.hep.edu.cn
社　　址	北京市西城区德外大街4号		http://www.hep.com.cn
邮政编码	100120	网上订购	http://www.hepmall.com.cn
印　　刷	唐山市润丰印务有限公司		http://www.hepmall.com
开　　本	787mm×1092mm　1/16		http://www.hepmall.cn
印　　张	19.5		
字　　数	390千字	版　　次	2020年8月第1版
购书热线	010-58581118	印　　次	2024年10月第2次印刷
咨询电话	400-810-0598	定　　价	39.80元

物 料 号　54144-00

数字课程（基础版）

生物化学的故事——代谢之旅

主　编　解　军　程景民

登录方法：

1. 电脑访问 http://abook.hep.com.cn/54144，或手机扫描下方二维码、下载并安装 Abook 应用。
2. 注册并登录，进入“我的课程”。
3. 输入封底数字课程账号（20 位密码，刮开涂层可见），或通过 Abook 应用扫描封底数字课程账号二维码，完成课程绑定。
4. 点击“进入学习”，开始本数字课程的学习。

课程绑定后一年为数字课程使用有效期。如有使用问题，请点击页面右下角的“自动答疑”按钮。

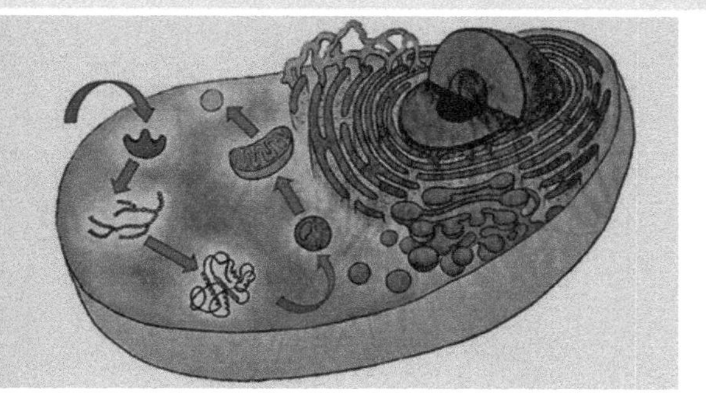

生物化学的故事——代谢之旅

生物化学的故事——代谢之旅数字课程与纸质教材一体化设计，紧密配合。数字课程包括为书中内容所配的音频和参考文献，为读者提供方便的阅读途径和进一步探索的空间。

用户名：　密码：　验证码：　5360　忘记密码？　登录　注册

http://abook.hep.com.cn/54144

扫描二维码，下载Abook应用

序

生物化学这门学科主要研究生命体的化学组成及其变化过程，而我们机体的新陈代谢亦是本学科的主要内容之一，因此这门学科无论是对于探索生命奥秘还是认识疾病都显得尤为重要，是医学和生命科学领域中一门重要的基础课程。

然而，不少师生将生物化学列为难度较大的课程之一，究其原因我想与这门学科的建立和发展过程有关。最初一些热衷于探索生命奥秘的化学家经过不断研究使得生命体内的化学物质和化学变化逐渐形成了一定的知识体系，进而从化学中独立出来形成了新的分支学科——生物化学。进入 20 世纪之后，生理学、物理学、细胞生物学、基因学等学科的飞速发展，极大地带动了生物化学的发展，许多著名的代谢途径，如糖酵解途径、三羧酸循环、鸟氨酸循环等知识由此建立起来。可以说生物化学的发展具有多学科的背景。如果想要学好这门课程，就必须充分理解这些背景知识，实现更“立体”的学习和理解过程。

山西医科大学解军教授带领师生团队，耗费数年时间，撰写了《生物化学的故事——代谢之旅》一书，旨在为广大师生提供一个更加“立体”的生物化学参考读物。在该书中，作者们经过对海量原始资料的整理，筛选出生物化学发展过程中最具影响力的科学家和医学家，并以故事的形式叙述了他们的研究背景和研究历程，充分展示了生物化学的多学科背景和知识的来龙去脉。

作者们为实现“立体”的生物化学所做的另一项工作是，在每个章节科学家的故事结束后，紧接着讲述了临床医学生在学习实践中的经历和感悟。借鉴美国执业医师考试模式，以案例分析的形式体现了生物化学知识对于认识疾病和医学发展所发挥的重要作用，为实现学以致用提供了有力的参考。

本书是一本难得的生物化学参考读物，原创性很高，有深度也有广度，希望广大读者在阅读过程中能够进入一个“立体”的生物化学世界，从中体会生命的奥秘、科学研究的要义，更好地推动生命科学的发展和医学的进步。

中国生物化学与分子生物学会

第十一、十二届理事长

中国科学院院士

2020 年 4 月

目录

01

第一站

开启新陈代谢之旅

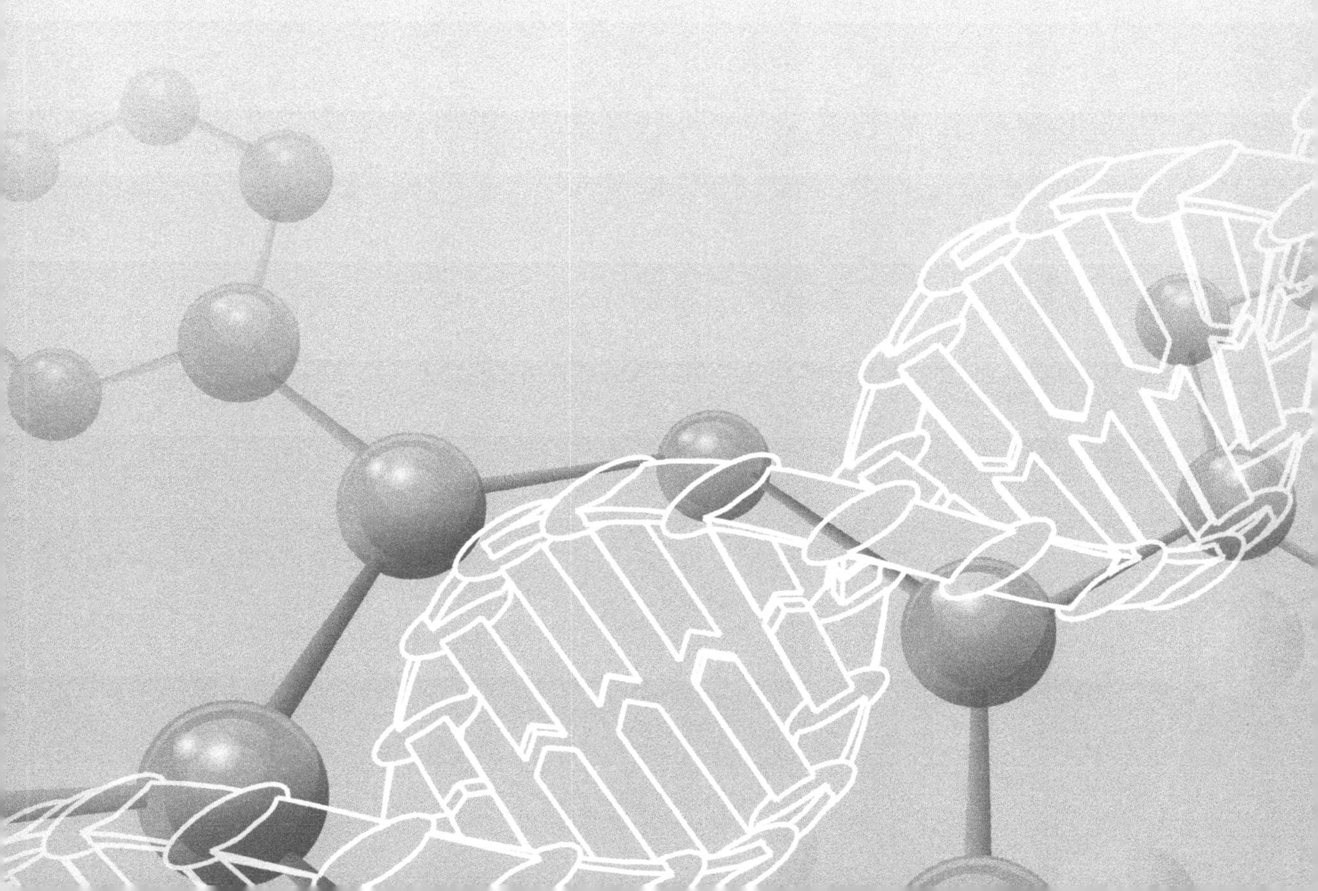

第1期　生命之钥

本期人物

安东尼·范·列文虎克（Antonie van Leeuwenhoek，1632—1723），荷兰科学家，运用其自行研制的显微镜，观察记录了大量微生物，号称“微生物学之父”。

路易·巴斯德（Louis Pasteur，1822—1895），法国微生物学家、化学家，因发明预防接种方法而闻名，并通过实验进一步证实“疾病细菌学说”，否定“自然发生说”。

尤斯图斯·冯·李比希（Justus Freiherr von Liebig，1803—1873），德国化学家，在农业和生物化学领域贡献突出，并创立了有机化学。作为一名大学教授，他提出了现代化的实验室教学方法，被誉为历史上最伟大的化学教育家之一。

爱德华·比希纳（Eduard Büchner，1860—1917），德国化学家，一生从事关于发酵过程和酶化学的研究，证明了能够使糖类发酵的是酵母所含的各种酶而不是酵母本身；还证明了酶可以从酵母细胞中提取，也因此获得了1907年诺贝尔化学奖。

玛丽·布罗德富特·沃克（Mary Broadfoot Walker，1888—1974），英国内科医生，首次应用毒扁豆碱治疗重症肌无力，并取得一定成果。

第一部分　科学家的故事

师生对话

本期成员为：解军教授（以下简称解），程景民教授（以下简称程），李琦同学（以下简称李），王靓同学（以下简称王），赵娟同学（以下简称赵）。

解：同学们好，我们今天将在细胞的城堡中开启一段奇妙的旅程，在此期间大家将会听到各种各样有关新陈代谢的故事。第一站我们首先要打开通往这个秘境的大门，这部分内容实质上是围绕“酶”来展开的。同学们有没有想过，我们为什么要先从酶开始？

王：解老师，是不是因为酶普遍存在于生物体内，几乎所有的生命活动都需要酶的参与？

李：咱们第一站的主题就是要开启新陈代谢之旅，所以这个切入点必须能够统领全局。酶，作为机体新陈代谢的核心要素，是当之无愧的首选！您说是不是，解老师？

解：看来同学们对酶在整个新陈代谢中的核心地位有共识。正是由于酶在新陈代谢中起着核心作用，所以我们将酶看做打开生物化学之门的钥匙。人类对酶的认识是一个漫长的过程，是从现象到本质的过程。咱们来讨论一下“酶”这部分可以分为几期内容吧。

赵：老师，根据前期的文献查询结果，我们是不是可以通过三期活动，分别讲解酶定义的形成过程、酶特征的发现过程和酶本质的研究过程？

程

不错，这样的安排符合人类认识酶的客观过程。按照我们的思路，同学们先找找这几个阶段的关键人物吧。

赵

酶的正确定义要归功于比希纳。是他结束了巴斯德和李比希之间的争论，所以他应该是本期的一个关键人物。

李

巴斯德和李比希的争论主要围绕“发酵”，巴斯德和李比希也是关键人物。此外，在发酵的学习中，我发现列文虎克对于酵母菌的观察是这场争论的起点，所以第一位关键人物应该是列文虎克。

程

很好，那么在讲这些科学家的研究经历之前，我们应当先了解他们的生活经历，让人物立体化，以便进一步理解他们的科研工作。

王

我先说列文虎克吧。他最初在布店学徒，后来给市政厅当看门人，一直没有受过正规教育。虽然看门人的工作比较清闲，但列文虎克并没有虚度光阴，而是利用空闲时间磨制放大镜和显微镜的镜片。因为当时镜片昂贵，他便自己动手。在这些镜片的帮助下，他对微观世界做了大量的观察，并工整地记录下来。英国皇家学会最初认为他的工作是“乡下佬的无稽之谈”，然而当他们看到他的笔记后，却被深深地震撼了。最终，列文虎克的工作得到了英国皇家学会的认可。可以说，列文虎克是一位不简单的“看门人”。

赵

我和大家分享李比希的生活故事吧，他的父亲是贩卖化学药品、香水和清洗剂的商人。他从小接触这些东西，因而对化学产生了浓厚的兴趣。中学时，他成绩非常差，被迫辍学回到父亲的作坊当学徒。虽然没有继续读书，但是他依然热爱化学研究。他一边在图书馆查阅化学资料，一边在作坊进行化学实验。之后，他被推荐到波恩大学学习化学。在这里，他的化学天赋很快得到认可。他 18 岁完成博士论文，21 岁成为吉森大学的化学教授。一开始他的工作条件非常差，用于购置仪器设备的经费很少，他自掏腰包购置教学器材，甚至通过举办私立研究所，通过教学和科研活动补贴大学教学所需的经费。正是他的无私，赢得了师生的一致好评。

赵

解

讲得很好，从大家整理的资料来看，有些人物的记载相对全面，有些相对简单，关键人物我们就不一一介绍了，接下来咱们在故事中进一步体会大师的风采吧！

故事还要从美食说起。像酒、醋、酱等这样的美味，都是时间的味道——都经历了发酵。所谓发酵，就是食材经过一系列的化学变化，然后摇身一变成为美味佳肴。医学家海尔蒙特（Helmont，1577—1644）受这个原理启发，提出人体的许多生命现象也是发酵的结果。例如呼吸运动、肌肉活动、食物消化等生命现象，都可以用化学变化来解释。在他的影响下，医学领域逐渐诞生了一个新的流派——化学派。

然而，要想破解这些神奇的化学变化，就需要寻找一把钥匙。正是这把钥匙让机体内的化学变化或快或慢、或行或止。只有拥有这把钥匙，才能进一步解开生命化学变化的谜团。然而这把钥匙到底是什么呢？在漫长的寻找过程中，几代科学家付出了常人难以承受的艰辛和努力，让我们跟随历史的脚步，聆听他们鲜为人知的故事。

显微镜下的奥秘

17 世纪的欧洲迎来了一个新的局面。新航路的开辟加速了贸易的发展，进而带动了生产力的发展，欧洲的经济出现了欣欣向荣的局面。随后，英国率先完成工业革命，经济增长进一步得到释放。在这个前所未有的繁荣时期，有雄厚的经济作为后盾，人类探索自然的脚步也越来越快。

与此同时，人们的思想认识有了巨大的进步。中世纪的乌云已经渐渐散去，人们进一步摆脱了主观唯心的神学理论，把更多的热情投入到对客观事物的认识和探索之中。而探索自然进行科学研究的第一步就是观察，为了获得更好的观察效果，许多科学家潜心钻研，各种观察仪器相继诞生。例如，众所周知的哥白尼“日心说”理论，正是得益于天文望远镜的帮助。

当时的人类可以说已经初步上知天文，下知地理。然而，为什么五谷可以酿成酒，黄豆可以酿成酱，蔬菜可以制成酸菜，这些化学变化中究竟是什么在发挥作用，仍然是一个谜。这个问题也同样引起了列文虎克的注意。

列文虎克出生于一个酿酒工人的家庭，早年在布店当学徒，中年之后他在市政厅担任门卫。清闲的工作使得他有大把的时间做一些自己感兴趣的事情。有一次，他路过一家眼镜店，发现借助店内陈列的放大镜可以看清微小的事物，于是对此产生了浓厚的兴趣。但是，价格不菲的放大镜使他望而却步，他心想，如果自己可以制作放大镜就好了。于是，他开始潜心研究放大镜的磨制技术。

没有理论基础，也没有专业的工具，列文虎克从零开始磨制放大镜。经过不懈的努力，他的制作技术越来越高。通过放大镜，他观察了许多植物、动物、矿石等，这些大家司空见惯的东西在列文虎克的放大镜下却是另一番景象，神奇的微观世界吸引着列文虎克不断改进他的放大镜。

但是，放大镜的放大倍数有一定极限，无论怎么改进磨制技术也无法突破。一次偶然的机会，他了解到伽利略等科学家曾经制造过一种放大倍数更高的“放大镜”，通过两个放大镜的适当组合就可以突破单镜片的极限。列文虎克开始兴致勃勃改进他的放大镜。经过不懈的努力，他成功制作出了新型“放大镜”——显微镜。

显微镜极强的放大能力帮助列文虎克观察到更细微的微观世界。在看似洁净的物体表面，显微镜下却全是微尘；透明清澈的饮用水中竟然存在一些小的生命。这些小生命或是圆形，或是杆状，或有长长的鞭毛，于是他将这些生命叫做“狄尔肯”。发现了“狄尔肯”之后，列文虎克开始大量观察周围世界中无处不在的微小生命。

一次，他喝酒的时候，不经意想到了父亲酿酒的情景。从小耳濡目染，列文虎克对于酿酒工艺已经烂熟于心。欧洲酿制的主要是红酒，酿造历史可以追溯到公元前 1 000 到前 500 年。其主要酿制过程包括去除葡萄梗、榨汁和发酵、除渣和熟化。在制作过程中，不像中国粮食酿酒一定要加入酒曲，因为葡萄皮表面就有促进发酵的微生物。而这对于当时的列文虎克而言显得更加神秘，不借助任何外力，葡萄就可以变成美酒，这究竟是什么在发挥作用?

结合自己对“狄尔肯”的广泛观察和了解，列文虎克猜想酒在发酵过程中是不是也有“狄尔肯”的参与？于是，他开始探索酒发酵的秘密，试图在其中找到“狄尔肯”。他首先对酿制好的酒进行观察，但是一无所获。因为成品的酒是比较洁净的，经过过滤和沉淀等工序，酒中的杂质很少，更别说“狄尔肯”了。列文虎克并没有放弃自己的猜想，既然成品酒比较纯净，那么发酵过程中的酒会不会有新的发现呢？于是，他在酒窖的酒缸里盛出了半成品，然后在显微镜下仔细观察。一开始看到的主要是杂质，随着他不断仔细地观察和辨别，看到了一些圆形或椭圆形的区别于杂质的小颗粒，终于发现了猜想中的“狄尔肯”。

列文虎克在红酒中发现的“狄尔肯”就是我们熟知的酵母菌。虽然列文虎克仅仅做了粗浅的观察，但这极大地弥补了人类在发酵认识上的空白，明确了微生物与发酵的关系。在此之后，科学界掀起了一股对酵母的研究热潮。半个世纪以后，法国一名科学家使用复式显微镜观察到酵母的繁殖过程后，他惊奇地发现，酵母居然是活的。随后，他仔细观察了酵母的繁殖过程，并且确定酵母是一种活的微生物。至此，通过显微镜人们肯定了酵母菌在发酵中的重要作用。

百年的争论

随着对酵母认识的深入，以发酵为理论基础的医学化学派有了新的发展。医学科学家开始进一步探索人体内的化学变化。消化过程是最具代表性的人体化学变化，于是针对消化机制的研究首先开展起来。

17 世纪是力学的黄金时代，因此机械的观点也影响了医学科学家。物理派的医学家认为消化是一种机械运动，而化学派则认为消化是一种类似于发酵的化学过程。这一争论持续了近百年的时间（图 1–1）。

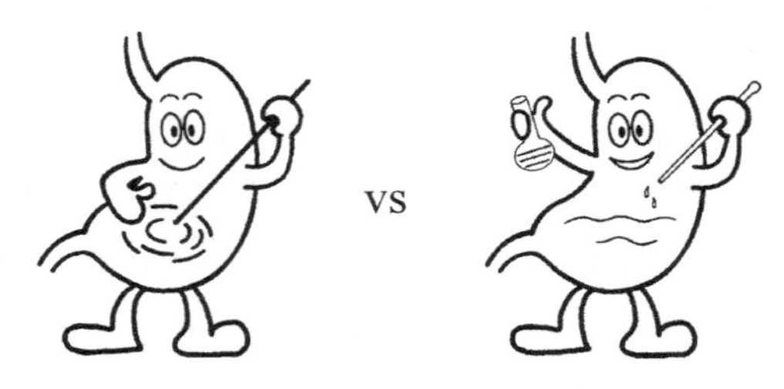

图 1–1　消化机制的百年争论

面对争论，化学派的科学家首先要寻找足够的科学证据，以证明消化的过程是化学过程。1783 年，斯帕兰札尼（L. Spallanzani，1729—1799）针对物理派和化学派的争论焦点，巧妙地设计了一个实验。他将食物装在打有小孔的金属小球中，并让鹰吞下装有肉块的小球，这样食物就不会受到机械性消化的影响，而胃中的液体却可以进入小球中。经过一定时间后，他把小球取出来，发现小球内的肉块消失了，因此他推断动物的胃内一定存在某种可以消化食物的物质。于是，斯帕兰札尼首先提出“消化液”一词，认为消化液中含有某种能分解食物的化学成分。所谓消化，就是消化液对食物的分解过程。他还通过实验证明，消化速度不仅同食物的性质和消化液的多少有关，还与温度的高低有关，而体温恰恰是最适宜的温度。但因当时实验条件和实验方法比较落后，斯帕兰札尼并没有弄清楚胃液中将食物消化的究竟是什么物质。

斯帕兰扎尼的实验，给化学派带来了极大鼓舞，因为他们的化学理论有了强有力的事实依据。那接下来的问题就是要进一步寻找引起食物化学变化的原因。1834 年，德国科学家施万（Theodor Schwann，1810—1882）把氯化汞加到胃液里，沉淀出一种白色粉末。把粉末里的氯化汞除去，发现这种白色粉末的溶液能分解食物中的蛋白质成分。施万把这种粉末称为“胃蛋白酶”。与此同时，法国化学家又从麦芽提取物中发现了另外一种物质，它能够将淀粉转化成糖，这就是“淀粉糖化酶”。这些化学物质的发现说明消化过程就是一种化学变化。

对消化机制的研究反过来又促使科学家进一步思考：酵母中是否也存在能够产生发酵作用的化学物质呢？1857年，巴斯德发现在无氧条件下，酵母可把蔗糖分解转化成乙醇和二氧化碳。他期望在离体条件下，也能凭借某种物质完成这个过程。针对这个问题，巴斯德反复进行了实验，他的思路是从酵母中提取可溶性物质，进而使乙醇发酵。通过萃取冷冻细胞，再通过浓盐溶液迫使酵母细胞内部物质渗透到细胞表面，结果所有这些努力都是徒劳的，巴斯德并没有找到这种物质，因此他否认了先前的假设，提出酵母的发酵必须在活体状态下才能进行。他认为，发酵过程更应是酵母菌的一种生理过程，它随着酵母的生存而存在，随着酵母的死亡而失活。于是，巴斯德将酵母菌又称为“活的酵素”，这一观点重申了生命体内生命物质的特殊性，更加符合当时的“活力论”这一生命理论流派。由于巴斯德在微生物领域的权威性，“活的酵素”得到了广泛的认可，同时也使得“活力论”更加壮大。

然而，巴斯德的观点遭到了以化学教皇李比希为首的科学家们的质疑和反对。作为化学研究的权威，李比希结合消化机制等生理学方面的研究成果，提出了生命的过程都是一种物理或化学变化过程，而其中化学变化是由一些化学物质控制或调节的。这些化学物质可以是有机物质，也可以是无机物质，这些物质并不需要以生命力为前提。李比希将之称为“酵素”。李比希提到的这些化学物质，被后人称为“酶”。酶的理论也由此逐渐成熟起来。

在19世纪到20世纪初近百年的时间里，“酵素论”和“活力论”一直相互对峙，各有分说地解释着生命现象，直到一个人的出现打破了这个僵局，这个人就是比希纳。

没有酵母的发酵

巴斯德和李比希的学术争论一晃几十年过去了，解决这个问题的关键还是要在酵母研究中取得突破。于是，酵母依然备受科学家们的青睐。

其间，科学家们对酵母的观察也更加细致，基本掌握了酵母菌的细胞结构。酵母菌的细胞结构类似于植物细胞，由细胞壁和原生质组成，原生质包括我们现在所知的细胞膜、细胞质和细胞核。细胞壁是由纤维紧密排列构成的一种致密而牢固的结构，用于保护内部的原生质。

然而，酵母的发酵机制研究却停滞不前，始终是一个难题。酵母的发酵能力是源自一种生命本能，还是一种化学物质，这个问题同样难倒了巴斯德之后的一大批科学家。但是，科学研究就是在不断挑战难题中日益发展的，许多科学家执著地向这个难题发起挑战，其中也包括比希纳。作为第5届诺贝尔奖获得者拜尔（Adolf von Baeyer，1835—1917）的学生，比希纳有着良好的化学基础，他利用这一优势，将自己的精力投入到对酵母发酵机制的研究当中。

现实远非比希纳想象的那么简单。他自认为凭借扎实的化学基础，加上化学界的发展与进步，完全可以利用技术优势寻找到新的发现。但是，巴斯德毕竟是酵母研究方面的权威，他的实验原理和思路非常严谨，比希纳并没有能够在实验设计和思路上超越巴斯德，尽管做了许多尝试和改进，但是仅凭技术方面的优势来推翻巴斯德“活力论”仍旧显得势单力薄。由于在发酵过程研究中未能达到理想的效果，比希纳便转而研究酵母细胞内的原生物质——酵母汁。

可是如何打破细胞外壁，提取出内部的原生物质呢？比希纳和助手们尝试过多种方法打破这层坚固的外壳。一开始，他们先把酵母细胞冷冻到 -16℃，再溶解于稀释的甘油中，接着升温加热，以求依靠热量打破细胞壁，结果高温虽然打开了细胞壁，但是内部的原生质遭到了极大的破坏。于是，他又尝试在 -16℃中，用研钵研磨，希望外加机械力使细胞外壁破裂，但由于细胞过小，机械力度很难把握，太重了破坏细胞，太轻了又无济于事。

如何能保证以单纯的机械外力破坏外壁，而不损伤内部结构？这是比希纳经历两次失败后总结出的问题。查阅了大量资料后，他终于利用“沙磨技术”成功解决了这个问题。即在细胞中加入足够的细沙和硅藻土，然后过滤除去未粉碎的酵母及部分碎片，从而获得酵母汁（图 1-2）。这种方法避免了因外界恶劣环境而导致活性物质的丧失，保证了原生物质的完整性不被破坏，从而获取到相当数量的原生物质。

失去了细胞壁的保护，这些好不容易得来的原生质极易遭到破坏。因此，他们按照常规方法，先加入蔗糖进行保护。但比希纳却意外地发现加入蔗糖后会产生大量的气泡。经过证明，这些气泡正是由蔗糖发酵产生的二氧化碳。意料之外的现象震惊了所有的实验人员，而这却意味着比希纳之前已经放弃的研究有了新

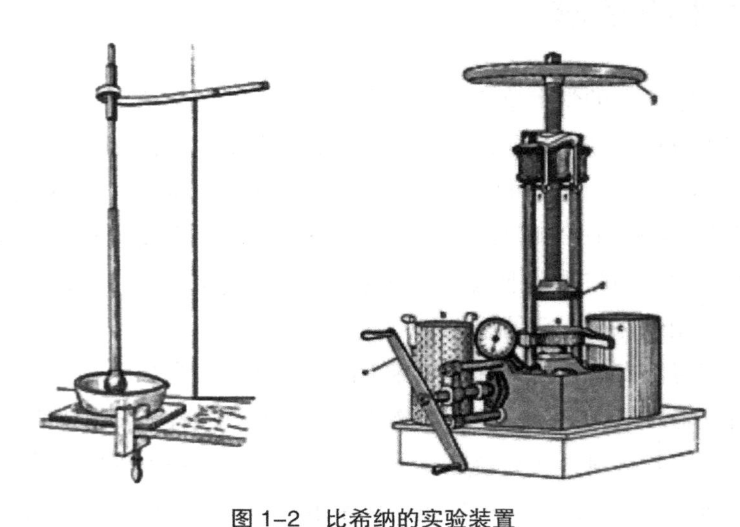

图 1-2　比希纳的实验装置

（引自 E. Buchner，Nobel Lecture，1907）

的发现，并且这个发现足以向权威的巴斯德提出挑战。满怀欣喜的比希纳开始进一步研究酵母原生质的发酵作用。

经过多次实验验证，他们认为能发挥作用的应该是原生质中的可溶性化学物质。因为在他们提取酵母汁的过程中，已经使酵母细胞丧失了生命活性，残留的酵母细胞数量很少，几乎不可能发挥明显的发酵作用。他们还在酵母汁中加入杀菌剂，以进一步排除干扰。没有生命力的酵母汁产生了发酵作用，这说明发酵的真正本质是原生质中的化学物质，而并非细胞本身。这彻底驳斥了巴斯德的观点，验证了李比希的结论，证明生物体内的这种生理活动是由某种化学物质造成的。百年来，“活力论”和“酵素论”的争论就此画上了句号。比希纳将酵母中能够发挥发酵作用的物质命名为“zymase”。

比希纳的发现为酶的统一定义提供了重要的科学依据，为此他在 1907 年荣获诺贝尔奖，成为生物化学领域真正意义上的第一个奖项。然而，酶在生命的化学反应过程中充当什么角色，有什么特点，而且酶本身又是什么化学物质，比希纳的研究尚未涉足，我们将在后续的故事中寻找答案。

第二部分　医学生的见闻

师生对话

解：科学家们探索生命的奥秘，在很多时候也为疾病的研究提供了重要线索。同学们有没有发现有些生命科学家对医学也做出了巨大的贡献？

赵：有，巴斯德就是其中的一位代表人物。虽然他不是一名医生，但他的研究成果却推动了医学的发展，进而挽救了许多生命。

李：我来给大家介绍一下巴斯德。中学时，他在学校表现普通，但很爱问问题，凡事喜欢追根究底，甚至因此成为某些老师的“眼中钉”。就这样通过不断地发问、学习，对化学、物理和艺术都有浓厚兴趣的巴斯德渐渐成为优秀学生。1843 年 8 月，巴斯德考入高等师范学校，攻读化学和物理学科的教学方法。课堂上学来的知识，他都要用实验来验证。他整天埋头在实验室里，因此被称为“实验室的蛀虫”。师范学校毕业后他推迟了当老师的计划，留在巴黎潜心科学研究。在26岁那年，顺利进入实验室继续攻读博士学位，从此开始了他的学术生涯。

李

据我了解，巴斯德还是一位很爱国的科学家。由于在科学上取得了卓越的成就，他在整个欧洲享有很高的声誉，德国的波恩大学郑重地把名誉学位证书授予了这位赫赫有名的学者。但是，普法战争爆发后，德国强占了法国的领土，出于对自己祖国的深厚感情和对侵略者德国的极大憎恨，巴斯德毅然决然把名誉学位证书退还给了波恩大学，他说：“科学虽没有国界，但科学家却有自己的祖国。”

王

程

不错，巴斯德在生命科学和医学上做出了双重贡献。同学们有没有想过，前面咱们讲的这些故事对自己的临床实践有什么帮助呢？

在认识酶的过程中，我也在想与酶相关的疾病。正因为有了酶的概念，这些疾病的认识才得以发展，例如重症肌无力。

王

这个例子好，重症肌无力是神经内科的常见病。准确来说，重症肌无力的病因不在酶，而是突触后膜神经递质的受体出现了问题。但是在治疗的过程中，酶恰好成为治疗的一个靶点，也正是通过这个靶点，人类对这个疾病的机制才有了进一步的认识。

李

我了解到英国的沃克医生对重症肌无力的药物治疗做出了巨大的贡献。当她还是住院医师的时候，通过对住院患者细致的观察，在世界范围内首次报道了毒扁豆碱对重症肌无力的治疗效果。虽然她没有像之前的科学家那样设计许多巧妙的实验，但是她的经历告诉我们，对疾病的探索离不开细致的观察，通过观察获得的信息为选择进一步的研究方向起到了至关重要的作用。

赵

解　同学们分析得很到位，接下来，我们就从基础结合临床的角度来讲讲“疾病的细菌说”和“重症肌无力”这两个案例吧。

巴斯德与疾病的细菌说

就在科学家们不断寻找发酵秘密的同时，对于人类疾病的探索也不断深入。虽然巴斯德在探索发酵机制的过程中，片面地支持“活力论”，在今天看来是错误的，但是他对于人类疾病研究做出的贡献功不可没。他的大量实验否定了疾病的“自然发生说”，有力地支持了“细菌说”——活的细菌具有致病作用，由此挽救了大量的生命，极大地推动了现代医学的发展。

“自然发生说”由来已久。古代哲学家亚里士多德就曾提出：有些鱼是由淤泥及砂砾发育而来的。这就是“自然发生说”的重要观点。亚里士多德的权威极大地推动了“自然发生说”的发展，并对后世产生了久远的影响。与此类似，中国古代“肉腐出虫，鱼枯生蠹”也表达了相似的观点。在这种哲学思想的指导下，西方古代的医学界提出了土、水、火、风“四元素”学说，用来解释生命和疾病的奥秘。之后又对应地提出由血液、黏液、黄胆汁和黑胆汁组成的“四体液”学说。“四元素”和“四体液”学说相互配合，试图解释更多的生命和疾病现象。但是，传染病的暴发打破了这一定律，它就如同死神一次次无情地夺去人类的生命。在各种可怕的传染病面前，无论是“四元素”还是“四体液”学说都显得苍白无力。

直到文艺复兴之后，近代自然科学的建立和发展使得许多科学家开始反思“自然发生说”存在的问题，并试图用实验的方法去验证。虽然前期已经有一些科学家通过实验动摇了“自然发生说”，并提出了“细菌说”，但是对于“细菌说”最权威和最有力的证明还要归功于巴斯德。

首先，巴斯德自己设计出一款特殊的实验仪器：鹅颈烧瓶（图 1–3）。空气中的尘埃（包括各种微生物）因为重力作用可以被阻挡在鹅颈烧瓶外，因此，这一精巧的实验装置既能保证空气流通，又有效阻隔了微生物的侵入。巴斯德将煮熟的肉汤置于其中，放置一段时间后，肉汤没有变质。之后，他将鹅颈烧瓶打破，肉汤很快发生了变质。这说明细菌不会凭空产生，而是通过一定的途径污染了肉汤，才使得肉汤变质的。

之后，巴斯德开始研究一种神秘的蚕病。病蚕身上长满棕黑的斑点，就像粘了一身“胡椒粉”，多数人称这种病为“胡椒病”。得了病的蚕，有的孵化出来不久就死亡了，有的挣扎着活到第 3、4 日龄后也挺不住了，最终难逃一劫。极少数蚕能够结成茧，可钻出来的蚕蛾却残缺不全，它们的后代也是病蚕。养蚕人想尽办法也无济于事。巴斯德通过显微镜观察到，这些所谓的“胡椒粉”是一些很

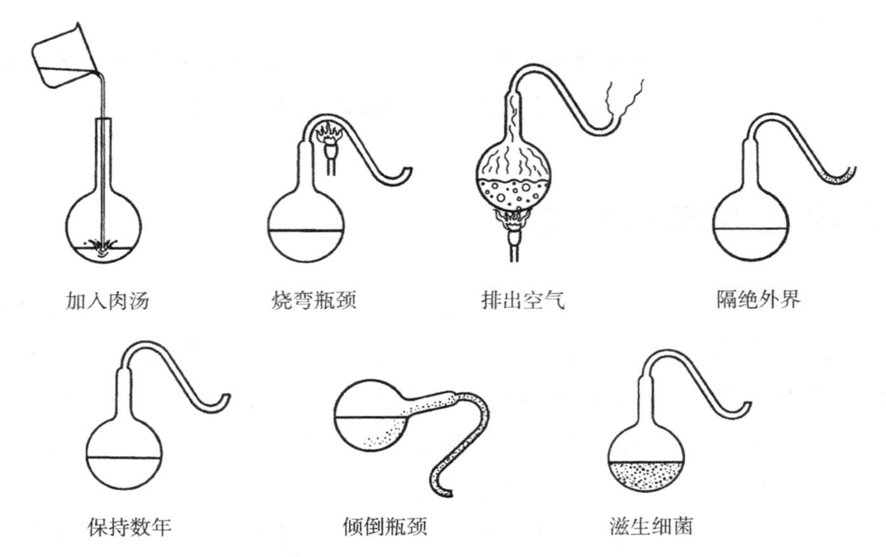

图 1–3　巴斯德鹅颈烧瓶实验

小的、椭圆形的棕色微粒。前期的研究工作提示，这很可能是细菌。他将这些颗粒涂抹到正常蚕叶上，健康蚕食用这些蚕叶后也会发病，于是他提出必须切断这种细菌的传播途径，将污染的蚕叶和病蚕全部销毁，重新利用无污染的蚕叶喂食健康的蚕，最终法国的养蚕业得到了解救。根据类似的理论，巴斯德还成功找到了解救炭疽病的办法。

总之，巴斯德认为许多疾病是由微生物引起的，而这些微生物不会在机体中凭空产生，必定是通过某些途径传播进入机体而引发疾病的。因此，解救问题的办法就是切断传播途径。巴斯德虽然不是一名医生，但是他的这些观点对现代医学的发展产生了重要的影响。

重症肌无力

跟随导师出门诊的一次经历让我印象非常深刻。患者是一位中年女性，双眼上睑下垂，左侧明显。患者自述 1 个月前因劳累出现眼酸困，上睑下垂，视物重影，具有劳累后加重、休息后减轻、朝轻暮重的特点。自以为感冒，服用“感冒药”后效果不明显，随之症状逐渐加重。查体：双眼上睑下垂，眼球运动不灵活，四肢肌力Ⅳ级，肌张力尚可。

这位患者的主要症状是睑肌和眼外肌的肌无力，四肢肌力尚可。肌无力的表现符合重症肌无力活动加重、休息减轻、朝轻暮重的特点。与其他神经肌肉疾病比较容易鉴别，因此初步诊断为重症肌无力，建议患者住院，进一步完善检查以明确诊断。患者虽然当时症状看起来并不严重，但是如果不及时寻找病因、控制症状，一旦累及呼吸肌，后果不堪设想。

住院后，患者进行了头颅磁共振成像（MRI）、胸部计算机体层成像（CT）、肌电图，还有相关化验。胸部 CT 显示，前纵隔胸腺区右侧软组织肿块影，考虑胸腺瘤。肌电图提示左侧斜方肌、眼轮匝肌 3.5 Hz 刺激波幅略有递减。其余检查未见明显异常。综上确诊为重症肌无力。给予溴吡斯的明治疗，患者症状有所改善。但要彻底治愈，还需手术治疗，遂转胸外科。

重症肌无力，顾名思义会让人觉得这个病很重。实际在临床上，这种疾病的症状变化很大。轻者仅表现为上睑下垂、复视，重者可能会累及呼吸肌，引起呼吸困难，甚至危及生命。无论症状轻重都要足够重视，不要被症状迷惑。

由于该病复杂的临床表现，因此人类对其认识也经历了漫长的过程。最早可以追溯到 17 世纪，英国医生威利斯（Thomas Willis，1621—1675）报道了波动性延髓肌无力和躯干肌无力的临床现象。之后，许多临床医生注意到这种症状，陆续进行了许多病例的报道。直到 200 年以后，德国医生乔利（Friedrich Jolly，1844—1904）在一次会议中首次将这种疾病命名为“重症肌无力假性麻痹”。

对于重症肌无力的治疗，二百多年间没有任何突破。又过了三十多年后，英国住院医师沃克发表了病例报道：她通过对住院患者的仔细观察和认真治疗，发现毒扁豆碱能够改善患者的肌无力症状。之后，她又报道了毒扁豆碱的类似物新斯的明也可以发挥相同的作用。毒扁豆碱和新斯的明都是最初用于眼科，能够引起瞳孔收缩的药物。缩瞳药物主要作用于支配瞳孔括约肌的神经末梢与肌肉的接头处，通过影响局部乙酰胆碱与受体的结合而发挥作用。因此，沃克根据治疗效果推断，重症肌无力的病因也可能出在神经末梢与骨骼肌接头处。沃克的工作虽然仅仅是两个病例报道，但却是承前启后的，她不仅开辟了治疗新方法，而且为研究重症肌无力的发病机制指明了方向。

最终经过研究发现，重症肌无力的病因是神经肌肉接头突触后膜上的乙酰胆碱受体受累，无法与乙酰胆碱结合，从而导致肌无力症状。要想理解其中的机制，还要从突触的工作原理说起。突触是两个神经元之间或神经元与其效应器之间的连接结构，由突触前膜、突触间隙和突触后膜组成。传递信号时，前膜分泌神经递质，如乙酰胆碱，经突触间隙扩散到后膜，与后膜上的受体相结合，从而完成信号传递。信号传递任务结束后，突触间隙多余的乙酰胆碱被乙酰胆碱酯酶分解，避免残余的乙酰胆碱传递错误信息。

毒扁豆碱和新斯的明之所以能够改善重症肌无力患者的症状，是因为抑制了乙酰胆碱酯酶的活性，使突触间隙中的乙酰胆碱浓度增高，即使突触后膜受体受累，也可以通过数量优势来缓解症状，达到治疗目的。因此，正是对乙酰胆碱酯酶的认识明确了毒扁豆碱和新斯的明的药理机制，为重症肌无力的治疗找到了出路。

第2期　神奇的钥匙

本期人物

赫尔曼·埃米尔·费歇尔（Hermann Emil Fischer，1852—1919），德国化学家，被称为19世纪的有机化学大师，在糖类、蛋白质、核苷酸及酶学等领域有广泛的研究。因其在化学领域的卓越贡献，获得1902年诺贝尔化学奖。

维克多·亨利（Victor Henri，1872—1940），法国－俄罗斯物理化学家和生理学家，致力于酶促动力学的研究，在生物化学、物理化学、生理学等领域发表论文500余篇，被认为是酶促动力学研究的先驱人物。

雷昂诺·米凯利斯（Leonor Michaelis，1875—1949），德国－美国化学家，早年从事细胞染色体的研究，后致力于酶促动力学的研究，提出了著名的米凯利斯－门顿方程。

莫德·利奥诺拉·门顿（Maud Leonora Menten，1879—1960），加拿大医学科学家，是加拿大第一位获得医学博士学位的女性，后在德国与米凯利斯一起提出米凯利斯－门顿方程。

格哈德·多马克（Gerhard Domagk，1895—1964），德国病理学与细菌学家，因发现红色染料百浪多息具有抗菌作用而获得诺贝尔奖，但是由于纳粹的迫害，被迫放弃，直到1947年才补发了该奖项。

第一部分　科学家的故事

师生对话

本期成员为：解军教授（以下简称解），程景民教授（以下简称程），李琦同学（以下简称李），王靓同学（以下简称王），赵娟同学（以下简称赵）。

解：同学们好，在上一期内容中，我们探讨了人类发现并命名“酶”的历程。有了“酶”，也就有了打开生物化学大门的钥匙，才能够正式开始我们的新陈代谢之旅。按照行程规划，我们在这一期将了解酶促的化学反应特点及其作用原理。同学们准备得怎么样？

王：酶的作用特点还是很鲜明的，与化学催化剂相比，具有高效性、专一性和温和性的特点。那么，咱们该从哪个方面开始说起呢？

程：总结得很好，酶的这些特点是在漫长的研究中逐渐总结出来的，而不是一蹴而就的。因此，在酶的早期研究中，科学家们应该是最先认识到其中的某一个方面并进行研究的。所以，解决办法还是先去找这个领域的关键人物。

李：的确如此，我们在整理资料的过程中发现，酶促反应这个领域中的代表人物依次是费歇尔和米凯利斯，他们先后对酶的专一性和高效性进行了研究。因此，科学家们最早关注到的应该是酶的专一性。

解：很好，那么本期我们就来探讨酶的专一性和高效性的研究历程，而对于酶的温和性，我认为一方面取决于细胞自身的内环境，另一方面也取决于酶自身的化学本质，这个问题我们将在下一期探讨。接下来，同学们谈谈对关键人物的了解吧。

我先来讲讲费歇尔吧。据了解，费歇尔可以说是历史上最伟大的化学家之一，以他命名的化学概念和反应太多了。如费歇尔投影、费歇尔还原、费歇尔酯化等。在酶学领域，他提出了著名的“锁钥”理论，解释了自己对酶专一性的认识。

赵

对于酶高效性及相关机制的研究，最杰出的代表莫过于米凯利斯。然而，难以想象，米凯利斯最初毕业于人文艺术学院。但也正是在这里，激发了他对物理学和化学的兴趣，并在老师们的鼓励下，使用学校里相对闲置的实验室进行化学实验和研究。之后，考虑到收入问题，他并没有去当一名化学家，转而开始医学研究，并于柏林大学获得医学学位。他致力于应用物理化学方法研究机体内的酶促反应原理，最终提出了著名的米氏方程。

李

其实米氏方程的全称是“米凯利斯－门顿方程”，在这项研究中，米凯利斯的助手门顿也功不可没。门顿可以说是一位才女，年仅 28 岁就被纽约洛克菲勒研究所任命为研究员。之后，她开始研究肿瘤，并在该研究所完成第一部专著。在研究所工作 1 年之后，门顿去纽约做实习医生。1 年后，她回到加拿大，开始在多伦多大学学习。1911 年，她成为加拿大第一位获得医学博士学位的女性。

王

对了，我还有一点要补充。米凯利斯和门顿的工作离不开亨利的前期研究工作。我们更多关注的是米凯利斯和门顿，其实亨利在酶促动力学领域同样重要，因此有些英文资料中又将米凯利斯－门顿方程称为“亨利－米凯利斯－门顿方程”。

赵

解

不错，这一点在国内的大部分教材中确实没有提及，看来同学们收获颇丰。相信这其中的故事一定很有趣。

程

同学们的工作做得很到位。另外，生物化学的研究与医学有密切的关系，许多生物化学领域的重大发现者都具有医学背景，大家有没有这样的体会？

程老师的启发让我想起另一位科学家多马克，他因发现了磺胺类药物而获得诺贝尔奖。而这种药物正是通过抑制酶促反应而发挥作用的，因此多马克的研究是对米氏方程的进一步拓展和实践。

李

说起多马克，他的诺贝尔奖颁奖过程由于受到战乱的影响非常曲折。1939 年，多马克因发现了第一种对抗细菌感染有效的药物收到了诺贝尔生理学或医学奖的邀请。然而他受到纳粹党胁迫拒绝领奖，并被盖世太保逮捕。然而，是金子永远会发光，1947 年诺贝尔委员会专门为多马克补发了奖项。多马克对磺胺类药物的研究成果进一步促进了抗结核药的研发，如异烟肼，为遏制结核病的流行起到了重要的作用。

赵

解

很好，接下来希望通过他们的故事，同学们能够充分认识酶促反应的特点及其中的原理。

因为有了“酶”，生命体内的化学变化远远不同于一般的化学变化，从而使得生命的奇迹成为可能。如果说“酶”的发现为我们找到了打开新陈代谢黑匣子的钥匙，那么接下来就要使用这把钥匙，去探索新陈代谢中酶促反应的特点及其中的原理。下面让我们一起看看几位科学家是如何阐明酶促反应的神奇之处的。

钥匙和锁

酶促反应造就了一个一个的生命奇迹，但从根本来看，这种生物反应过程仍属于催化反应中的一种类型。因此，对酶促反应的认识离不开前期化学家们对化学催化反应的不断观察和总结。

人类对于催化反应的认识更加漫长。最早在炼金术士的记录中就描述了硫磺中加入硝石可以加速获得硫酸。而后随着化学学科的兴起，更多的催化反应现象被发现。例如，淀粉中加入酸类物质可以加速淀粉的分解，铂粉加入乙醇中可以加速乙醇转化为乙酸等。在这些反应现象中，化学家们发现加速反应的这些物质并未随着反应的进行而逐渐减少。于是在 1836 年，瑞士化学家贝采利乌斯（Jöns Jacob Berzelius，1779—1848）总结了诸多类似的反应之后，提出催化反应的概念。催化反应是指在催化剂作用下的化学反应。其中，催化剂可以加速反应的速率，但不会改变反应的性质，自身也不会被反应消耗。

催化反应的提出有力地帮助了化工生产。人们逐渐发现，在一些反应体系中加入特定的催化剂，可以极大地提高反应速率，从而提高经济效益。例如，在氨的工业生产中，起初人们发现提高反应的压力和温度可以提高氨的产量。但是，压力和温度的升高都是有限的，过高提升不仅会增加设备成本，而且会带来安全隐患。后来，工程师们在催化反应的启发下，向高炉中加入一些铁粉等无机催化剂，极大地提高了反应的速率，从而提高了氨的产量。

催化反应的提出同时启发了生命科学家。他们发现，无论是发酵中的酵母还是胃中提取的酶，在参与新陈代谢反应中都发挥着提高反应速率的作用，但同时它们自身并不参与反应。基于催化反应的概念，科学家们逐渐意识到，原来一直寻找的这把新陈代谢钥匙，实质上是生命体内的一种催化剂。它正是通过调节和影响机体化学反应的速率来实现对新陈代谢的开关控制。

生物体之所以需要这样的钥匙存在，有着其现实的原因。与工业生产相比，生物体内的化学反应有着特殊的限制。生物体内的温度和环境决定它不可能通过温度和压力等外界条件的改变而改变反应效率，因此，生物体内几乎一切化学反应都要通过催化反应来实现。以生物固氮为例，固氮微生物将大气中的氮气还原为氨，这一反应过程中的底物和产物与工业合成氨非常相似。但是，固氮微生物完成这一使命主要依赖于一系列相关酶类，正是这些催化剂的存在使得氨的合成过程得以在常温常压下进行。另外，就同一类反应而言，工业化生产与生物体内相比，前者需要上万平方米的工业厂房，后者仅需几平方微米的细胞，可见生物酶具有很强的催化功能。于是，生物酶成为科学家探索生命奥秘的热点问题。

在研究生物酶的过程中，不断有新的酶被发现和分离出来。随着越来越多的酶被发现，生命科学家逐渐认识到，生物酶有着很强的专一性。也就是说，与化学催化剂相比，生物酶对于底物有严格的选择性。化工中的催化剂可以在多个反应中发挥作用。例如，氨工业生产中使用的铁触媒，同样可作为双氧水分解的催化剂。而生物体中，蛋白酶只能水解蛋白质，淀粉酶只能水解淀粉。那么，对于生物酶只选择特定底物的现象该怎么解释呢?

德国化学家费歇尔为解释这种现象提出了“锁钥”理论。他认为，酶之所以能够催化特定的底物，两者之间的关系犹如钥匙和锁，锁只能被正确的钥匙打开，这样似乎对酶的底物专一性有了较合理的解释。但是这种理论也仅仅还是一种科学假说，酶与底物之间到底如何结合，还有待认识清楚酶的化学本质和化学结构之后才能真正解开谜底，这一问题将在下一期内容中找到答案。

物理化学的启示

催化反应的概念建立在对一些反应过程归纳总结的基础之上，然而当时这些反应过程的研究还仅仅停留在定性的观察分析阶段。要想进一步了解催化剂的催化能力，就要更精确地分析其对化学反应速率的影响，而解决这个问题离不开定量的分析计算。因此，继催化反应概念确立之后，催化反应的研究很快进入了定量分析阶段。

定量分析对于 19 世纪中后期的化学家而言并不是一件容易的事情。化学反应速率主要是通过单位时间内底物或产物的量变来反映的。而测定这个量变过程有两种策略，一种是让反应过程立即停止，然后测定物质浓度；另一种是通过底物或产物的物理变化来间接体现，如压力、电流、吸光度等。显然后者更容易实现，而且可以连续动态地测定反应的变化。但是这种策略对检测仪器提出了较高的要求，观察的单位时间越短，检测灵敏度的要求就越高。因此，在那个精密仪器尚未出现的年代，这个工作确实不容易，而且准确性也难以保证。

面对困难，当时的化学家们并没有就此放弃，他们依然努力使用简单的仪器去研究酶促反应的奥秘。经过对酶和底物反应过程的仔细观察，大家普遍认为，酶促反应的速率与底物浓度成正比，即随着底物的增加，反应速率也随之加快。但是，英国科学家布朗（Adrian John Brown，1852—1919）却在实验中发现，在一定浓度的蔗糖溶液中进行酵母的发酵反应，随着蔗糖浓度的增加，发酵的反应速率并未随之改变。经过数次严密的验证，结果确实如此。

这个现象该如何解释呢？布朗首先想到了查尔斯·阿道夫·伍兹（Charles-Adolphe Wurtz，1817—1884）在研究中发现的一个现象：木瓜蛋白酶在水解纤维蛋白之前会与纤维蛋白形成沉淀。于是，布朗猜测在酶促反应过程中，酶会不会通过一些化学键与底物形成一种复合物状态？当然，他同时强调他所谓的“酶－底物复合物”有别于伍兹发现的沉淀。之后，布朗进一步借鉴费歇尔提出的锁钥理论来解释他的观点。酶在反应过程中与底物结合形成复合物，然后催化底物反应生成产物；形成产物后，酶与产物分离，继续与新的底物结合进行反应。如果酶和底物的关系如同钥匙和锁，那么钥匙开锁时必然和锁有一个结合过程。当钥匙的数量一定时，锁达到一定量后，钥匙只能与对应量的锁结合去工作，超出这个数量的锁没有对应的钥匙，只好排队等候。因此，当反应体系中酶的量固定时，底物浓度无限增加，反应速率却不改变，因为酶已经饱和了。

就在布朗发表了他的酶－底物复合物理论后，许多科学家站出来反对。因为大家观察到的是酶与底物的反应速率成正比，而布朗看到的则被视为偶然现象，至于他的猜想更是难以服众。大家质疑的核心有两点：第一，当时对酶的提纯技术很落后，实验所用的酶含有不少杂质，因此对于布朗的猜想，实验中酶的含量是否能达到反应要求，谁也不敢保证。第二，布朗的理论提出了酶－底物复合物理论，但是实验室中没有观测手段来验证酶与底物的相互作用，也没有人能够提取出这种所谓的复合物。

此时，米凯利斯也开始关注到了酶促反应研究面临的难题。面对种种争论，米凯利斯认为当时的实验技术想要提纯酶，甚至证明酶－底物复合物的存在根本不可能。但是米凯利斯有着自己独到的分析，他认为既然传统的化学研究方法解决不了问题，为什么不换一个角度来解决呢？于是他想到了物理化学知识。1752年，俄国科学家首次在课堂中提到了物理化学的概念。区别于传统化学，物理化学侧重于应用物理学中热力学、动力学及量子力学的方法来研究化学反应体系，而不关注反应中分子本身的变化。其中化学动力学主要研究化学反应速率及其影响因素的关系。借助化学动力学的方法，米凯利斯可以聚焦于酶促反应的速率及其影响因素，不需要分析反应过程中分子是如何变化的，这样避开了当时难以实现的酶提纯和分离技术。在物理化学的启发下，米凯利斯确立了自己的研究方向。

米凯利斯和助手门顿继承和发扬了布朗的“酶－底物复合物学说”，在物理化学的知识背景下，他们借助物理化学中活化能的概念，进一步对酶促反应的现象进行解释，并提出了“中间产物学说”（图 2–1）。活化能是指底物在化学反应过程中，先要吸收能量达到活跃状态，然后才能生成产物并释放能量。而底物活化状态与起始状态之间的能量差就是活化能。由此可见，底物的活化能越高，反应需要的能量就越多，这也就解释了为什么有些反应在高温高压条件下才能加快速度。米凯利斯认为，酶的参与能够降低底物的活化能，也就是说酶的神奇之处在于反应过程中酶与底物的作用会有一个比较紧密的“中间状态”，此时在酶的帮助下底物不再需要之前巨大的能量就能够完成反应生成产物。待产物生成后，酶与产物分离，继续寻找其他底物。米凯利斯和门顿提出的“中间产物学说”比“酶－底物复合物学说”更加成熟，因为前者在物理化学的框架之下，概念界定和研究思路更加明确，同时活化能作为“中间产物学说”的客观指标，不仅指出了酶加速反应速率的原理，而且更加利于通过实验证明酶促反应的速率变化。因此，时至今日“中间产物学说”仍然是酶促反应的重要理论。

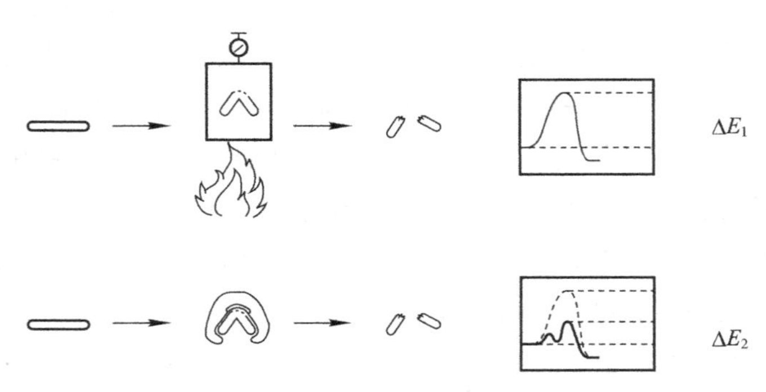

图 2–1　活化能与中间产物学说

米凯利斯同时在不断通过实验研究补充和完善“中间产物学说”。如果从传统的化学角度出发进行研究，就必须证明中间产物的存在。限于当时的技术，布朗复合物理论面临的难题会再次出现。但是化学动力学的分析方法却巧妙地绕开了这个难题。因为化学动力学的主要研究特点就是利用数理公式对于理论猜想进行计算和推导。因此，米凯利斯的下一步工作就是不断对酶促反应进行定量分析研究，并通过数理公式证明“中间产物学说”。

米凯利斯的进一步工作受到了亨利的不少启发。亨利是一位杰出的物理化学家，早在米凯利斯之前就已经对酶促反应过程的定量分析做了很多工作，并首次推导出了反应速率的数学公式。但是亨利早年的反应速率表达公式并没有引起大家的重视，而米凯利斯恰恰关注到了这一点，并将亨利的工作作为自己的研究基础，在此之上不断进行完善和改进。

米凯利斯及其团队通过定量实验发现，布朗观察到的现象只在较高底物浓度才会出现。而当底物浓度较低时，化学反应速率则会与底物浓度成正比。通过定量的计算分析，米凯利斯有了新的发现。根据化学动力学理论，在酶浓度不变时，不同的底物浓度与反应速度的关系为矩形双曲线。即当底物浓度较低时，反应速度与底物浓度成正比，此时的反应称为一级反应。此后，随底物浓度的增加，反应速度的增加量逐渐减少，此时化学反应属于混合级反应。最后，当底物浓度增加到一定量时，反应速度达到一个最大值，不再随底物浓度的增加而增加，此时反应为零级反应。将不同阶段酶与底物反应关系代入反应速率公式，联立求解即可得到一个方程式，这就是米凯利斯－门顿方程。

随着实验技术的发展，米凯利斯－门顿方程得到了越来越多的实验支持。首先是酶的纯化，排除了杂质的干扰，反应过程更加符合该方程式描绘的特点，从而使得酶与底物的反应速率关系更加准确可靠。其次，当酶分子与底物结合形成中间产物时，这个反应过程及中间产物状态的存在时间均十分短暂。停流技术的出现成功地捕捉到了这个反应瞬间，解决了这一难题，从而证实了米凯利斯的中间产物学说。停流技术的原理是将反应物用高压氮气快速推进反应室，然后迅速停止流动，通过高灵敏度装置检测光吸收率，从而记录反应室内物质的变化。

借助物理化学的方法，米凯利斯成功解决了化学难题。他推导出的方程描绘了“酶”这把钥匙催化底物的基本特征，为进一步认识酶工作的原理提供了思路和方法。为了纪念米凯利斯和门顿的贡献，这个方程被称为米凯利斯－门顿方程。

染料中的酶抑制剂

米凯利斯的工作为酶学研究打开了又一扇门，借助这一方法生物化学家们可以探索更多的酶促反应影响因素。除了酶的浓度和底物浓度，影响因素还包括温度、酸碱度、抑制剂和激活剂等。其中，酶的抑制剂对于研究抗菌药物的科学家来说，无疑是一个重要的途径。因为在20世纪初，各种感染和传染病仍然是人类健康的巨大威胁。如果有一种酶抑制剂能够有效地抑制细菌的酶活性，从而引起细菌死亡，无疑对人类的健康是一大福音。在这项研究工作中，磺胺类药物的发现堪称经典。然而鲜为人知的是，磺胺类药物居然是从染料中发现的。

随着欧洲工业的发展，许多化合物陆续被合成并大量生产。医学科学家们开始在诸多化合物中寻找治病良药，其中一位就是德国科学家多马克。他在一家染料公司的细菌实验室工作，试图在新型染料中寻找抗菌药物。

1932年，一位德国化学家合成了一种名为“百浪多息”的红色染料，意外地发现这种染料具有消毒作用。于是，有科学家将这种染料加入含有细菌的试管中，期望能够杀灭细菌，但是结果却令人失望。因此，“百浪多息”在医学界有一段时间再无人问津。

取得医学博士的多马克没有留在大学当教授，而是对伍柏塔尔一家染料公司的实验病理学和细菌学实验室很感兴趣。在实验室工作期间，多马克也关注到了这种染料，但他并没有像其他人一样因为在试管中实验失败而放弃，多马克认为，生物体外和体内还是有诸多区别的，不可一概而论。他进一步在小白鼠体内开始进行实验。当他将这种染料注入感染了溶血性链球菌的小鼠体内后，奇迹出现了，小鼠并没有因为感染而死，反而日渐康复。

接下来，多马克在兔和犬身上进行了同样的实验，进一步明确了“百浪多息”的抗菌作用。同时，他还探索了这种化学物质的毒性作用。经过实验，小白鼠和兔可以耐受500 mg/kg的剂量，足见这种物质对于生命体是很安全的。

就在多马克实验刚刚有所收获时，意外发生了。他唯一的女儿因为手指被刺破而感染了链球菌，由于当时缺乏有效药物，纵使他找遍了各大名医仍然无济于事。女儿的病情越来越重，感染恶化为败血症，生命已经奄奄一息。唯一的救命稻草只有“百浪多息”了，但是这种物质尚处于实验阶段，未经过临床试验的验证，贸然地应用于人体，多马克不知道会发生什么后果。可当时已经别无选择，只能拿还在动物实验阶段的“百浪多息”一试了。

“百浪多息”推进了多马克女儿的体内，时间一点点地过去了，多马克和妻子焦急地等待着。终于，女儿在他们的呼唤下清醒过来。多马克激动极了，女儿居然起死回生了，因此也成为世界上第一例应用这种新药战胜链球菌败血症的人。

消息迅速传开，英国和法国也先后传来捷报，“百浪多息”使越来越多的人战胜了致命的败血症。紧接着大洋彼岸的美国也传来好消息，总统的儿子感染后得了败血症，“百浪多息”再次上演了奇迹。

“百浪多息”究竟是什么成分呢？为什么在生物体内才能发挥抗菌作用呢？这些问题由于多马克的一举成名而备受关注。法国科学家首先找到了问题的答案。原来，“百浪多息”在生物体内可以转化为对氨基苯磺酰胺，也就是我们现在所说的磺胺。它与对氨基苯甲酸结构很相似，这就意味着两者都能够与相同的酶形成中间产物（酶能够与特定的底物形成中间产物，取决于酶对底物一些结构特点的识别）。当酶的总量一定时，对氨基苯磺酰胺占据了本该属于对氨基苯甲酸的一部分酶，势必使得对氨基苯甲酸参与反应的反应速率大大下降。可以说，对氨基苯磺酰胺是一种竞争者的存在，因此，对氨基苯磺酰胺就成为对氨基苯甲酸代谢酶的竞争性抑制剂。当对氨基苯甲酸的代谢被抑制后，细菌的叶酸代谢就会大受影响。叶酸的代谢关系到遗传物质能否及时合成用于细菌繁殖。于是，对氨基苯磺酰胺通过对酶的竞争性抑制，进而引发一系列连锁反应，最终抑制了细菌的繁殖（图 2–2）。

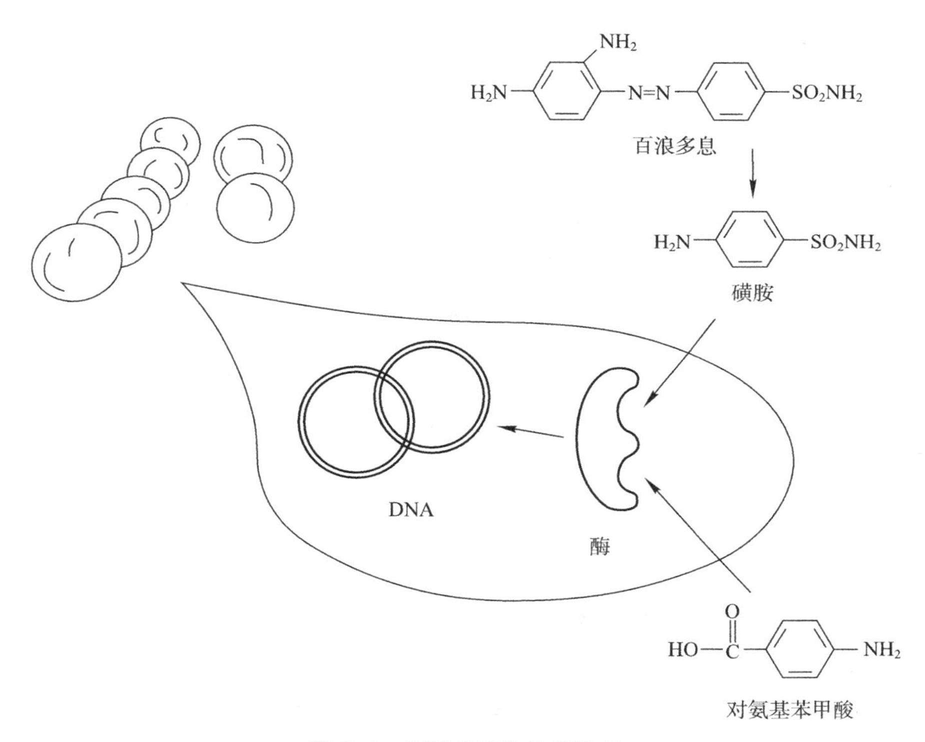

图 2–2　百浪多息的抗菌机制

多马克创造性的实验不仅仅发现了一种药物，更重要的是挽救了成千上万人的生命，为此诺贝尔奖委员会授予他生理学或医学奖。但是，身处纳粹德国统治时期，多马克不得不放弃诺贝尔奖，而且受到了纳粹的囚禁。纵使身处绝境，多马克仍未放弃对磺胺类药物的继续探索，期望获得疗效更好、不良反应更小的药物。在多马克的启发下，越来越多的酶抑制剂被发现和应用，人类与细菌的战斗因此不再被动。

第二部分　医学生的见闻

师生对话

解　米凯利斯－门顿方程不仅形象地展示了酶促反应速率的特征，而且帮助我们认识到许多酶促反应的影响因素，而这些影响因素对于临床工作有重要的意义。同学们在疾病的诊断和治疗中有没有这样的体会？

李　酶促反应的影响因素有很多，但是我觉得与临床工作最直接相关的应当就是酶的抑制剂了。前面多马克发现的磺胺类药物就是典型的酶抑制剂，听了他的故事让我对抗菌药物治疗的原理有了更深入的认识。

程　说起磺胺类药物，其中一种目前在临床上应用比较广泛的，柳氮磺吡啶，大家听说过吗？

赵　这种药物对于炎性肠病比较有效，其最大的特点就是口服不易吸收，从而能够在肠道中发挥抗炎抗菌作用，并可有效地避免不良反应。我特意查找了一份相关病例，相信通过病例分析我们将会有更深入的认识。

解　很好，那么咱们就继续聊聊酶抑制剂对于临床工作的帮助。同学们还有没有其他经历？

王　有机磷农药也是一种酶抑制剂，能抑制胆碱酯酶，从而引起一系列症状。我在门诊遇到一例差点误诊的有机磷农药中毒案例，和大家分享一下。

程　不错，看来酶的抑制剂不仅能够治疗疾病，同时也会导致疾病，是一把双刃剑啊！

解　接下来就让两位同学和大家分享一下他们在临床实践中遇到的案例。

柳氮磺吡啶的神奇药效

在急诊实习时，我记得有一位母亲急匆匆地带着一名 10 岁左右的孩子前来就诊。孩子精神状态不好，不想说话。母亲说孩子腹痛得厉害，腹泻不止，而且有点发热。经过仔细询问，孩子的病由来已久。近 1 年来，孩子就间断、反复出现腹痛、腹泻、便血的症状，曾在当地医院就诊数次，诊断为“急性细菌性痢疾”“慢性肝炎”“慢性阑尾炎”“肠蛔虫症”等。每次都开一堆药，吃了药也不见好，症状时好时坏。最近一段时间，孩子症状比之前加重了，还间断发热。

查体可见，患儿形体消瘦，贫血面容，左下腹压痛（+），无反跳痛，肠鸣音亢进。儿科会诊后，建议做肠镜检查。5 天后肠镜的病理结果揭开真相，提示溃疡性结肠炎。随后给予柳氮磺吡啶栓剂治疗，患儿的症状很快得到控制。

柳氮磺吡啶栓的主要成分是柳氮磺吡啶，经直肠给药后局部直接发挥作用，因而不良反应较口服给药少。柳氮磺吡啶在肠道微生物的作用下分解成 5- 氨基水杨酸和磺胺吡啶两种成分。其中，5- 氨基水杨酸能够抑制肠壁组织中前列腺素、白三烯等炎症因子的产生，从而起到抗炎作用。而磺胺吡啶是一种短效磺胺类药物，与“百浪多息”的抗菌机制相似，同样是通过竞争性抑制细菌的叶酸代谢，从而抑制细菌的繁殖。因此，柳氮磺吡啶是抗炎药物和抗菌药物的合剂，通过两种途径共同调节肠道局部的微生态。

虽然柳氮磺吡啶的作用机制很神奇，但是这种药物也不是绝对安全的。药品说明书建议新生儿及 2 岁以下小儿禁用该药物。这是因为磺胺类药物不仅能够与对氨基苯甲酸竞争细菌中的酶而影响叶酸代谢，在人体中磺胺类药物还会与游离胆红素竞争血液内清蛋白上的结合位点。我们都知道，红细胞衰老损坏后会产生游离胆红素，游离胆红素有强烈的氧化能力，必须经清蛋白运输到肝进一步进行代谢。可以想象，当血液中磺胺类药物浓度增高时，就会与游离胆红素竞争清蛋白，这样势必导致血液中游离胆红素浓度升高。对于新生儿和婴幼儿，他们的胆红素代谢能力还未发育完善，这就增加了发生黄疸的风险。

由于磺胺类药物具有致畸作用，孕妇也是禁用的。此外，老年患者使用柳氮磺吡啶同样要慎重，由于老年患者机体代谢能力下降，磺胺的积累容易引发皮疹、骨髓抑制等问题。因此，纵使柳氮磺吡啶能够“双管齐下”，但是用药的安全性始终要考虑在内。

有机磷农药中毒的误诊

随带教老师出门诊时，遇到过这样一位患者。患者曾在当地精神病医院住过院，因疗效不佳转诊到上级医院就诊。据家属描述，患者近2个月以来间断出现自言自语，强哭强笑，家人发现他还有幻听。上述症状持续时间不长，很快就会消失。当地医院诊断为急性精神分裂症，按照诊疗指南规范治疗后没有明显的改善。

我们在问诊过程中也有点疑惑，他的症状符合典型的精神病症状，对于抗精神病药的使用当地医院也没有太大的问题，那么为什么无效呢？问题出在哪儿呢？在继续交流的过程中，我们了解到患者主要在家务农。此时，我发现老师开始重点询问他的劳作细节。患者口述在家种植大棚蔬菜，与农药有接触。老师问他职业防护做得好不好，他说农村里不太注意这些。有时候喷洒农药时都不戴口罩，与农药接触后他也不太注意洗手。这下，我突然意识到老师的用意所在，原来是在考虑他的精神障碍可能与有机磷农药中毒有关。于是，让他去查乙酰胆碱酯酶活性。

检查结果显示，乙酰胆碱酯酶轻度抑制。这下问题搞清楚了，原来是有机磷农药中毒所致精神障碍被误诊为精神分裂症。在我们的印象中，有机磷农药中毒的典型表现是头痛、腹痛、多汗、瞳孔缩小、呼吸困难、心率加快、肌肉抽搐等，特别是呼气中有蒜臭味，相信许多医学生都很熟悉。但是这个案例典型症状全部没有出现，这也是导致误诊的原因所在。从根本来看，本例患者属于慢性接触，接触量少，次数多，因而乙酰胆碱酯酶轻度抑制，与一次性大量接触有机磷农药所致的典型的有机磷农药中毒表现出来的症状有所不同。

有机磷农药中毒性精神障碍之所以能够正确诊断，离不开对乙酰胆碱酯酶的科学认识和精确检测。前一期的故事中，我们已经知道重症肌无力的治疗主要通过毒扁豆碱等药物抑制突触间隙的乙酰胆碱酯酶活性，从而提高突触间隙的乙酰胆碱浓度，进而改善肌无力症状。类似地，有机磷农药也能够与乙酰胆碱竞争性结合乙酰胆碱酯酶，导致突触间隙的乙酰胆碱浓度增高。要注意的是，由于正常人不存在重症肌无力患者乙酰胆碱受体减少的问题，于是乙酰胆碱增多就引起了各种神经兴奋性症状。

乙酰胆碱酯酶活性的检测对于有机磷农药中毒症状的评估有重要的意义。目前的检测手段主要利用酶促反应的原理，通过反应动力学特点来检测酶的活性。首先利用血样中的乙酰胆碱酯酶水解乙酰胆碱形成胆碱，然后胆碱与二硫对硝基苯甲酸反应，生成的产物浓度可以利用分光光度计来检测。这样通过产物的生成量就可以判断乙酰胆碱酯酶的活性。这种检测原理正是对米凯利斯－门顿方程的巧妙应用。

根据乙酰胆碱酯酶活性检测结果，有机磷农药中毒可以分为轻、中、重三个程度。轻者酶活性还有 50%～70%，中度患者酶活性尚有 30%～50%，而重度中毒酶活性已经不足 30%。对于有机磷农药中毒，我们要做的是解除乙酰胆碱酯酶的抑制，恢复酶活性，目前针对性的药物主要为碘解磷定。有机磷农药与乙酰胆碱酯酶结合后会对酶进行修饰，这种状态不能及时解除会持续影响酶的活性。碘解磷定与有机磷化合物的亲和力更高，这样就使乙酰胆碱酯酶的修饰被解除，使其恢复活性。

第 3 期　终极挑战

本期人物

詹姆斯·巴彻勒·萨姆纳（James Batcheller Sumner，1887—1955），美国化学家，由于在刀豆中首次得到了结晶酶，阐释了酶的化学本质，于 1946 年获诺贝尔化学奖。

小丹尼尔·爱德华·科士兰（Daniel Edward Koshland Jr，1920—2007），美国生物化学家，在“锁钥”理论的基础上进一步提出了酶的“诱导契合学说”，还阐明了细菌趋化作用的机制，此外对提升 *Science* 杂志的影响力也做出了贡献。

托马斯·罗伯特·切赫（Thomas Robert Cech，1947—），美国化学家，1975 年于加州大学伯克利分校获得博士学位，因发现了具有催化活性的 RNA，年仅 42 岁就获得了诺贝尔化学奖。

西德尼·奥尔特曼（Sidney Altman，1939—），加拿大化学家，同样对 RNA 的催化活性研究做出了巨大贡献，与切赫一起获得了 1989 年的诺贝尔化学奖。

第一部分　科学家的故事

师生对话

本期成员为：解军教授（以下简称解），程景民教授（以下简称程），李琦同学（以下简称李），王靓同学（以下简称王），赵娟同学（以下简称赵）。

解　在前两期的故事和讨论中，我们已经回答了酶是什么及酶是怎样工作的。按照从现象到本质的思路，接下来，我们需要讨论一下酶的本质。

赵　据我了解，萨姆纳早在 1926 年就成功分离出了脲酶结晶，此后又提纯了其他几种酶，通过他的研究证实了酶的本质是蛋白质。

程　的确，萨姆纳对酶的本质探讨做出了突出的贡献。而且他自身的经历也是一个十分励志的故事，同学们可以再详细讲讲。

李　我来讲一讲吧。萨姆纳 1887 年 11 月 19 日出生于美国麻省甘敦城的一个富裕家庭。小时候的萨姆纳并不喜欢学习，特别热衷于玩手枪和猎枪。17 岁时，在一次野外狩猎活动中，一位朋友的猎枪走火，击中了他的左臂。虽经及时抢救，但医生还是不得不切除了他肘关节以下的部分。这件事给了萨姆纳沉重的打击，但他很快意识到不能一直这样下去，他还有很长的路要走。于是他克服各种困难，学会了用一只右手自理生活，而且用几倍的热情去学习各门功课。1906 年，他考取了哈佛大学的化学专业。后来在康奈尔大学医学院深造的时候，生物化学教授看到了只有右臂的萨姆纳，虽然十分感动但也委婉地劝他改行，萨姆纳却坚决表示要攻读生物化学专业，并阐述了他克服困难的种种措施。经过努力，他终于在 1914 年获得了生物化学博士学位。

萨姆纳这种身残志坚的精神非常值得我们学习。虽然身体上有残缺但是不放弃、不气馁，想办法克服各种困难，自理生活，完成学业，这需要多么强大的精神力量呀。正是这么一段遭遇，磨炼出他强大的精神力量，最终造就了他的成功。

王

解

很好，萨姆纳逆袭的故事值得我们学习，同时他的成果也具有里程碑式的意义。那么，在萨姆纳发现酶的本质之后，酶的研究又有什么发展呢？

萨姆纳帮助我们认清了酶的本质，在此之后，其他科学家借助蛋白质的研究方法，对酶的研究和认识又上升了一个台阶。面对新的实验发现，锁钥理论已经不足以解释酶与底物的相互作用关系，于是在此基础上，科学家们又提出和发展了“诱导契合学说”。

李

据我了解，“诱导契合学说”是科士兰提出的，他本人对科学的热情非常值得我们学习。科士兰出生在美国一个富裕家庭，父亲是银行家，母亲也出身名门望族。用我们现在的话来说，科士兰算是个“富二代”。但是，他并没有养尊处优，而是从小就阅读大量书籍，立志成为一名科学家。高中毕业后，他努力考入了加州大学伯克利分校学习化学。此后，他又在芝加哥大学获得了生物化学博士学位，然后在哈佛大学进行了为期2年的博士后研究。也正是如此丰富的学术经历为他日后的科研突破打下了坚实的基础。

赵

另外，我发现萨姆纳的工作影响深远，之后很长时间里科学家都认定酶就是蛋白质。从这方面看，酶作为生物体内的催化剂，其相关概念的更新停滞了很长时间。

王

但是科学认识是不断完善的，切赫和奥尔特曼在50多年后发现，除酶之外，细胞内还有一类生物催化剂，其本质是RNA，后称为核酶。他们也因此共同获得了1989年的诺贝尔化学奖。这一

赵

发现是对萨姆纳结论的补充和完善，也充分说明，对客观事物和规律的认识是一个不断探索和完善的过程，基础理论研究更需要科学家持之以恒的精神。

赵

解

说得不错，看来大家还是查了不少资料的。那你们谁知道他们的故事呢？

我来说说切赫吧。他 1947 年出生在芝加哥，父亲是一名医生，母亲是一名家庭主妇。然而切赫对物理很感兴趣，而且经常会把科学的方法和观点引入他们的家庭讨论中。正因如此，切赫从小就对科学产生了浓厚的兴趣。初中的时候就敲开爱荷华大学地质学教授的大门，希望观摩水晶结构模型，并讨论陨石和化石。切赫起初的兴趣点是物理化学，后来被生物化学的研究工作深深吸引，开始了他对生物化学的研究。

王

听了切赫的故事，我觉得良好的学习、生活环境对一个人的素养形成有很重要的影响，其中父母扮演了重要的角色。

李

程

说得不错，切赫的故事已经讲完了，谁来讲讲奥尔特曼的故事？

我来讲奥尔特曼吧。奥尔特曼于 1939 年出生在加拿大蒙特利尔，母亲是一名纺织工人，父亲是一名杂货商。父母都是从东欧移民到加拿大的，起初他们的家庭经济很拮据。后来，经过父母的辛苦努力，家里日子一天天好起来，奥尔特曼终于有机会去接受大学教育。他先在美国麻省理工学院学习物理，1960 年获得学士学位后，在哥伦比亚大学申请物理学研究生，但由于个人原因，他放弃了该学位。几个月后，转而在科罗拉多大学医学中心攻读生物物理学，最终，他在科罗拉多大学获得了生物物理学博士学位。

王

解

大家讲得都很好，通过这些故事，我们对这些科学家的生长、生活背景有了一定的了解。接下来，我们就具体来看看这些科学家是如何解开酶的本质这个终极难题的。

科学家探索酶这把新陈代谢的钥匙，基本经历了三个阶段。首先，比希纳在前人的基础上统一了酶的概念，解决了酶是什么的问题。接着，米凯利斯总结和推导出了酶促反应的动力学方程，揭示了酶工作的机制，回答了酶为什么如此“神奇”。之后，我们迎来了第三个问题，酶的本质是什么。回答这个问题意味着我们需要全面了解酶的化学成分和结构特点。虽然米凯利斯等人限于提纯和分析技术暂时搁置了这个问题，但是问题终归要解决，经过科学家们的努力，人类最终越过了这个坎，向前迈出了一大步。

一位执著的科学家

比希纳的工作吸引了更多的化学家加入酶的研究热潮中。既然酶脱离生命体也能够发挥作用，那么酶必然是一种化学物质，因而研究酶的本质自然成为一个非常有意义的化学课题。对于化学家而言，研究一种物质最理想的状态就是能够用不含任何杂质的物质纯品进行实验，这样得到的结果更为可靠。

然而，在 20 世纪初想要得到几乎纯净的酶是非常困难的。一方面，当时的物质分离技术手段还很落后，无法充分排除样本杂质。另一方面，酶在细胞中所占的比例很小，而且很不稳定，经常在分离过程中就被破坏了。

尽管困难重重，一些化学家仍然能够在比希纳的研究基础上有所进步，初步分析认为酶具有蛋白质的特点，如遇热容易分解失活。但是德国化学家维尔施泰特（Richard Martin Willstätter，1872—1942）在实验中发现，某些去除了蛋白质的酶溶液，依然表现出明显的催化作用。因此他认为，酶不属于糖类、脂质、蛋白质这三大物质，而是一种未知的微量物质。由于维尔施泰特在化学领域的权威，他的观点得到了许多化学家的支持，同时也让酶变得更加神秘。

但是，有些化学家对维尔施泰特的观点表示质疑，质疑之声首先来自康奈尔大学的生物化学家萨姆纳。萨姆纳认为，酶作为生命体中最普遍存在的物质，应该是容易获得的，结合酶与蛋白质有许多相似的特点，酶很可能就是一种蛋白质。而要想证明他的观点，首先就要通过实验获得纯净的酶。于是，萨姆纳决定选择提纯酶这个课题。

周围的人知道萨姆纳的选择后，都觉得他一定是疯了。因为当时的萨姆纳没有充分的研究基础，也没有可用的设备，还缺乏充足的研究经费。科学研究的几大要素中，他没有一条占优势。然而就在这种条件下，萨姆纳毅然决然地开始了他的课题研究。

萨姆纳开始的第一步就与众不同，他并没有选择比较热门的酵母菌作为研究对象，而是选择南美的一种刀豆进行研究。因为他注意到有人在 1916 年报道过，这种豆类中的脲酶含量比大豆多 16 倍，萨姆纳认为，如此超常量的脲酶对于弥补当时分离提纯技术的不足是很有帮助的。另外，萨姆纳初步推测脲酶是一种球蛋白，而对球蛋白的研究比较多，制备和分析方法都相对成熟。综合这两方面的考虑，萨姆纳最终决定从刀豆中提取纯酶。

1917 年，萨姆纳开始用刀豆粉为原料，分离提纯其中的脲酶。由于没有合适的仪器，萨姆纳起初用手动咖啡机进行研磨。1 年后，他又自行设计和制作了一台电动研磨机，但是提取效果仍不太理想，这让当时萨姆纳的合作者觉得荒唐可笑。萨姆纳却依然不肯放弃，之后他选择回到康奈尔大学实验室，继续进行纯化脲酶的研究。这项研究持续了很多年，其间他也放弃过，但很快又继续开始。

刀豆中含有多种化学成分，包括糖类、脂质、蛋白质和矿物质等。其中，蛋白质中可能就有萨姆纳日夜寻找的脲酶，于是他试图用各种结晶的方法析出蛋白质中的脲酶。寻找合适的溶剂结晶蛋白质成为萨姆纳研究中的又一关键环节。1922 年，在他人的启发下，萨姆纳改变以往用水、甘油和乙醇结晶蛋白质的方法，而改用 30% 的丙酮溶液。当他用新方法在显微镜下观察时，发现液体中长出许多小结晶。离心收集这些结晶后，发现它有很高的脲酶活性，而且分离后的脲酶纯度增加了 700 ~ 1 400 倍，这是其他结晶方法难以比拟的。

终于，又经过 4 年的不断改进，1926 年，萨姆纳成功地分离提取出脲酶结晶。虽然大多数科学家对他的结果表示怀疑，但康奈尔大学还是因此授予他终身教授的职位。在他之后一系列的实验中都发现，这种纯度更高的脲酶展现出与蛋白质更为接近的化学特征，由此，萨姆纳坚信酶就是一种蛋白质。

就在许多人质疑萨姆纳的结论时，洛克菲勒研究所的化学家诺斯洛普（John Howard Northrop，1891—1987）站出来支持萨姆纳的结果。他首先分离得到了结晶的胃蛋白酶，之后又和他的同事得到了许多酶的结晶体，并且诺斯洛普证明这些结晶体都是蛋白质，进一步印证了萨姆纳的发现。

在阐明酶化学本质的过程中，萨姆纳功不可没。他提纯的脲酶是生物化学史上首次得到的结晶酶，随着诺斯洛普的进一步补充和证明，酶的蛋白质属性得到了越来越多的支持。鉴于萨姆纳和诺斯洛普在脲酶、胃蛋白酶等一系列酶的研究中所做出的贡献，两人共同分享了 1946 年的诺贝尔化学奖。

迎刃而解的困惑

萨姆纳等人的研究证实了酶是一种蛋白质，并且这一观点得到越来越多的支持。明确了酶的蛋白质属性之后，就可以利用蛋白质的化学性质和研究方法进一步探索酶的工作机制，使得酶学研究跨上新的台阶。于是，对酶的种种困惑和不解逐渐得到了解答。

在前面的内容中我们已经探讨过，酶具有专一性、高效性和温和性这几个特点。对于酶的专一性，费歇尔已经提出了“锁钥”理论。对于酶的高效性，米凯利斯通过反应动力学方法进行了研究和描述。而关于温和性的问题，则取决于蛋白质的特性。由于酶是蛋白质，蛋白质发挥功能必须在一个适宜的环境中，温度过高过低，pH 过高过低，都会影响蛋白质的功能，甚至引起蛋白质变性。因此，酶的温和性就不难理解了。

到此，明确了酶是蛋白质，我们的问题似乎都有了答案。但是，如果仔细推敲，有些细节理解并不是很深入。特别是对于酶专一性的解释，“锁钥”理论仅仅是理论猜想，我们迫切需要通过实验研究直观地了解酶与底物究竟是如何相互作用的。想要获得这样预期的结果，首先就要利用蛋白质结构的研究方法，对酶的结构进行解析。

在这一领域，英国科学家菲利浦（David Chilton Phillips，1924—1999）是第一个解读酶空间结构的人。经过他的观察研究，我们对酶的结构和催化机制有了深入的认识。菲利浦是一个喜欢钻研的人。当他接触到溶菌酶后，立即被这种神奇的物质所吸引，脑海中的好奇和疑问让他兴奋不已。溶菌酶是由青霉素的发现者亚历山大·弗莱明（Sir Alexander Fleming，1881—1955）在研究鼻腔黏液的抗菌作用时发现并命名的。这可以说是令人意想不到的发现，我们体内也有杀菌物质的存在。那么，这种杀菌物质是如何杀灭病菌，保护机体的呢？带着这个问题，菲利浦决定开始研究溶菌酶的课题。

他很快意识到解决问题的核心在于认识清楚溶菌酶的立体结构，因为结构是实现功能的前提。但是，溶菌酶这种蛋白质分子特别微小，以至于用电子显微镜都不可能看到。要想达到观察目的，必须使用特殊的技术手段。菲利浦想到了他在攻读博士期间学习到的 X 射线衍射技术，这种技术可以对蛋白质晶体进行三维重建，实现对生物大分子的观察，是当时非常前沿的一种技术方法。

这种技术的基本原理是 X 射线的波长和晶体内部原子面之间的间距相近，当一束 X 射线照射到物体上时，受到物体中原子的散射，每个原子都产生散射波，这些波互相干涉，结果就产生衍射。衍射波叠加的结果使射线的强度在某些方向上加强，在其他方向上减弱。通过记录这些强度变化，分析结果，便可获得晶体结构（图 3-1）。

看似简单的道理，但是操作起来却很繁琐。首先要制备溶菌酶的晶体样本，这意味着菲利浦必须得到几乎无杂质的纯酶。当时制备溶菌酶的方法主要是结晶法，即通过改变溶液条件，使溶菌酶以结晶态析出。但是这种方法的缺点是结晶样本中存在不少杂质，无法满足菲利普的观察要求。经过反复探索，他采用了重结晶的方法，就是将提取出的晶体再次溶解于溶剂中，然后再次结晶。经过不断

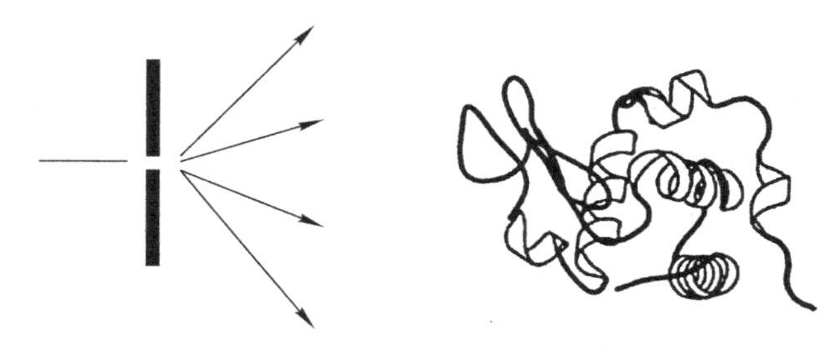

图 3–1　X 射线衍射法的原理

重复上述方法，菲利浦终于得到了较为满意的溶菌酶晶体。

接着他利用 X 射线衍射法对制备好的晶体进行观察，得到了大量的实验数据，对于计算机还不是很普及的年代，菲利浦需要特别认真地记录和计算，如果出现半点差错就会影响实验结果。经过不懈努力，他终于在 1965 年解析出了 2Å 分辨率的溶菌酶晶体结构。这是第二个使用 X 射线衍射技术得到的蛋白质结构，也是第一个被解析出的酶结构。

通过分析溶菌酶的空间结构，菲利浦推断了溶菌酶的基本工作机制。溶菌酶催化机制的核心是进攻细菌细胞壁中的肽聚糖（革兰阳性菌的细胞壁中含量丰富），水解连接 *N*– 乙酰胞壁酸和 *N*– 乙酰葡糖胺第 4 位碳原子的糖苷键。首先溶菌酶通过其两个结构域之间的“沟”结合到肽聚糖分子上。然后与葡聚六糖结合，将葡聚六糖上的第 4 个糖扭曲为半椅形构象。在这种扭曲状态中，糖苷键很容易发生断裂（图 3–2）。

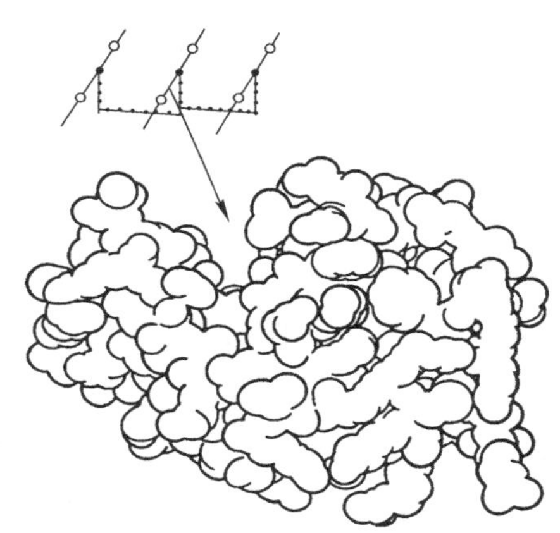

图 3–2　溶菌酶的工作原理

继溶菌酶之后，其他酶的空间结构和工作机制也陆续被解密。科学家们发现了其中的一个共同点：在酶的催化过程中，底物都要结合到酶的某一部位，然后两者结合形成过渡态，酶发生构象变化后引起反应发生，之后酶与产物脱离。在这个过程中，发挥关键作用的就是底物与酶的结合部位，科学家将其称为活性中心。

活性中心的提出帮助我们进一步认识了酶与底物的相互作用关系，同时也启发了在纽约长岛布鲁克林国家实验室工作的科士兰。科士兰大胆地对锁钥学说提出质疑，并在此基础上提出了著名的“诱导契合学说”。锁钥理论认为酶的活性中心与底物的结合是一种刚性结合方式，即活性中心只有与底物完全互补配对才能进行酶促反应。而科士兰恰恰对这种刚性结合方式提出了质疑，结合前期的化学基础，他认为蛋白质的结构可以发生变化，因此酶在与底物相互作用的过程中其结构不是一成不变的，而是一个相对柔性的作用过程。酶的活性中心能够在底物诱导下发生结构改变，使得两者结合更为紧密，更加有利于反应的进行。这便是科士兰诱导契合学说的核心观点。

科士兰的理论刚刚提出，就遭到了学术界的强烈质疑，许多人认为，一个年轻人就敢挑战著名的化学家实属荒唐，对新理论的可靠性表示严重怀疑。这也就导致了科士兰在投稿过程中被多次拒稿，但最终他的论文发表在了*PANS*杂志上。此后，科士兰和同事一直努力用实验事实来证明自己的理论。随着越来越多实验证据的支持，科士兰的理论逐渐得到了认可，并最终写入了教科书。

触类旁通

酶活性中心的发现和诱导契合理论的提出无不得益于蛋白质研究方法的进步。可以说继萨姆纳之后，大家几乎默认了酶就是一种蛋白质。然而，美国科学家切赫和奥尔特曼却向这个公理发出了挑战。他们二人分别进行着不同的研究，却几乎不约而同地提出了某些核酸也具有催化作用。

故事还要从美国生物化学家奥尔特曼讲起。萨姆纳的研究发表40多年后，时间来到了20世纪70年代。此时，DNA的双螺旋结构已经公诸于世，人类进入了基因时代。核酸的独特魅力远远超过了蛋白质的吸引力，越来越多的科学家加入核酸的研究热潮中，奥尔特曼也是其中一位。

我们都知道DNA是生命信息的载体，而蛋白质是生命功能的执行者，但是DNA并不能直接操控蛋白质的合成，其中还要RNA来执行这个复杂的任务。核糖体RNA（rRNA）、信使RNA（mRNA）和转运RNA（tRNA）等介导参与了蛋白质的合成。

奥尔特曼最初选择的课题是研究tRNA的空间结构。于是在1969年，他信心满满地来到剑桥大学的MRC实验室准备开展他的研究。然而，在进入实验室的第一天他就被泼了一盆冷水。他被告知酵母菌tRNA的晶体结构就在不久前被发表了，他继续这个课题已经完全没有意义了。奥尔特曼必须尽快寻找新的课题开展研究。

在同事的建议和帮助下，奥尔特曼开始研究tRNA变异体对tRNA结构和功能的影响。实验过程中，他发现tRNA变异体总是能够以一定的比例转化为野生型tRNA。这个现象引起了奥尔特曼的重视，他开始从DNA基因表达、合成tRNA前体，再形成成熟tRNA的整个一系列过程中寻找答案。

功夫不负有心人，1971年，奥尔特曼终于发现了一种酶——核糖核酸酶P。这种酶能够切除tRNA前体的部分核苷酸片段，使之成为成熟tRNA。也正是这个切除过程将部分符合条件的tRNA变异体加工转变成正常的成熟tRNA。在此之后，奥尔特曼进一步分析了核糖核酸酶P的化学成分。这种酶含有两种成分，分别是蛋白质和核酸。受到当时学术界的影响，他认为，核糖核酸酶 P 的活性可能还是靠蛋白质发挥主要作用，核酸成分只是不可或缺的辅助因子。

在酶是蛋白质这个固有观念的影响下，奥尔特曼没有继续深究核糖核酸酶 P 中核酸部分的作用。一晃几年过去了，另一位科学家切赫有了新的发现。切赫报道了四膜虫的 rRNA 前体能够依靠自身的催化作用形成成熟 rRNA，不需要任何蛋白质的参与。

大家可能会觉得奇怪，切赫怎么会选择这么奇怪的生物作为研究对象呢？其实一开始切赫准备对哺乳动物鼠类的 rRNA 进行研究，但是染色体 DNA 中编码 rRNA 的信息实在太庞大了，他并不想进行如此浩大的工程，希望更简单些，而四膜虫这种简单的生物体恰好能够满足他的要求。切赫首先从四膜虫中分离了目的基因，然后在离体条件下建立了基因转录体系。在对产物进行分离时，切赫发现目标产物总比预期的相对分子质量小。他认为可能是 rRNA 前体的部分核酸片段在这个过程中被切除了。正由于切赫采用的是无细胞反应体系，因而体系中参与反应的物质都是明确的。他有些纳闷，体系中并没有酶的参与，怎么就能够完成酶促反应呢？经过仔细研究鉴定，切赫提出 rRNA 前体能够在无酶（蛋白质）参与的条件下自行切除部分核酸片段，进而合成成熟的 rRNA。从酶的定义来看，这种 rRNA 前体的自剪切过程就是酶促反应，但并不需要酶，是否意味着核酸也能够执行酶的功能？

切赫的研究一经报道就引起了巨大轰动。大部分人仍然坚信酶只能是蛋白质，切赫的结果一定是某些环节出错了。与常人不同的是，奥尔特曼没有用自己的固有观念去反驳切赫，而是马上去反思自己在核糖核酸酶 P 研究中的发现，并将切赫的成果与自己的研究进行一番对比。他认为，虽然 tRNA 和 rRNA 有区别，但是两者都是经过酶的催化才从前体转变成成熟体的，而这个过程中都有核酸的参与。因此，他觉得需要重新审视核酸在这个催化过程中的作用。

于是，奥尔特曼开始了执著的探索。要想验证自己的猜想，首先需要将核糖核酸酶 P 的两种成分分离出来。这个工作困难重重，因为奥尔特曼不仅要分离两种成分，而且要保证成品中不能含有另外一种成分，否则会干扰实验结果。经过多次实验，他终于摸索出了分离方法，保证了样品的纯度。然后，用两种样品分别对底物进行催化，结果出乎意料，核糖核酸酶 P 的核酸成分能够在正确位置切断前体 tRNA，而蛋白质成分则没有这种活性。

切赫发现的 rRNA 前体是自我剪切，然后进行拼接，属于分子内的自我催化。而奥尔特曼发现的核糖核酸酶 P 催化的不是自身，而是催化别的 tRNA 前体完成剪切。两人的研究结果充分证明除蛋白质外，核酸也具有催化作用。1989 年，奥尔特曼和切赫一起分享了诺贝尔化学奖。“如果你能根据别人刚刚发表的成果马上修正自己的研究工作，那么，你有可能获诺贝尔奖。”这正是获奖后奥尔特曼想告诉大家的经验。

第二部分 医学生的见闻

师生对话

解

同学们，认识酶的化学本质有什么实用价值呢？请同学们从临床实践出发，思考酶的研究突破对医学的发展产生了哪些影响。

王

我发现临床中使用的许多药物本身就是一种酶，因此认识酶的本质能够帮助我们找到合适的化学方法提取这些物质，从而使酶制剂实现工业化生产，临床中才得以应用，这样的影响可谓举足轻重。

程

酶制剂确实是一个非常好的应用实例，接下来，同学们讲两个临床工作中常见的酶制剂吧。

李

我先结合我的专业来说说。我的专业是神经内科，最常见的疾病就是脑梗死，相信大家都不陌生。对于脑梗死的治疗，在发病后 4.5 h 内进行溶栓治疗能够取得不错的效果。而采用的溶栓剂就是一种酶制剂。

程

溶栓治疗是一个很好的案例。说起酶制剂，我突然想到了艾滋病。之前我在这个领域做了一些研究，并编写了相关书籍。其中，艾滋病的治疗药物也涉及酶制剂，同学们也讨论一下。

赵

说到艾滋病，大多数人都会“谈艾色变”。毕竟，到目前为止，全世界范围内尚没有研制出能够根治人类免疫缺陷病毒（HIV）感染的有效药物。而且，艾滋病的病死率几乎高达 100%，又被我国列入乙类法定传染病，所以大家对艾滋病的恐慌也不是完全没有道理的。

虽然现在还没有根治艾滋病的药物，但是科学家的研究是不会停止的。切赫和奥尔特曼发现的核酶就为艾滋病的治疗提供了一种新的途径。

王

解

很好，接下来，我们就具体讲讲酶与溶栓治疗和抗HIV药物的故事。

时间就是大脑

有天我周末值班，上级医生到急诊科会诊，之后打来电话说有患者要收治住院溶栓，很紧急，让尽快准备。过了一会儿，一位老太太在儿子陪同下到了，自述当天早上9点左右突然出现右侧上肢麻木，持续了几分钟后好转，就没有当回事。但过了一会儿，感觉右腿没有劲，走路也不太稳当，接着右胳膊也感觉抬不起来。家人觉得有问题，就赶紧来了医院。

我询问病史，简单查体后发现，患者右侧肌力较差，右侧巴宾斯基征阳性。急诊进行了头颅CT检查，排除了脑出血、颅内占位等可能。此时上级医生也赶回来了，考虑脑梗死，立即和家属商量治疗方案，告知脑血管病的溶栓治疗时间窗比心肌梗死的时间窗短很多，建议是症状出现3 h以内溶栓，最多可以放宽至4.5 h。患者从发病到当时已2 h，病情比较稳定，没有禁忌证，由于还在溶栓时间窗，建议溶栓治疗。获得家属知情同意后，一场与时间的赛跑开始了。

溶栓前要进行心电监护，建立静脉通路和进行各项指标评估。上级医生立即安排分头行动，叮嘱家属尽快办好手续，医生们也立即将患者送入监护室进行溶栓前准备。最终在发病3 h之内，将溶栓药物缓缓推进了患者的血管中。

效果在用药后几小时内就显现出来了。下午再去查房时，患者的右侧肌力已经好很多，胳膊也能抬起来了。这样的效果出乎我的意料。但老师说，如果溶栓更早的话效果会更好。这是因为有研究表明，脑卒中发生后每秒平均损失3 200个神经元，每分钟损失1 900万个，1 h后则达到1亿2千万个。如此惊人的数字带来的影响是巨大的，因为神经元之间有许多突触联系，一个神经元的死亡会对若干个突触产生影响，因而突触丢失的数字更大。丢失如此之多的神经元及神经网络，给人带来的影响是巨大的，而且大脑的神经细胞再生能力很弱，因此，对于脑卒中的患者而言，“时间就是大脑”。治疗时间越早，大脑功能保留得就越多。虽然脑梗死后症状差异较大，而且恢复需要很长时间，但是对于符合溶栓适应证的脑梗死，如果在规定的时间窗内采取溶栓治疗，效果还是很明显的，能够极大地降低致残率。

溶栓治疗最早可追溯到20世纪30年代，当时蒂利特（William Smith Tillett，1882—1974）成功分离出了链激酶，经过10年左右的研究，他将链激酶开始应用于血胸、结核性脑膜炎等治疗。50年代，蒂利特开始探索链激酶的静脉溶栓治疗，发现链激酶能够显著降低心肌梗死患者的病死率，由此正式拉开了静脉溶栓治疗的序幕。虽然链激酶有一定的治疗效果，但是不良反应也比较明显，于是之后又有了尿激酶，再后来出现了不良反应更小的基因重组药物：组织型纤溶酶原激活物（rt-PA），即常说的阿替普酶，属于第二代溶栓药物，在临床上用于治疗缺血性脑卒中已经20多年，成效显著。脑卒中的静脉溶栓治疗起步要比心肌梗死治疗晚一些。目前随着介入治疗的发展，心肌梗死的静脉溶栓治疗已经开始缩减，而对于脑卒中，阿替普酶的静脉溶栓治疗才开始大力推广。

阿替普酶其实是一种糖蛋白，它并不会直接作用于血栓，而是通过其赖氨酸残基与纤维蛋白结合，发挥酶的作用激活纤溶酶原转变为纤溶酶，促进血栓溶解。从作用过程来看，纤溶酶原是阿替普酶的底物，被其激活后才能发挥作用。因此，阿替普酶可以看做一种酶，由于它选择性地激活纤溶酶原，因而不像应用链激酶时容易出现出血并发症。

核酶与抗HIV药物的研发

1981年，美国亚特兰大市疾病控制中心在《发病率与死亡率周刊》上报道了5例不太寻常的病例。患者的疾病表现都非常罕见，而且都严重威胁生命，当时的医疗条件无法找到病因。由于这几例病例临床表现或直接死因都与肺囊虫肺炎相关，因而当时暂称为肺囊虫肺炎。但是，肺囊虫肺炎一般只有在肿瘤化学治疗后等机体免疫功能严重受损时才会出现，与以上5例患者的情况并不相符，因此，当时的医学界认为他们可能是由于某种不明原因导致机体免疫受损而诱发的肺囊虫肺炎。

随着这类疾病的报道增多，大家开始注意到这类疾病与同性恋有关，于是最初命名为“同性恋障碍综合征”，之后进一步补充为“同性恋相关免疫缺陷综合征”。但是，新发病例显示异性恋或者患者的下一代也出现了这种疾病，最终命名为“获得性免疫缺陷综合征”（acquired immunodeficiency syndrome，AIDS），又称艾滋病。

1983年，有两个独立的研究机构开始研究艾滋病的病因并陆续报道了他们的成果，于1986年将艾滋病患者体内分离的病毒统一命名为人类免疫缺陷病毒（human immunodeficiency virus，HIV）。HIV是球形的、仅有120 nm的病毒颗粒，在病毒外壳内包裹着两条正链RNA。HIV由于结构简单，在空气、水等外界环境中很快就会死亡，包括艾滋病患者血液进入蚊子体内，HIV也很快就会死亡。

但一旦进入人体就表现出凶残的另一面。HIV 特异性入侵人体 T 淋巴细胞系统，在接下来的数十年内不断破坏消耗 T 淋巴细胞，直到 T 淋巴细胞损失殆尽引起持续性免疫功能缺陷，多个器官出现严重感染及罕见恶性肿瘤，最后导致死亡。

目前，全世界有四千多万 HIV 感染者，每年新感染人数高达五百多万，死亡三百多万。传播途径主要包括性接触、血液和母婴传播。部分患者在感染初期无临床症状，但大部分患者感染后 6 日至 6 周可出现 HIV 病毒血症和免疫系统急性损伤所产生的临床症状，经过平均 6～8 年的时间发展到艾滋病。为提高人们对艾滋病的认识，世界卫生组织于 1988 年将每年 12 月 1 日定为世界艾滋病日。

虽然在艾滋病报道后很快就发现了致病元凶——HIV，但 HIV 是一种非常狡猾的病毒，当科学家们尝试用抗病毒药抑制病毒复制时，发现 HIV 很快就会变异，药物因失去作用靶点而失效。就在科学家们不断尝试各种方法研制抗 HIV 的药物时，切赫和奥尔特曼发现的“核酶”为抗 HIV 的药物研发又提供了一种途径。

在了解核酶的抗 HIV 作用之前，我们先来了解一下 HIV 感染细胞并复制新病毒的过程。如图 3–3 所示，HIV 能够借助外衣上特有的分子与淋巴细胞表面的分子结合，帮助病毒颗粒进入细胞内。然后 HIV 脱去外衣，内部的两条 RNA 开始复制。病毒 RNA 先在逆转录酶的作用下形成 cDNA。在细胞质中的病毒 cDNA 复制比较慢，而其中一部分会与淋巴细胞的细胞核 DNA 整合在一起。当靶细胞进行 DNA 复制时，这些嵌入的病毒 cDNA 就会随着一起快速复制。这也正是 HIV 非常狡猾的一点。大量病毒 cDNA 就能利用细胞资源转录病毒 RNA，并通过病毒 RNA 进一步去制造“外衣”。最后病毒 RNA 与“外衣”结合形成新的病毒颗粒，从细胞中释放出来，进一步去破坏更多的淋巴细胞。

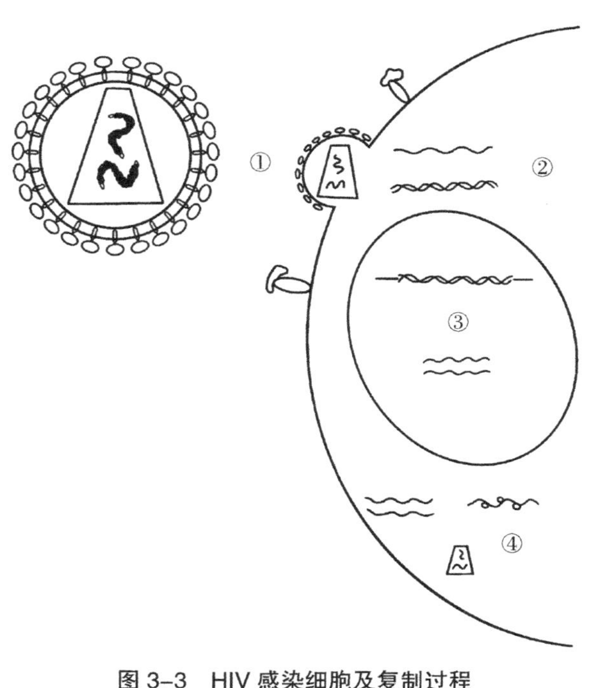

图 3–3　HIV 感染细胞及复制过程

由于 HIV 的基因组为 RNA，如果核酶能够特异性识别被感染细胞中 HIV 的 RNA，并通过催化作用将其切断，这样就可以抑制细胞中 HIV 的复制和表达。结合 HIV 感染细胞的整个过程，科学家们找到了能够施展核酶作用的 4 个契机。首先，在 HIV 与淋巴细胞结合时，需要一种 mRNA 的辅助。如果能够通过核酶及时切断这种 mRNA，那么就可以将 HIV 拒之门外。其次，核酶可以针对 HIV 进入细胞后开始的逆转录过程进行切割，阻止逆转录 cDNA 的合成。再次，当复制后的病毒 cDNA 合成 RNA 时，核酶可以再显身手，及时切断各种病毒 RNA 分子。最后，在病毒的装配阶段，核酶还可以出手，在最后关键时刻去阻止。

目前，已经有不少学者选择不同干预时机，针对 HIV 的基因设计了一些核酶。然后通过质粒或逆转录病毒载体，将含有核酶的序列导入细胞中，进而在细胞中持续表达并产生核酶分子。这些核酶就可以在 HIV 的复制和表达环节干扰 RNA 的正常合成或翻译过程，从而发挥治疗作用。虽然初步的研究结果肯定了核酶治疗的可行性，但是实现临床应用还有很长的路要走，诸多问题需要进一步解决，包括如何选择合适的载体、如何使核酶在体内稳定高效表达、如何防止核酶降解、如何提高核酶活力等。相信在不久的将来，核酶将会在人类与 HIV 的斗争中发挥巨大的作用。

02

第二站

细胞的粮食

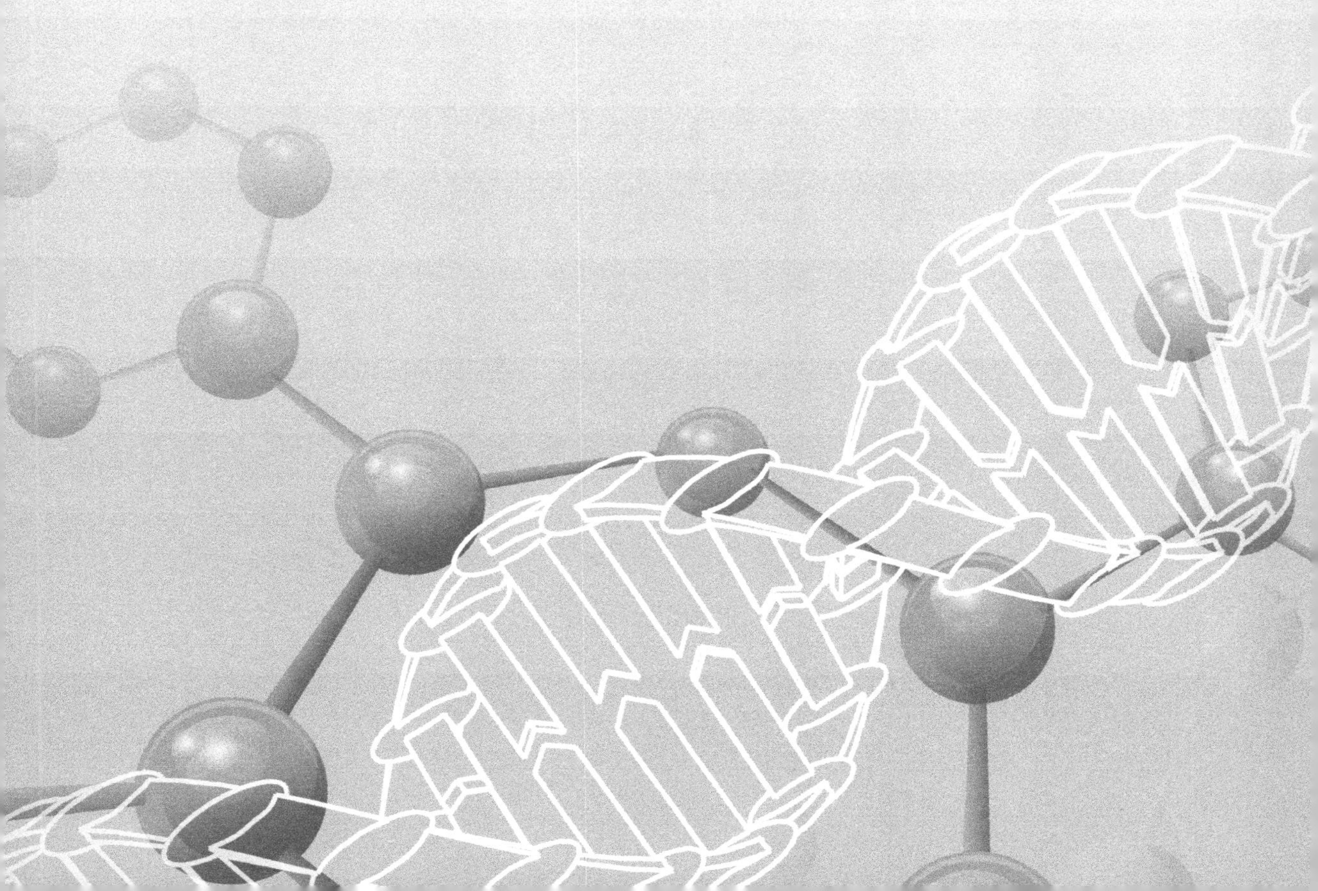

第 4 期　进化的抉择

本期人物

安德烈亚斯·西吉斯蒙德·马格拉夫（Andreas Sigismund Marggraf，1709—1782），德国化学家，因在分离锌、蔗糖和葡萄糖等化学分析领域做出的贡献，被称为分析化学的先驱。

查尔斯·罗伯特·达尔文（Charles Robert Darwin，1809—1882），英国自然学家和地理学家，因在进化方面的研究而闻名于世，主要理论为自然选择学说。

亚历山大·伊万诺维奇·奥巴林（Alexander Ivanovich Oparin，1894—1980），苏联生物化学家，对生命的起源进行了大量的理论研究工作，成为化学进化论的代表人物。

赫尔曼·冯·斐林（Hermann von Fehling，1812—1885），德国化学家，因发明了糖类的定量分析方法而闻名于世，他用于血糖检测的试剂被称为“斐林试剂”。

贝尔特·福格尔斯泰因（Bert Vogelstein，1949—），美国肿瘤与病理学家，提出了结肠癌是由致癌基因和抑癌基因连续突变引起的，成为癌症基因组学领域的先驱，同时也为癌症体细胞进化学说提供了理论依据。

第一部分　科学家的故事

师生对话

本期成员为：解军教授（以下简称解），程景民教授（以下简称程），李琦同学（以下简称李），张原媛同学（以下简称张），魏妙艳同学（以下简称魏）。

解：同学们好，我们已经结束了生化之旅的第一站，通过酶的一系列故事我们也见证了生物化学这门学科的诞生历程。可以说，生物化学是在一个个发酵罐中诞生的，而酶和糖类就是发酵过程中的两个主角，因此我们旅途的第二站将进入糖的世界。

张：说起糖类，我想起了《舌尖上的中国》，其中许多美食的诞生都离不开糖的身影，所以我想糖的世界里一定有许多故事。

魏：是啊，我记得《舌尖上的中国》里讲过，白砂糖是中国的特色。因为它颜色洁白，品质醇正，故而得名。而欧洲人的糖却大不相同，他们制糖的主要原料是甜菜，不是甘蔗。

李：据我了解，中国自古以来就是甘蔗的生产大户，而欧洲的气候条件不适合甘蔗的大规模种植，因此欧洲人不得不另寻他路。而这一问题最早是由马格拉夫解决的，他应用扎实的化学知识，从甜菜中成功制造了蔗糖，有效地解决了欧洲数百年来制糖的原料问题。

程：大家说得非常好！制糖工艺经历了原始制糖、手工制糖和机械制糖三个阶段。其中我国在手工制糖阶段成绩斐然，但是自从马格拉夫发现了甜菜制糖工艺后，国外的机械化制糖产量明显上升。

程老师的话让我想起了季羡林老先生的一本著作《糖史》，他利用近 20 年的时间，考证了大量的史学资料，描绘了从亚洲到欧洲制糖工艺的兴衰历程，并阐释了背后的文化现象，我觉得以此为本站故事的开端应该是一个很好的切入点。

张

解

这是一个不错的提议，那我们第二站的内容就从《糖史》开始讲起，其内容主要是糖的社会历史，而在自然进化史中，糖依然是重要角色。所谓糖类、脂质、蛋白质三大营养物质，为什么各种生物基本上首选糖类作为能源物质，大家想想这其中又有什么奥秘？

是的，生物体内三大营养物质最重要的就是糖类。我猜想，地球上大多数生物把“糖”作为主要能源，这会不会与地球的历史变化有关？

李

解

你猜想得很到位。在地球早期，也就是生命孕育之初，当时的地球与现在可以说是千差万别，在这样的环境中，生命是如何诞生的，现在有一门分支学科专门研究这个问题——化学进化论。

程

或许，我们从化学进化论中能够找到问题的答案，那么首先要对这门学科有所了解。有谁知道化学进化论的代表人物和主要内容？

根据前期的文献查询，这门学科还主要停留在理论研究上，并没有进行相关的实验证明。其中，亚历山大·伊万诺维奇·奥巴林和他的著作《生命的起源》可以说是这个领域的开山始祖。

魏

解

不错！接下来，我们就从《糖史》到糖的进化史，从社会和自然两个方面全面地认识糖类这个大家族。

有了酶这把钥匙，我们可以进一步去探索生命体内新陈代谢的奥秘。而三大营养物质糖类、脂质、蛋白质可以说是新陈代谢的基石。这三种物质中，糖类又是最为根本的能源物质。这些知识似乎已经成为常识，但是反过来思考，既然这三种物质都可以提供能量，为什么生物体普遍将糖类作为首选?

一位美国生物学教授认为，只有在进化理论的启发下，许多生命现象才能够深入理解。因而，这样的问题需要我们从生命进化的角度去认识和分析。与物种进化的研究相比，探索生命基本物质的进化需要追溯到更古老的生命诞生之初，因此难度很大。接下来让我们看看科学家们是如何破解这个难题的。

从《糖史》到“糖史”

“糖”不仅是三大营养物质之首，而且在人类历史上也占据重要的位置。为此，国学大师季羡林从 1981 年开始到 1998 年，用了 17 年的时间编写了一部书，题为《糖史》。这部著作仅围绕从古至今国内与国外制糖技术和糖类交易的历史过程，就淋漓尽致地展现了几乎覆盖五大洲的人类文化交流史，由此可见，“糖”已经融入了人类历史的每一个脚步。

经过查阅大量的典籍，季羡林证明了最早的制糖技术起源于古印度，然后传到中国，同时也传到了欧洲和非洲。从语言上就可以看到蛛丝马迹，“糖”的英文 sugar，法文 sucre，德文 zucker，都与梵文 sarkara 有不少相似之处。而制糖技术在中国进一步发扬光大，中国人改进了制糖技术之后，生产的砂糖接近纯白，故称为白砂糖。由于品质出众，中国制造的白砂糖远销海外，得到各地人民的喜爱。纵使明末清初，西方的生产技术已经远超中国，但糖的品质仍然无法超越。

虽然中国的白砂糖品质一直世界领先，但是对于“糖”的认识及制糖技术却停滞不前。相反，长期进口中国白砂糖的欧洲开始努力发展自己的制糖产业，特别是借助化学的发展，许多化学家开始参与到制糖技术的研发之中。与中国经验传承相比，欧洲自然科学的介入极大地推动了制糖产业的发展，同时更深入地认识了糖的化学本质，帮助人类系统地建立了糖的知识体系。在这些科学家中，马格拉夫就是一位具有代表性的化学家。

马格拉夫意识到当时的制糖业存在两个问题，一方面是制糖原料的来源不足，中国的制糖原料主要来源于甘蔗，但是欧洲缺乏高温潮湿的气候环境，无法大面积种植甘蔗；另一方面是制糖技术需要改进，传统的制糖工艺主要靠加热熬制，这种方法仍然会产生不少杂质，因此需要更好的提纯手段。

于是，马格拉夫开始尝试从不同甜食中提取糖。经过不断实验，他首先于 1747 年在葡萄干中提取出一种糖类单体，由于来源于葡萄，故命名为葡萄糖。之后，他又从甜菜中分离出了蔗糖，这意味着无法种植甘蔗的欧洲可以从甜菜中生产白砂糖。同时，马格拉夫还尝试应用乙醇提取糖类，与加热熬制法相比，糖类的品质和纯度得到了很大的提高，这种方法后来发展为醇沉法。

此后，许多糖类单体陆续被提纯出来，与葡萄糖一样，它们的命名都很形象，均按来源命名。例如，果糖来自水果，乳糖来自乳制品。随着分析化学的发展，我们对不同糖类的化学结构的研究也有了更深入和更系统的认识。糖类依据化学结构可以分为三大类：单糖、寡糖和多糖，其中单糖是糖家族中最基本的单元，通常有 3 ~ 7 个碳原子骨架。根据碳原子个数，单糖依次称为丙糖、丁糖、戊糖和己糖。其中，6 个碳原子的己糖是生命体中最常见的糖类，如葡萄糖就是一种己糖。寡糖则由两个或两个以上的单糖构成。例如，蔗糖就是寡糖，由一个葡萄糖和一个果糖通过糖苷键连接而成。多糖是糖家族中最复杂的结构，通常由 10 个以上的单糖构成。如淀粉和糖原都属于多糖。

到 19 世纪中后期，科学家们已经发现鉴定了 4 种单糖（葡萄糖、果糖、半乳糖和山梨糖）、2 种寡糖（蔗糖和乳糖）和多糖（淀粉）。这些糖类的化学结构都可以用 $(CH_2O)_n$ 的通式来表示，由于这个结构式类似于碳与水的化合物，于是有科学家就将糖类统称为碳水化合物，并一直沿用至今。

前面我们提到的糖类结构式都是不同原子在二维空间中的位置关系，当这些原子放入三维空间后，同一个结构式会出现几种不同的三维分布，即同分异构体。第 2 期中提到的化学家费歇尔从 1884 年开始致力于糖类的空间结构研究，经过几年的不断探索，他确定了许多糖分子的构型，特别是己糖的 16 种异构体中，他就鉴定出来 12 种。总结了几年的研究经验之后，费歇尔于 1891 年提出了费歇尔投影定律，利用二维平面图像显示糖类的三维构型。例如，葡萄糖在三维空间中就存在左旋葡萄糖和右旋葡萄糖两种类型，而生命体只能利用右旋葡萄糖。费歇尔认为这可能与酶的空间结构有关，酶的空间结构限定了其只能与右旋结构的葡萄糖结合，而这一观点也正是费歇尔“锁钥”理论的最原始依据。

至此，我们对“糖”有了一定的认识，但是我们最初的问题，糖类为什么会成为主要的生物能源，似乎还没有解答。接下来，我们就来了解“进化论”中一个新的流派，看看其中是否蕴藏着答案。

化学进化论

提起“进化论”，我们首先会想到达尔文。达尔文在乘坐贝格尔号环球旅行 5 年后，出版了《物种起源》一书。他认为，人类这样的高等生物是从低等生物进化而来的，而低等生物则起源于更低等的生物，按照这样的逻辑推理，那么地球上所有的生物应该有共同的祖先。

之所以地球上有不同的物种，是因为迫于生存环境的压力，生命个体之间不断竞争，为了适应自然而不断自我改变。能够适应环境的个体特征因存活下来得以延续，而不适应环境的则被淘汰，这就是自然选择的基本原理。同一物种因漫长的选择过程逐渐出现了不同的亚种，甚至出现了新的物种，从而解释了地球上物种的多样性。这一理论也被称为渐变理论。

达尔文理论的主要依据来自远古动植物的化石，然而，地球生命的共同祖先又是从何而来的？由于年代更为久远，无论是地质信息还是化石信息，都无从考证。因此，达尔文的理论还不能真正回答我们想知道的生命起源问题。

苏联生物化学家奥巴林同样对生命的起源问题产生了兴趣，鉴于前人并没有很好地正面回答这个问题，同时限于客观条件，不能通过考古或科学实验来寻找依据，于是他开始了大胆的理论研究工作。

20 世纪 20 年代初，天文学、地理学和生物化学都有了突破性的进展，这为奥巴林的理论工作提供了大量的事实依据。结合当时的主要学术成果，他为我们描绘了一个更加古老的地球。在生命的共同祖先出现之前，地球是一个化学的世界，组成生命的化学物质已经开始了漫长的进化历程。此时，地球的大气层中氧气含量非常低，主要以还原性大气为主，如甲烷、氨气、氢气、水蒸气等。而陆地和海洋也不像现在这样美丽祥和，相反更像一个地狱，火山频繁喷发，海面波涛汹涌。也正是这种极端环境使得简单的化学物质之间不断进行着反应和变化，从而逐渐形成了较为复杂的生物化学物质。

虽然奥巴林的理论研究成果尚未得到科学实验的验证，但是他的研究工作不同于凭空想象，也是基于许多科学研究发现做出的推论，具有一定的可信度。当时，天文学家已经在木星等一些太阳系行星的大气层中发现了甲烷等还原性气体，这些研究成为奥巴林对原始大气推断的主要科学依据。另外，地质学的研究认为远古的地球地质活动要比现在活跃很多，因此，不难想象远古的地球更容易引起火山喷发和海啸发生。科学研究就是这样，首先通过对大量已知事实进行归纳总结，进而提出理论推断和科学猜想，然后通过严谨的科学实验验证推断和猜想。显然，限于当时的客观条件，奥巴林完成了前半部分，相信随着科学技术的发展，后半部分的工作终将能够实现。

1924 年，奥巴林发表了他的学术观点，之后更详细地出版了一本书《生命的起源》。奥巴林的观点虽然缺乏科学实验的支持，但为进一步探讨生命的起源提供了新的思路，并逐渐形成了进化理论中新的分支——化学进化论，而奥巴林也被认为是化学进化论的代表人物。

为了更好地理解奥巴林所做的工作，我们先来认识一下地球的历史。现代地质学将地球的历史划分为四大阶段：暝古宙、太古宙、元古宙和显生宙。暝古宙是地球刚形成的一段时期，此时的地球地质活动活跃，流星撞击，经过漫长的地狱般的演变，原始海洋逐渐形成了。之后的太古宙开始在海洋中出现了原始细菌蓝菌等生命体，直到元古宙光合作用使得大气中氧含量上升，最后到了显生宙，地球上开始出现初具生命形态的生命体。奥巴林所描述的生命起源情景，正是暝古宙时期发生的情况，在这个动荡的时期，生物大分子逐渐形成并在原始海洋中进化演变。

糖类在化学进化中的作用

通过了解奥巴林的化学进化论，我们对于生命的起源有了初步的认识。其中最重要的一点，就是从化学反应到细胞的诞生，这段时期处于一个还原性的大气环境，即几乎没有氧气的存在。因此，我们所知的许多生物化学反应在这个时期是不存在的。

就三大营养物质而言，其中重要的生物学功能之一就是为生命活动提供能量。糖类有两种供能方式，一种是不依赖氧气分解释放少量能量，即糖的无氧氧化途径；另一种是有氧参与的氧化过程，最终分解为 CO_2 和水，同时释放大量能量，即糖的有氧氧化途径。脂肪酸供能也主要通过氧化反应分解释放能量。而氨基酸不能直接分解供能，首先要将氨基和碳链骨架分离，碳链骨架再转化为糖类或糖代谢的中间产物，然后沿着糖代谢途径分解供能。综合以上反应过程，我们发现三大营养物质的代谢过程中，只有糖无氧氧化途径能够在无氧条件下供能，由此以来我们最初关注的问题似乎已经有了答案。但是仅这样推断是不够的，科学家们基于大量的研究结果更客观地描绘了从化学物质到细胞形成的演变过程。接下来，让我们在这段遥远的历史中寻找答案。

在细胞诞生之前，非细胞的生命体直接从周围环境中的天然化合物获取能量，然后利用能量合成自身所需的一些化学物质。随着自身结构的完善，这些生命体将自身封闭起来与外界隔离，此时最古老的原核生物便诞生了。在这一时期，能量的供给主要来源于含硫化合物，而不是含碳化合物，我们现在所知的硫细菌可能就起源于此，这种细菌通常在含硫化合物丰富的水、土壤中存在。科学家们推测，远古时期的地球火山喷发频繁，可能是含硫化合物的重要来源。

硫细菌最初在无氧条件下通过硫化氢的氧化还原反应获得能量，这种细菌称为化能营养型。随着细菌的进化，有些硫细菌开始利用太阳能进行不产氧的硫化物氧化还原反应，这种细菌称为光能营养型。此时最早的光合作用体系诞生了。于是，一个以硫元素为主的生态体系慢慢建立起来。

随着物种的进化，原始的光合作用体系选择了原始大气中含量更高的二氧化碳和水蒸气作为氧化还原反应的原料。将太阳能储存在含碳化合物中，同时将水中的氧元素游离出来生成氧气。科学家发现的蓝藻，就是在这个时期诞生的，它能够利用太阳光将 CO_2 还原为含碳化合物，将 H_2O 氧化为自由氧释放出来（图 4–1）。

光合作用极大地丰富了含碳化合物的种类，糖类也可能由此诞生了。逐渐地，一些原始生命体进化出了能够利用糖类的酶类，于是在硫细菌之后出现了能够进行糖分解代谢的新细菌。这些细菌在糖酵解中能够得到更多的能量，从而推动了种群的发展。这样以碳元素为循环的生态系统逐渐庞大起来，并以更高的能量传递效率决定了糖类在生命进化中的地位。

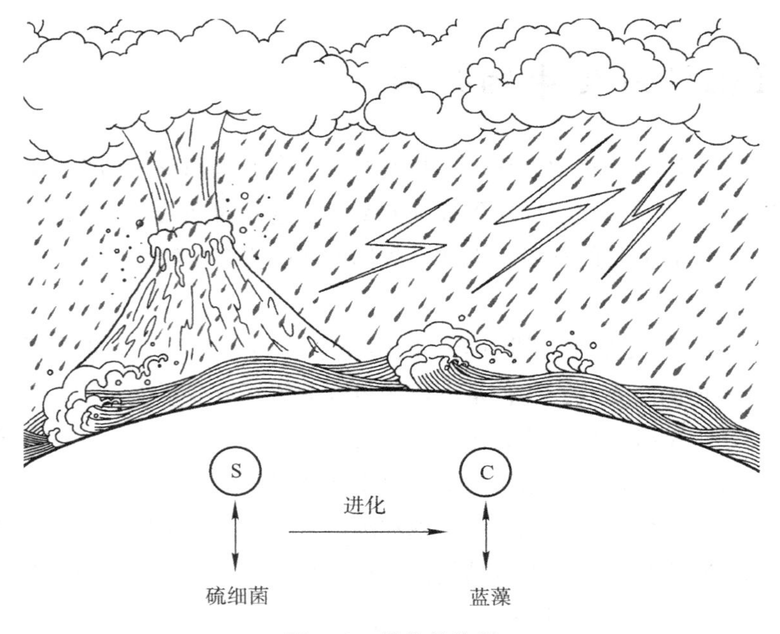

图 4–1　进化的抉择

新型光合作用使得地球的大气成分逐渐发生变化，氧气的比例越来越高。糖类与氧气进行氧化还原反应可以产生更多的能量，于是继厌氧生物后出现了需氧生物，而有些生物则保留了双重功能，成为兼性厌氧生物。需氧生物能够彻底地将糖类氧化分解获得更多的能量，从而比厌氧生物能够进行更复杂的生化反应，因此，地球上出现的更高级的多细胞生物大多属于需氧生物。

至此，我们的问题有了答案：生物体之所以将糖类作为能量物质的首选，是因为早期地球上的原始光合作用积累了更多的含碳化合物，同时含碳化合物比含硫化合物能够提供更多的能量，从而自然选择决定了糖类的主导地位。而脂质和蛋白质的氧化供能则作为需氧生物的辅助手段出现，因为两者的代谢过程或多或少都要依赖糖代谢体系，其中的奥秘我们将在后面的内容继续探讨。

第二部分　医学生的见闻

师生对话

解　刚才的故事主要围绕糖类这个话题展开。在听故事的过程中，让我想到了一种常见疾病。同学们，“糖尿病”这个疾病大家应该一点都不陌生吧，那么大家对这个疾病有多少了解呢？

我见过这样的患者，他们往自己的肚皮上打针！其饮食也跟我们不一样，需要注意很多问题。

张

是的，我也见过。社区好多免费测血糖的对象都是这类患者，具体复查项目我不是很了解。

魏

解

同学们说得很对！糖尿病，中医学又名“消渴症”，是由于血液中葡萄糖含量长期升高从而导致体内多系统、多脏器受损的一种疾病。近百年来，它一直是导致非创伤性截肢、眼盲及肾衰竭的首因。糖尿病与过量饮食、运动缺乏密切相关，因此也被称为“富贵病”。随着我国经济发展和国民生活水平的提高，糖尿病的发病率也日益增高。现今，我国已成为糖尿病第一大国。糖尿病是一种慢性进展性疾病，随着时间推移和疾病进展，患者的眼、肾、血管等器官都会受到不同程度的损伤。因此，糖尿病患者需要定期检查血糖来调整药物剂量，通过控制饮食及药物来延缓病情进展。当病情加重，需要用胰岛素来控制时，患者往往需要皮下注射胰岛素来满足日常生活需要。

是的，许多糖尿病患者餐前都需要腹部皮下注射胰岛素，而他们的另一个日常需要就是检测血糖。

李

血糖测定是用实验课上的斐林试剂吗？

魏

解

这个问题提得很好，随着技术的发展，现在生化检验项目都通过全自动分析仪进行，非常快捷方便。但是我们不能忘了最基本的生化原理，下面就以血糖检测为切入点，深入认识一下其中的原理。

程

另外，这一期的内容中，还涉及了许多进化论的知识，同学们觉得这些知识对于大家的临床实践有什么帮助？

我接触的肿瘤患者较多，虽然抗肿瘤药已经取得了巨大的进步，许多癌症不再是不治之症，但是临床中仍不乏复发患者、耐药患者。我不禁思考，生命体是在环境选择下不断进化的，而抗肿瘤过程同样为肿瘤细胞提供了一个新的药物环境，而这个环境中肿瘤细胞是不是也会发生自然选择而进化呢？

张

肿瘤细胞的耐药就像超级细菌一样，在人类积极与疾病斗争的同时，也促使了这些“顽固分子”的出现。这的确是一个很好的话题，抗肿瘤药是一把双刃剑，在追求疗效的同时，我们也确实应该反思，治疗是否促进了肿瘤细胞的“进化”。下面，我们依次来讲讲血糖检测原理和抗肿瘤治疗这两个案例吧。

解

血糖检测的原理

临床实习时，有次我在内分泌科值急诊班。救护车送来一位昏迷的中年阿姨，陪着她一起来的是刚放假回家的女儿。女儿说：“我妈妈午觉睡了 2 h 还没醒，我们叫都叫不醒，发现是昏迷了，赶紧就来医院。她既往有糖尿病病史，都按时用药，不知怎么的……医生护士你们快救救她吧。”护士急忙查血糖，发现数值异常增高，结合病史及其他相关检查结果，考虑此患者的诊断为糖尿病高渗性昏迷。经过积极治疗后，患者慢慢醒来，恢复了意识。

原来，阿姨前几天在附近药店领取了一台免费赠送的血糖仪，每天早晨都测空腹血糖，发现都不高，就开始减药量，以为血糖稳定了。当天午饭时吃了 2 块绿豆糕，吃完后用血糖仪测试，餐后血糖不算太高，就安心睡午觉了。结果这午觉睡得昏昏沉沉，醒来就发现自己在医院了。听患者讲完经过，我们怀疑血糖仪的测量是否准确。待家属取来后，发现测试结果与实际血糖值之间存在非常大的偏差。这件事情提醒广大患者，血糖仪一定要在正规机构购买并检测，不然会因血糖控制不佳而危及生命。

这个案例促使我思考，血糖是如何测定的呢？通过进一步查阅资料，我对血糖的测定有了系统的认识。在人体，血清中含有一定浓度的葡萄糖，称为血糖，葡萄糖通过血液循环为各个器官及时提供能量。其中大脑对葡萄糖的消耗非常大，因而对于血糖的波动最为敏感。当血糖调节功能受损时，机体就会出现一系列的问题。糖尿病就是最常见的血糖调节异常疾病。糖尿病患者主要表现为空腹血糖明显高于正常值，血糖过高对于心脑血管、视网膜、肾等组织器官都会产生不可逆的损害。而糖尿病患者在接受治疗的过程中，经常因为胰岛素过量、饮食改变等原因导致低血糖，而每一次低血糖对于各个器官都会产生更严重的危害。因此，为了帮助糖尿病患者维持血糖的稳定，达到饮食、运动与胰岛素用量的最佳平衡状态，就需要在一天中多次检测血糖（即刻血糖）。

即刻血糖的测定主要是检测血清中葡萄糖的浓度。早在 1849 年，德国化学家斐林就发明了定量分析还原性糖的方法。他将 0.1 g/mL 的氢氧化钠溶液与 0.05 g/mL 的硫酸铜溶液配制成混合液，然后加入待测样本中，加热后溶液会出现浅蓝色—棕色—砖红色（沉淀）的变化过程，最后定量分析砖红色沉淀便可以计算出还原性糖的浓度。葡萄糖、果糖和麦芽糖都属于还原性糖，因此可以用这种方法检测；而蔗糖、淀粉不是还原性糖，故不适用。为了纪念斐林的贡献，他发明的试剂被称为斐林试剂。

利用斐林试剂测定血糖浓度的过程比较繁琐，现在临床上测定血糖只需要一滴血滴在血糖试纸上就可以完成检测，这是怎么回事呢？原来，现在测定血糖的方法已经在斐林的基础上做出了改进，虽然仍然沿用糖的氧化还原反应原理，但是血糖试纸上已经用葡糖氧化酶取代了斐林试剂。涂在血糖试纸上的葡糖氧化酶可以催化血液中的葡萄糖与氧气发生氧化还原反应，从而将氧气还原为过氧化氢（H_2O_2）。H_2O_2 能够使血糖试纸显色，通过仪器读取色差，间接计算血糖浓度。这种利用末梢血检测血糖的结果俗称手指血糖值，而静脉采血经化验室检测的血糖结果称为静脉血清血糖值。这两种方法以后者为主，前者为辅，相互补充，帮助临床医生及时获得糖尿病患者的即刻血糖信息。

然而，即刻血糖的结果在糖尿病的诊断中显得有些片面，如同根据学生的一次考试成绩断定个人学习能力的好坏，如果能够获得一段时间的血糖平均水平，临床医生就可以更全面、客观地评估患者的血糖水平。于是出现了血糖监测的另一种方法——糖化血红蛋白。

糖化血红蛋白是 1958 年科学家使用色谱法首次从血液其他类型的血红蛋白中分离出来的，并于 1968 年被归类为一种糖蛋白，之后发现其在糖尿病患者血液中浓度增高。经过不断地分析研究，对于糖化血红蛋白的认识越来越清楚。血液中的葡萄糖随红细胞一起在体内循环，葡萄糖会与血红蛋白的氨基酸侧链基团发生不可逆的结合反应。由于红细胞的半衰期为 120 天左右，糖化血红蛋白就可以反映这段时间内的血糖平均水平，而不会受偶尔的血糖波动影响，因为结合反应是一个慢反应过程。

正因为有了即刻血糖和糖化血红蛋白这两种血糖评价方法，对于糖尿病患者的诊断和治疗才有了更全面的保障。

肿瘤与进化

现代医学的发展帮助人类战胜了曾经致命的传染病，然而我们并没有因此而高枕无忧。威胁人类生命的疾病从急性传染病逐渐演变为慢性疾病，在这些慢性疾病中，恶性肿瘤始终名列前茅。之所以谈“癌”色变，是因为恶性肿瘤仍缺乏有效的预防措施，也缺乏精准的治疗方法，特别是高复发率和高转移率无疑给患者判了“死缓”，此外高额的治疗费用给许多家庭雪上加霜。

为了不断延长肿瘤患者的生存时间，全世界肿瘤领域的科学家和临床专家一直在艰难而不懈地进行探索，每年投入大量人力和物力研发肿瘤治疗的新方法。虽然在部分恶性肿瘤的疗效上取得了一定的突破，但是新的治疗方法面对肿瘤复发和转移后产生新的耐药性显得无能为力。寻找新药去杀死肿瘤细胞，正是不断寻找新型抗肿瘤药的初衷。然而，许多科学家也在思考，或许换个思路会有新的转机。于是不少科学家试图跳出目前形成的思维定式，从进化的角度思考肿瘤的机制问题，这样就形成了肿瘤的体细胞进化学说。在这一领域，美国著名肿瘤与病理学家福格尔斯泰因所做的工作功不可没。他从 20 世纪 80 年代开始，经过十几年对结直肠癌的研究后，发现其是由癌基因和抑癌基因连续突变累积产生的结果。这些不断选择和积累的肿瘤病变过程为体细胞进化学说提供了实验依据。可以说，福格尔斯泰因的工作对肿瘤发生和复发机制的认识产生了深远的影响。

在福格尔斯泰因的影响下，来自美国的研究人员对一名携带 *PIK3CA* 基因突变并发生肿瘤转移的乳腺癌患者进行了研究。发现患者接受 PI（3）Kα 抑制剂治疗后，获得了良好的治疗效果。但随后患者对该药物产生了抵抗作用（出现肺转移）并在很短时间内死亡。在患者死亡后迅速进行尸体解剖，对其 14 个肿瘤转移位点进行组织取材和测序。发现与治疗前的肿瘤相比，所有转移病变位置均出现 *PTEN* 基因拷贝丢失，那些产生抵抗的病变位点还出现了额外的与原拷贝不同的 *PTEN* 基因变化，从而导致 *PTEN* 表达缺失。这个案例提示，肿瘤的耐药性可能源于治疗过程中产生的选择压力而形成了新型肿瘤，即药物治疗可造成肿瘤适应性进化，对药物产生抗性。

传统的达尔文进化论主要研究个体到个体之间的种系进化过程，他把有利的、保存下来的个体差异和变异，以及有害的、毁灭的变异，都称为“自然选择”。对于有性生殖个体而言，亲代在产生生殖细胞时可能形成新的变异，而产生的不同子代个体在生存过程中，比同代更能适应环境的个体优先选择生存下来，完成了自然选择，实现了种系进化。因此对于种系而言，自然选择的基本单位就是生殖细胞，种系进化实质上是生殖细胞的自然选择过程。当研究对象变为无性个体时，自然选择的单位就变成了体细胞。因为，对于多细胞生物而言，许多组织器官能够在一生中不断产生新的体细胞，及时替代和补充衰老凋亡的细胞发挥生理功能，于是在产生新的体细胞过程中，就会出现与生殖细胞类似的自然选择过程。机体产生新的体细胞时也会有一定概率出现新的变异，这些子代体细胞在机体内环境中经过自然选择，适应内环境的变异则被保存下来，这就是体细胞进化学说的基本理论。

肿瘤体细胞学说的发展也引起了科学家和临床医生的反思。目前的抗肿瘤药片面追求对肿瘤细胞的杀伤作用，与此同时对机体的整个内环境会产生巨大的影响，由此引发许多严重的不良反应，经过自然选择会产生更能适应恶劣环境的肿瘤细胞，进而出现肿瘤细胞的耐药现象。因此，对于如何有效治疗肿瘤，同时减少因药物干预出现的肿瘤细胞“进化”，是今后肿瘤研究的巨大挑战。随着基因测序技术的巨大突破，癌症的异质性得到深入的认识，科学家能更准确地确定癌细胞进化的轨迹，绘制“进化树”或“进化图谱”，进而寻找癌症发生过程中药物抗性的根源，并对某些类型的癌症采取针对性的治疗。

第 5 期　发酵的另一个秘密

本期人物

亚瑟·哈登（Arthur Harden，1865—1940），英国生物化学家，主要从事发酵机制的研究，他的工作促进了对糖类中间代谢的认识。由于哈登在发酵方面的卓越贡献被授予了 1929 年诺贝尔化学奖。

阿奇博尔德·维维安·希尔（Archibald Vivian Hill，1886—1977），英国生理学家，通过精确测定肌肉活动释放的热量，研究乳酸的产生，为糖代谢途径的研究奠定了基础，为此与德国科学家迈尔霍夫共享了 1922 年诺贝尔生理学或医学奖。

古斯塔夫·埃姆登（Gustav Embden，1874—1933），德国生理学家，和同时代的迈尔霍夫共同致力于糖类中间代谢的研究。经过不懈努力和反复试验，终于在 1933 年与其他几位生化学家共同提出了糖酵解的途径，即所谓 Embden-Meyerhof-Parnas 途径。

奥托·弗利兹·迈尔霍夫（Otto Fritz Meyerhof，1884—1951），德国生理学与生物化学家，早年从事生物能量代谢方面的研究，与希尔共同获得诺贝尔奖。后期主要集中在糖酵解的基本过程和相关酶的研究，确定了糖酵解途径中的主要化学反应步骤，因此被视为现代生物化学的奠基人之一。

雅各布·卡罗尔·帕尔纳斯（Jakub Karol Parnas，1884—1949），主要从事肌肉糖代谢的研究，是当之无愧的肌肉化学家。继迈尔霍夫之后，帕尔纳斯及其同事对糖酵解途径中的各个步骤进行了仔细验证和深入探讨。

第一部分 科学家的故事

师生对话

本期成员为：解军教授（以下简称解），程景民教授（以下简称程），李琦同学（以下简称李），张原媛同学（以下简称张），魏妙艳同学（以下简称魏）。

解：同学们，上一期的内容大家准备得很精彩，令人耳目一新。在认识糖类之后，本期我们将进一步探讨糖类的无氧代谢，这也是发酵过程中主要的化学反应过程。大家来谈谈对糖类无氧代谢的认识和见解。

魏：糖类无氧代谢的研究经历了一个漫长的过程，如果说巴斯德是发酵的奠基人，比希纳是开拓者，那么英国生物学家哈登则被认为是发酵过程中糖无氧代谢研究的领军人物。

张：是的，哈登在糖无氧代谢的研究领域占有重要地位，我先给大家介绍一下这位伟大的生物化学家吧。哈登出生于英格兰曼彻斯特一个企业家家庭，从小在工厂里长大的哈登对化学非常感兴趣，为此他进入了曼彻斯特大学学习化学专业。1886年，哈登获得奖学金资助而在费歇尔实验室访问学习一年，这一年对哈登的科学生涯产生了巨大的影响。在费歇尔的影响下，哈登开始研究糖无氧代谢的相关课题。之后，哈登于1897年开始在英国著名的李斯特防治医学研究所主持工作，主要从事酵母菌的乙醇发酵及相关酶的研究。

李：哈登一生成果倍出，影响深远，在费歇尔实验室访学的经历是他学术生涯的重要转折点，可谓名师出高徒。

解

没错，一个人在学术上的成就离不开导师的支持与帮助。哈登主要从事乙醇代谢的研究，与此同时，另一些研究肌肉代谢的科学家则主要关注乳酸代谢。同学们首先要明确，乙醇代谢和乳酸代谢都属于糖类无氧代谢的范畴，而两者有一部分共同的代谢途径，被称为“埃姆登－迈尔霍夫－帕尔纳斯途径”。哪位同学先来谈谈这三位科学家。

李

埃姆登应该是真正意义上开创这个代谢途径的研究者，然而他英年早逝，大部分工作是迈尔霍夫完成的。迈尔霍夫是一位德国籍美国生物化学家，1884 年出生于汉诺威的一个犹太家庭，就读于斯特拉斯堡大学与海德堡大学，毕业后在海德堡医学院从事有关生物能量转换问题的研究。1922 年，也就是迈尔霍夫 38 岁的时候，就与希尔共同获得了诺贝尔生理学或医学奖。此后十几年的时间里，迈尔霍夫通过大量的实验研究补充和完善了埃姆登构建的糖酵解途径，发表了 200 多篇论文。然而，迈尔霍夫晚年的生活并不太平。本该功成名就的迈尔霍夫，受到了纳粹的迫害，被迫辗转逃亡，从巴黎到美国，最后得以在美国洛克菲勒研究所安顿下来，并继续从事研究工作。但是没多久，这位伟大的现代生物化学奠基人由于在战乱中积劳成疾，不幸离世。

魏

帕尔纳斯的经历也堪称不幸。他和迈尔霍夫同岁，出生于波兰和乌克兰之间的狭长地带，拥有波兰和苏联双重国籍。年轻时在欧洲多个知名大学进行访问研究，在肌肉糖代谢研究中做出卓越贡献。1939 年，西乌克兰被合并到苏联，帕尔纳斯进入苏联工作，成立了自己的实验室。不幸的是，由于时局动荡，1949 年，帕尔纳斯被控是西方间谍。至此，帕尔纳斯的科研生涯被一场政治谋杀终结了。

程

大家对这几位科学家的介绍很到位，其中迈尔霍夫建立的实验室对生物化学的发展产生了深远的影响，值得大家重点学习。另外，据我了解，迈尔霍夫的学术成果离不开与另一位科学家希尔的相互交流合作，大家再谈谈希尔吧。

张

希尔1886年出生于布里斯托尔，中学毕业后获得剑桥大学奖学金，在数理学系学习。希尔天资聪慧，别人3年的课程他2年就完成了。但是，希尔对数学并不感兴趣，在导师的帮助和支持下，他转向了生理学专业。1909年，希尔开始从事肌肉能量代谢的研究，完成了一系列富有创造性的工作。到了20世纪20年代，希尔在早期肌肉代谢研究的基础上，正式开始了运动生理学的研究。当时，运动生理学还不是新兴学科，希尔不仅完成了肌肉运动过程中氧气消耗和二氧化碳产生的定量研究，还建立了肌肉力学模型，因此被誉为运动生理学的先驱。希尔有很强的社会责任感，他不仅专注于科研工作，还是一名反法西斯战士，积极投身于反法西斯斗争中。

解

战乱并没有阻碍科学发现，这几位科学家的精神值得称赞。更重要的是，我希望大家通过本期的故事能够认识到，虽然“埃姆登－迈尔霍夫－帕尔纳斯途径”是三人接力完成的，但是前期哈登、希尔等人的工作同样重要，杰出的科学研究都是建立在坚实的前期研究基础之上的，“站在巨人的肩膀上”这句话需要大家好好品味。下面就让我们从哈登到希尔，再到迈尔霍夫等，见证糖无氧代谢的研究历程。

发酵研究帮助人类认识了“酶”，有了“酶”这把钥匙，我们打开了机体新陈代谢的大门，能够更进一步地认识机体各种物质的代谢途径。在生命物质中，人类最早关注的便是糖类的新陈代谢。这是因为发酵研究中，用于研究酶促反应的底物主要是糖类物质，因此在研究酶的过程中，科学家们也最先观察到了糖代谢的反应过程。于是，许多科学家开始转向糖代谢过程的研究，从而在酶的启发下逐步完善了糖代谢的反应过程，这就是发酵带给我们的又一个故事。

酶的启发

比希纳在研究如何保存酵母提取物的过程中，无意中发现了无生命力的酵母提取物也能够催化保存液中的蔗糖发生反应，从而重新定义了“酶”。而且，比希纳的研究并没有止步于此，因为他同时认识到了发酵的另一个方面，即蔗糖在相关酶的作用下能够发生一系列的化学变化。于是继“酶”的发现之后，他开始研究蔗糖的酶促反应过程。

为了阐明蔗糖发酵的中间反应步骤，比希纳设计了一系列酵母提取物催化蔗糖发酵的实验。按照比希纳的设想，只要分离出反应的中间产物，就可以一步一步构建反应过程。但是进展并不顺利，因为蔗糖的发酵过程是连续进行的，反应速度非常快，很难分离出中间产物。因此，在尚未出现磁共振波谱分析、质谱分析等先进化学分析技术的年代，这个课题对于比希纳而言是一个难以逾越的高峰。他进行了多次尝试后，毫无进展，实验陷入僵局。

科学发现往往是偶然的。就在比希纳一筹莫展时，在一次实验中氟化物不小心被加入反应体系中，他惊奇地发现蔗糖的发酵居然停止在中间环节。随之而来的是中间产物的积累，这正是比希纳梦寐以求的。比希纳惊喜地意识到，氟化物可能抑制了“酶”的活性，从而使蔗糖发酵反应停止，如果正好停止于反应的某一步，就可以分离提取出这一步的中间产物。按照这一思路，比希纳进一步发现，在蔗糖发酵过程中添加氟化物，就会导致 3– 磷酸甘油酸和 2– 磷酸甘油酸的积累。比希纳的工作给中间代谢产物的研究积累了宝贵的经验，虽然在当时的技术条件下无法迅速捕捉到反应过程中的代谢产物，但是可以通过酶的抑制剂让反应变慢，甚至停止，从而巧妙地弥补了技术短板。

在比希纳的启发下，许多科学家兴致勃勃地开始寻找更多的酶抑制剂，以期获得更多的中间产物。其中，有位科学家发现除了氟化物，血清中也可能含有抑制酶活性的物质，因此他试图利用血清中的酶抑制剂干预更多的反应步骤，进而得到更多的中间代谢产物。他在实验组蔗糖发酵体系中加入血清，而在对照组加入热处理失活的血清。按照预期，实验组加入血清后蔗糖发酵将会减慢，而对照组由于酶被灭活不会影响反应速率。然而，实验结果却不像他预想的那样，加热失活的血清反而加速了糖酵解的反应速率。

哈登和另一位生物化学家杨（William Young，1878—1942）在共同研究蔗糖发酵时，关注到了这个现象，由此也激发了他们强烈的兴趣。于是他们开始更深入地探索这一现象背后的原因。经过无数次实验，最终于 1908 年提出，磷酸盐是影响蔗糖发酵反应速率的一个关键因素。两人的研究发现，当反应体系中加入磷酸盐后，反应速率明显加快。但是，反应加速并不会持续很长时间，很快又回到初始反应速率，这些现象提示，磷酸盐的作用可能与真正意义上的酶还有一定的差异。他们进一步对反应产物乙醇和二氧化碳进行定量分析，发现额外增加的产物与磷酸盐成正比，这就意味着磷酸盐参与了中间反应，可能与底物形成新的化合物。经过更精细的化学分析鉴定，他们发现葡萄糖在酵母提取物中与磷酸盐能够形成一种己糖二磷酸，这种化合物也被称为“哈登 – 杨酯”。

在继续研究与“哈登 – 杨酯”形成过程相关的机制时，他们反复离心和洗脱酵母提取液中的酶类，试图去除磷酸盐这类与反应相关的物质。但当他们拿近乎“纯净”的酶进行蔗糖发酵反应时，却发现反应无法进行。于是哈登和杨提出了蔗糖发酵过程中的酶促反应还需要“辅酶”的参与，这一研究结果是对酶反应机制的又一个补充。虽然哈登和杨尝试提纯酵母提取物中的酶类，但限于当时的技术条件，未能对这些酶进行分类纯化，更无法阐明具体的中间反应步骤。尽管如此，这两位科学家的研究仍然是糖代谢研究中迈出的真正一步。

糖酵解的另一学派

除了以哈登为代表的生物化学家主要研究酵母发酵之外，当时在糖代谢领域还有另一个主要的研究方向，即肌肉运动与糖代谢的关系。这两个研究方向是糖代谢早期研究的主要课题，也是阐明糖类代谢途径最重要的环节。但是，起初人们并未意识到酵母发酵和肌肉运动时的糖代谢实质是两个相似的过程，因为在当时的认知中，酵母发酵主要是无氧代谢，而肌肉运动主要是有氧代谢。之所以产生这样的认识，主要因为两者的生理现象有许多不同之处。首先，酵母发酵过程处于无氧的密闭环境，而肌肉活动则处于血液循环之中，包括肌肉的离体实验也是在有氧环境中进行的。其次，两者的代谢产物也不同，酵母发酵主要产生乙醇，而肌肉代谢主要产生乳酸。但随着后期研究的逐渐深入，两者的共同点才慢慢浮出水面。

在肌肉运动代谢领域，希尔可以说是不折不扣的领军人物。当然，他的成功离不开导师的帮助和指导。在希尔进入生理学领域之前，他的导师弗莱彻（Walter Morley Fletcher，1873—1933）已经在这个领域打下了良好的基础。弗莱彻和霍普金斯（Frederick Gowland Hopkins，1861—1947）共同研究发现，在肌肉运动过程中，葡萄糖减少伴随着乳酸的累积，直到肌肉的兴奋性消失这一过程才停止。据此他们推断，乳酸是肌肉葡萄糖代谢的产物。为避免空气的干扰，他们还设计了对照实验，将肌肉分别置于氧气和氮气装置中观察。实验结果显示，肌肉在无氧条件下运动时，乳酸的积累较快；而在有氧环境中，乳酸生成减慢。于是总结出乳酸的积累主要有两个条件，一是无氧环境，二是肌肉活动。

但是，弗莱彻意识到这些研究发现还远远达不到他的预期，他非常希望有个学生能够在他的基础上继续探索，更深入地研究肌肉的乳酸代谢。于是他广泛地开展学术报告，讲解肌肉代谢研究的魅力，同时也指出了其中的问题和不足。这些话深深吸引了数理学系的希尔同学。希尔觉得实验研究比趴在桌子上每天写写算算要有意义得多，于是他经常去找弗莱彻交流自己的想法。弗莱彻感受到了希尔的研究热情，耐心地解答他的问题，并给他指明了一条探索肌肉代谢的道路。弗莱彻对希尔讲到，当时已知的乳酸变化只是肌肉代谢过程的结果，其中的细节还有待进一步的研究。而要想解开其中的奥秘，就需要选择更合适的观察指标，明确这一过程中的细微变化。弗莱彻提议希尔通过观测记录肌肉活动过程中产生的热量去研究乳酸代谢的细节，其主要原理是热力学理论，正好符合希尔的专业背景。

希尔对于热力学理论并不陌生，从18世纪末到19世纪中叶，人类在大量的生产实践、科学实验基础上建立了热力学第一定律。揭示了能量不会凭空产生，也不会凭空消失，只能从一种形式转化为另一种形式。从热力学理论来看，肌肉无氧代谢产生的能量主要有两个去路，一方面是做功产生运动，另一方面是产热，因此定量分析产热对于进一步认识代谢过程是可行的。

数理学系毕业后的希尔开始从热动力学角度潜心研究肌肉的工作机制。他果然没有让老师失望，经过不断努力，终于在肌肉乳酸代谢与产热之间有了新的发现。而他的成果首先得益于有效的实验工具。要想精确地记录肌肉运动过程中的产热，需要用到热电偶计和电流计。希尔接到这个课题后，有幸前往另一个实验室访学并掌握了这个实验方法。热电偶计是用两种不同的金属材料组成的一个闭合环路。当温度发生变化时，两种金属由于电荷活动的差异会产生微弱的电流。记录这种微弱的电流需要更加灵敏的电流计，这种电流计将微弱电流通过线圈转化为磁场，然后通过光学系统将线圈微弱的转动放大数倍，于是在显示器上就可以反映出温度变化（图5–1）。

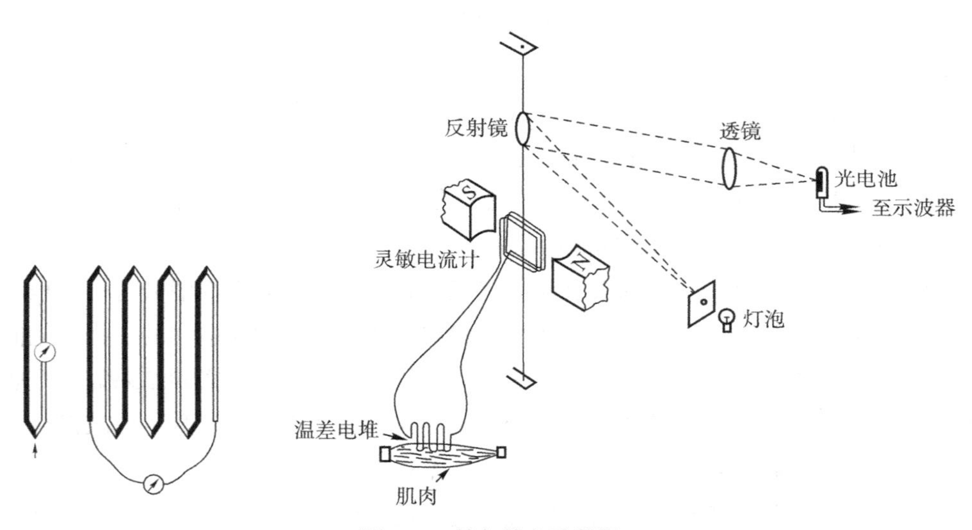

图5–1　希尔的实验装置

（引自A.V. Hill，Nobel Lecture，1922）

一开始，希尔掌握的这套实验装置只能记录到肌肉整个收缩和舒张过程中的全部热量，灵敏度不高。他将多个热电偶计并联在一起，这样记录到的电流就比单个热电偶计放大数倍，能够捕捉到更微弱的电流和更细微的变化。1912年，通过改进的设备，希尔分别记录了肌肉收缩期间和收缩后的热量。他测得肌肉运动在收缩时迅速产热，称为初发热；当肌肉处于恢复期时还在产热，称为迟发热。

但是不久第一次世界大战爆发了，希尔的研究被迫停止。1914—1919年，希尔的研究工作处于停滞状态。后来，他有幸进入国防实验处工作，中断的研究才得以继续。1920年，希尔与同事更细致地分析了肌肉收缩、舒张及恢复的不同阶段与产热的关系。他们发现，当肌肉处于密闭的无氧环境时，收缩产生乳酸，初发热不受影响，但是肌肉易疲劳，且不会出现迟发热。这说明，肌肉收缩产生乳酸是在无氧条件下进行的，属于无氧代谢。而恢复期迟发热的产生和乳酸的消失可能需要氧气的参与，属于有氧代谢。接着，他测定了乳酸氧化所释放的热量，与迟发热的热量进行比较，发现在恢复期乳酸并没有完全氧化，只有小部分彻底氧化成水和 CO_2。那么大部分未被氧化的乳酸该何去何从，这个问题是希尔与迈尔霍夫共同合作完成的，在下面讨论。

埃姆登－迈尔霍夫－帕尔纳斯途径

迈尔霍夫的一生都贡献给了糖代谢的研究，虽然糖酵解途径是以埃姆登、迈尔霍夫和帕尔纳斯三个人共同命名的，但是在中间产物和相关酶的研究中，迈尔霍夫做出的贡献最大。他的工作主要包括两个部分：第一部分是他与希尔合作，从化学反应的角度解释了希尔发现的肌肉产热现象，同时他还证实了酵母发酵与肌肉运动中糖代谢有着共同的反应途径；第二部分是他获得诺贝尔奖之后，在埃姆登研究的基础上，花了近 10 年的时间，基本完善了糖酵解途径的反应步骤和相关酶。

1913 年，迈尔霍夫在基尔大学发表了他在细胞能量代谢方面的研究，开始崭露头角。由于他对细胞化学代谢与能量问题比较感兴趣，很快就注意到希尔在肌肉产热方面的研究发现。于是，迈尔霍夫开始与希尔合作，因为他们都认为要想解开肌肉代谢的秘密，需要定量地分析肌肉热量的产生与化学反应的关系。与希尔不同，迈尔霍夫更侧重于应用化学手段研究糖类的转化、乳酸生成和分解，然后来分析与希尔发现的热量变化和肌肉活动各个阶段的相关性。

在 1918—1922 年期间，迈尔霍夫利用化学方法为合理解释希尔的发现提供了强有力的证据。当时，已经认识到肌肉中有肌糖原的存在，迈尔霍夫发现肌糖原能够在无氧条件下直接转化为乳酸，在这个过程中释放出的能量构成了希尔所谓的初发热。之后，形成的乳酸仅有约 1/5 在有氧条件下彻底氧化为 CO_2 和水，其余 4/5 的乳酸则再次形成糖原。这部分彻底氧化释放出的热量构成了希尔提出的迟发热。迈尔霍夫发现从肌糖原到乳酸再到肌糖原，这种物质转化伴随着能量释放正好构成了一个循环，于是称之为乳酸循环。

乳酸循环的提出为整个糖代谢的研究构建了一个基本的框架，这个框架涵盖了糖酵解途径、糖异生途径和三羧酸循环等代谢通路，之后中间产物和相关酶的研究都是在不断补充和完善这个框架所涉及的细节。

在研究乳酸代谢的过程中，迈尔霍夫注意到乳酸代谢与乙醇发酵的相似之处越来越多。于是他在研究乳酸代谢的同时，不断比较乳酸代谢与乙醇发酵的关系。1918 年，迈尔霍夫发现肌肉代谢中的辅酶与哈登在乙醇发酵中发现的是一致的。1927年，迈尔霍夫又发现己糖激酶在两个体系中是一致的。这些发现提供了更为直接的依据，由此酵母发酵和肌肉代谢的化学反应过程不再被割裂开来。最终两种代谢的共同中间产物丙酮酸被发现，科学家们确定肌肉乳酸生成和酵母生醇有一段共同的代谢途径，而这一途径被称为糖酵解途径。

从20世纪30年代开始，科学家们集中精力研究糖酵解途径的具体过程。在埃姆登之前，一直存在一个错误观点，认为丙酮酸来自丙酮醛的氧化还原反应。直到埃姆登首先分离提取了新的中间产物3-磷酸甘油酸，这一观点才被完全打破。在糖酵解过程中，丙酮酸的前体物质是3-磷酸甘油酸。同时埃姆登确定了“哈登-杨酯”的结构是果糖-1,6-二磷酸。基于这些中间产物的发现，埃姆登开创了糖酵解途径研究的新局面，构建了糖酵解途径的基本框架。

埃姆登认为，葡萄糖首先转化为果糖-1,6-二磷酸，然后分解为两分子的3-磷酸甘油酸，进而转化为丙酮酸生成乳酸/乙醇。虽然这个途径还缺失许多细节，但是已提出的反应步骤基本正确，在此之后糖酵解途径的研究得以准确推进，避免了更多的弯路。然而不幸的是，埃姆登于1933年突然不幸逝世，无法继续他刚有成效的研究事业。受埃姆登的影响，获得诺贝尔奖之后的迈尔霍夫开始组建团队进一步研究糖酵解途径的更多细节，这就是迈尔霍夫第二阶段的工作。

迈尔霍夫并不是一味地继承埃姆登的工作，他先是肯定了埃姆登在中间产物中的研究工作。然后在此基础上，将糖酵解的过程分成几个部分进行研究。首先，他在埃姆登提出的葡萄糖到果糖-1,6-二磷酸这步反应中发现还有两种中间物质，而且两个磷酸基团也不是一次性加到碳骨架上去的。葡萄糖首先第一次磷酸化形成葡糖-6-磷酸，这一步反应是在迈尔霍夫发现的己糖激酶的催化下完成的。接着，迈尔霍夫发现在磷酸己糖异构酶的催化下，葡糖-6-磷酸转化为新的化合物，即果糖-6-磷酸。果糖-6-磷酸经过再次磷酸化形成果糖-1,6-二磷酸。有了这两种中间物质，埃姆登提出的第一步反应得以完善。

接着，迈尔霍夫完善了从果糖-1,6-二磷酸到3-磷酸甘油酸的反应过程。在此之前，埃姆登就发现果糖-1,6-二磷酸并不是直接分解为两分子的3-磷酸甘油酸，而是另外两种不同的化合物。迈尔霍夫研究发现，果糖-1,6-二磷酸在果糖-二磷酸醛缩酶的催化下分解为磷酸二羟丙酮和3-磷酸甘油醛，同时磷酸二羟丙酮可以在酶的催化下转化为3-磷酸甘油醛，这样3-磷酸甘油醛可以继续转化为3-磷酸甘油酸。

最后，迈尔霍夫补充了从3-磷酸甘油酸到丙酮酸之间的两个中间产物——2-磷酸甘油酸和磷酸烯醇式丙酮酸。至此，糖酵解的主要反应步骤基本被阐明。有趣的是，在埃姆登确定的三个主要反应步骤中，迈尔霍夫恰好分别加入了两个中间产物。此后，科学家们进一步补充了迈尔霍夫缺失的一步，即从3-磷酸甘油醛到3-磷酸甘油酸中间还有一次磷酸化脱氢反应，此反应为无氧条件下乳酸的生成提供氢。由于反应比较特殊，研究难度较大，因而几年后才得以完善。

对于糖酵解产生能量的问题，埃姆登认为能量来源于乳酸的分解。虽然这种解释更符合迈尔霍夫提出的乳酸循环，但是迈尔霍夫在一系列的研究之后却否定了这种观点。原因在于他发现，当在溶液中加入磷酸肌酸时，肌肉可以收缩并且不会产生乳酸。之后，他提出乳酸的形成能够不断补充磷酸肌酸为肌肉收缩提供能量，而磷酸肌酸正是糖酵解过程中磷酸化的产物，因此糖酵解的能量可能产生于磷酸化过程，这为日后高能磷酸化合物的研究奠定了基础。

继迈尔霍夫之后，帕尔纳斯及其同事对于糖酵解途径中的磷酸化反应进行了深入研究。他们应用同位素标记法，通过放射性磷酸的示踪技术，验证了糖酵解途径的反应步骤。为了纪念埃姆登、迈尔霍夫和帕尔纳斯三人在糖酵解途径研究中的贡献，这个反应途径也被称为“埃姆登 – 迈尔霍夫 – 帕尔纳斯途径”，简称 EMP 途径（图 5–2）。

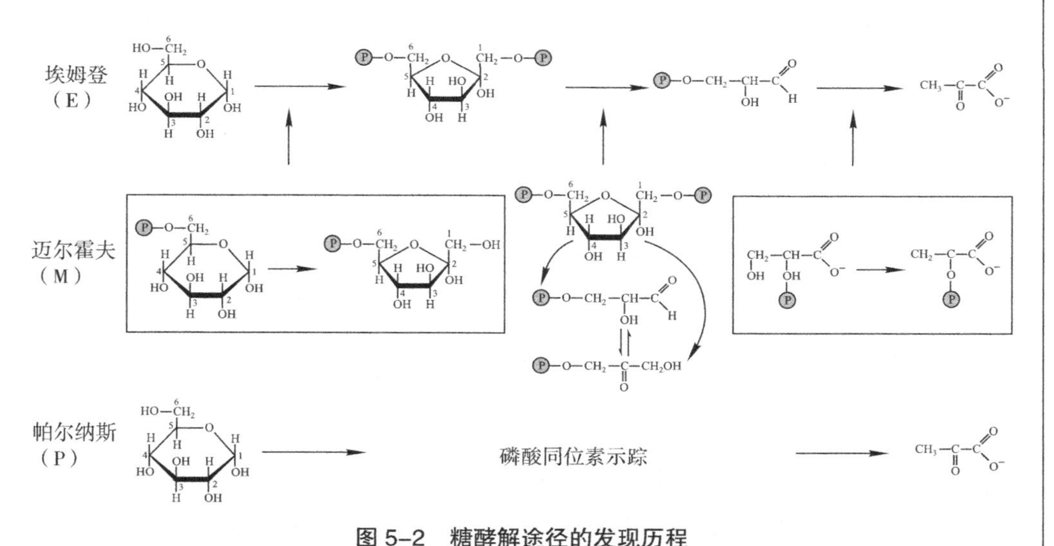

图 5–2　糖酵解途径的发现历程

第二部分　医学生的见闻

师生对话

听了这么多糖代谢的故事，让我想到亲戚家的孩子从小吃了水果便会发生腹胀、腹泻，自认为是水果性凉引起的肠胃不适，但我觉得这样解释不太科学，会不会还是与糖代谢有关？

魏

解

这个问题很好，你说的这种情况可能属于果糖不耐受症，是一种酶缺陷引起的遗传性疾病。我们前面提到糖代谢过程中有许多酶的参与，这种情况正是由于果糖二磷酸醛缩酶缺陷所致。

张

那我讲一个果糖不耐受症的病例吧，通过完整的临床经过，相信大家会有更直观的认识。

程

很好，那就由你来讲一讲这个疾病以及相关的代谢原理。糖代谢过程中不同酶的异常通常会导致不同疾病，大家还听过其他疾病吗？

李

学习课程的时候，让我印象比较深的是蚕豆病，顾名思义就是由于食用新鲜蚕豆引起的。但是，临床实践中很少见到这种疾病，这可能与地域差异有关。在我国广东、广西、湖南、湖北、江西等南方地区发病率较高。由于与遗传因素有关，绝大多数在儿童期就会发病。

魏

对，蚕豆病也是一种遗传性疾病，是葡糖-6-磷酸脱氢酶（G-6-PD）缺乏引起的。40%以上病例都有家族史。在临床工作中，患者或家属都会提及既往有家族成员发病，这一点对诊断很有帮助呢！下面我给大家讲个蚕豆病的临床案例吧，希望帮助大家加深体会。

解

同学们分析得很到位，虽然这两种疾病仅仅是酶异常引起的，但是可别小瞧这种变化。果糖不耐受症比较严重的患者会出现较严重的肝损伤，甚至急性肝衰竭。而蚕豆病起病急骤，贫血程度和症状大多很严重，最重者可因贫血诱发急性循环衰竭和急性肾衰竭的表现。希望同学们在下面的病例分析中仔细理解这两种代谢相关的疾病，加深对糖代谢的认识。

果糖不耐受症

在儿科实习的时候遇到这样一例患儿。那是夏天，一位 3 岁左右的患儿中午在幼儿园进食水果蛋糕后出现恶心、呕吐症状，未排便。乍一听感觉像食物中毒，因为这个季节蛋糕、点心等食物放置不久就会滋生细菌，引起胃肠疾病。但是孩子家长反映同食的小朋友并未出现不适。因此，需要进一步寻找病因。

初步查看患儿的一般情况，生命体征平稳，精神略萎靡，无明显脱水症状。经过仔细的查体，腹软，无明显压痛、反跳痛及肌紧张，肠鸣音也正常，其余项目也未发现明显异常。进一步做了腹部 B 超未见异常，常规化验也无明显异常。总体上来看，患儿的一般情况尚可，暂时给予适当补液治疗。

查体和辅助检查基本排除了急性胃肠炎的可能，那么究竟是什么原因引起患儿胃肠不适的呢？我们再次仔细询问患儿的平时情况。家长说患儿平素饮食以米饭、蔬菜和肉类为主，不太爱吃水果。而且怕患儿长蛀牙，也尽量不让其接触甜食。听了这些情况，我们也暂时没有新的发现，嘱家长先让患儿吃点容易消化的米粥，继续观察。

入院第 2 天查房时，患儿精神状态已经恢复，未再出现恶心、呕吐症状，排便正常。当我们还在纳闷是不是就这样康复了，结果第 3 天又出现了新的情况。患儿再次出现入院时的恶心、呕吐症状，还伴有腹泻。就在这时，我们发现了床旁未喝完的水果酸奶。带教老师讲到，两次症状都与水果有关，那么就需要考虑果糖不耐受症。进一步通过果糖耐量试验及尿液气相色谱质谱分析，确诊此病。

此时，我恍然大悟，原来这就是课本中提到的果糖不耐受症。果糖不耐受症又称果糖 –1– 磷酸醛缩酶 B 缺乏，是常染色体隐性遗传所致的先天性代谢障碍。通常在婴幼儿时期发病，摄入果糖后因果糖不能及时代谢而出现胃肠道反应，甚至低血糖。这是因为果糖 –1– 磷酸醛缩酶 B 缺乏，使得摄入的果糖转化为 1– 磷酸果糖后不能进一步代谢，导致 1– 磷酸果糖在肝堆积。此时，肝细胞内的无机磷酸盐被大量消耗用于合成 1– 磷酸果糖。前面的故事已经告诉我们，细胞内的磷酸化与能量代谢密切相关。磷酸盐被大量消耗后，影响肝的能量代谢，继而引起糖代谢功能的紊乱，出现低血糖，甚至严重的乳酸性酸中毒、电解质紊乱等。

如果没有及时诊断，长期摄入果糖会引起肝损害，影响生长发育。因此，本例患儿在明确诊断后，及时检查了患儿的肝功能。同时给家长强调果糖不耐受症的治疗需严格限制一切含果糖、蔗糖或山梨醇成分的食物或药物摄入，以防止低血糖发生和进一步的肝损害。家长还要养成购买食品时认真阅读食物成分表的习惯，明确每种食物成分，防止添加剂中的果糖摄入。

可怕的蚕豆

实习的时候听带教老师讲过这样一个经历，一位家长带着 5 岁的男性患儿前来就诊。来时患儿面色苍白，呼吸急促，精神委靡，皮肤和巩膜黄染。家长说是当天看到患儿有血尿才赶忙来医院的。急诊查血常规，发现血红蛋白低，紧急予以输血处理。

患儿最主要的症状是黄疸和血尿。引起黄疸的原因比较多，黄疸大致可以分为三种，即溶血性黄疸、肝细胞性黄疸和梗阻性黄疸。为了鉴别黄疸的类型，留取了患儿的尿样，通过尿沉渣镜检发现患儿的血尿为血红蛋白尿。结合血常规中血红蛋白低，老师确定患儿的黄疸症状是由于血管内溶血引起的。

那么是什么原因诱发溶血反应呢？进一步追问病史，特别是仔细筛查了患儿近几日的饮食后，老师发现一条重要的线索。家长提到患儿几日前曾食用新鲜蚕豆，患儿的姐姐多年前也曾发生过类似情况。既有蚕豆的食用史，又有家族倾向，考虑会不会是蚕豆病呢？

通过红细胞葡糖 -6- 磷酸脱氢酶（G-6-PD）活性测定，最终明确诊断，这是一例典型的蚕豆病。由于诊断及时，在溶血期积极补液，纠正电解质紊乱，并予以碱化尿液、输注正常红细胞，患儿在第 2 天情况好转。

蚕豆病，顾名思义，进食蚕豆或蚕豆制品（如粉丝）后发病，多见于 10 岁以下患儿。这种疾病具有 X 连锁不完全显性遗传的特点，因此男性患儿多见。蚕豆怎么会成为引起溶血反应的罪魁祸首呢？

这要从 G-6-PD 在体内的重要性说起。G-6-PD 是葡萄糖磷酸戊糖旁路代谢所必需的脱氢酶，它可以使烟酰胺腺嘌呤二核苷酸磷酸（又称辅酶Ⅱ，$NADP^+$）加氢还原成还原型辅酶Ⅱ（NADPH）并储存在体内。NADPH 再通过提供分子中的氢将红细胞内的氧化型谷胱甘肽（GSSG）还原成还原型谷胱甘肽（GSH）。GSH 与谷胱甘肽过氧化物酶共同作用，将细胞内产生的过氧化氢等过氧化物及时还原成水。同时保护红细胞内血红蛋白、酶蛋白和膜蛋白的完整性，避免过氧化氢对此类蛋白的氧化；否则，过多的过氧化物作用于血红蛋白、酶蛋白和膜蛋白，使其氧化，最终将造成红细胞膜的氧化损伤，大量破裂发生溶血。而蚕豆中含有蚕豆嘧啶、蚕豆嘧啶核苷、多巴、多巴核苷等具有氧化作用的物质，假如体内缺乏 G-6-PD，没有足够的 NADPH 储备，将造成红细胞中 GSH 的缺乏，无法还原这类氧化性物质，红细胞会变得脆弱、易损伤，而诱发急性溶血性贫血，甚至出现溶血性黄疸。

一般患者通常于进食蚕豆或其制品后 24 ~ 48 h 内发病，均表现为急性血管内溶血。正因如此，才会出现头晕、厌食、恶心、呕吐等症状，并伴有黄疸、血红蛋白尿。这提示我们，在临床上遇到小儿出现急性血管内溶血时，切勿忘记考虑本病的可能，需及时确诊并积极治疗。还要引起注意的是，母亲食蚕豆后哺乳，可使患有此病的婴儿发病。

第 6 期　细胞的粮仓

本期人物

克劳德·伯纳德（Claude Bernard，1813—1878），法国生理学家，主要研究方向为神经病学和新陈代谢，最突出的贡献是肝糖原的研究。此外，还著有《实验医学研究导论》，对现代医学的发展具有重要的影响。

弗里德里希·凯库勒（Friedrich Kekule，1829—1896），德国有机化学家，曾受著名化学家李比希的指导，在有机化合物结构研究中颇有成就，后因发现苯环结构而闻名于世。

卡尔·斐迪南·科里（Carl Ferdinand Cori，1896—1984），美国生物化学家。1947 年他与妻子格蒂·特蕾莎·科里因在糖代谢研究中的杰出贡献，共同获得了 1947 年诺贝尔生理学或医学奖。

格蒂·特蕾莎·科里（Gerty Theresa Cori，1896—1957），美国生物化学家。1947 年她与丈夫卡尔·斐迪南·科里一起因在糖代谢研究中的杰出贡献，获得了 1947 年诺贝尔生理学或医学奖。格蒂是第 3 位获得自然科学类诺贝尔奖的女性。

第一部分　科学家的故事

师生对话

本期成员为：解军教授（以下简称解），程景民教授（以下简称程），李琦同学（以下简称李），张原媛同学（以下简称张），魏妙艳同学（以下简称魏）。

解　同学们好！通过前面的内容我们已经认识到糖代谢在生命活动中的地位。我们通常把糖类、脂质和蛋白质三者统称为“产能营养素”，机体活动所需能量的50%～70%由糖类提供。因此，糖类可以说是“细胞的粮食”。那么同学们有没有思考过，如果机体中的这种“粮食”暂时过剩了该怎么处理？

魏　据我了解，机体内过剩的糖类会转化成脂肪储存起来，吃多了变胖就是这个道理。

李　糖转变成脂肪是一种储存方式，但是糖类与脂质的相互转化涉及许多反应步骤和多种酶的参与，并不是一种快捷方式。相比之下，体内葡萄糖与糖原的相互转化是一种很高效的存储方式，只需要简单的几步化学反应即可实现。因此，如果说糖类是细胞的“粮食”，那么糖原则是细胞的“粮仓”。

解　同学们分析得很好，“细胞的粮仓”这个比喻很贴切，请继续。

张　提到糖原，我们先来认识一下伯纳德，正是他提出了“糖原”这一概念。伯纳德有一段传奇的经历，和鲁迅正好相反。鲁迅是弃医从文，而他是弃文从医。伯纳德从小就有一个作家梦，但是迫于生计，19岁的他给一位药剂师当了学徒。由于在学徒期间坚持创作，他最终被解雇，同时也在文学评论家面前碰了壁。面对现实，伯纳德“弃文从医”进入医学院校。作为医学生的伯纳德资质平平，勉强完成课程学习后获得了实习资格。就在实习期间，他精湛的解剖技术得到了老师的赏识，从此开始了科研生涯，主攻神经病学和新陈代谢研究。

张

程

伯纳德是糖原的发现者、命名者，他主要对糖原的化学成分和结构进行了研究。但对于糖原与葡萄糖之间的代谢转化研究是由其他科学家完成的，大家知道这部分工作的代表人物吗？

是卡尔·斐迪南·科里和格蒂·特蕾莎·科里，也就是科里夫妇。他们通过实验研究提出了“科里循环”，解释了糖原与葡萄糖在肌肉和肝之间的代谢转化，还发现了葡糖-1-磷酸，亦称“科里酯”，为明确糖原代谢转化做了大量的工作。

魏

谈到科里夫妇，他们两人也是诺贝尔奖获奖历史上赫赫有名的“夫妻档”了。大家可能最熟悉的是居里夫妇，而科里夫妇同样是科学界的神仙眷侣。他们相识于布拉格的卡洛斯·费尔杰南德大学医学系，在读期间相恋，共同度过了一段美好的大学时光。然而第一次世界大战爆发，迫使尚未毕业的他们中断学业，卷入了战争中。历经磨难后，他们终于走向婚姻殿堂。婚后第 2 年，他们前往美国继续在糖代谢领域不断探索，最终获得了伟大的成就。

李

解

很好，伯纳德首先对糖原进行了定义，而科里夫妇阐明了糖原的代谢机制，他们共同建立了“细胞粮仓”的工作模式。接下来，我们可以通过阅读他们的研究故事去追溯科学发现的过程。

俗话说，一顿不吃饿得慌。机体生命活动所需的能量都来自食物，其中 50%～70% 由糖类提供。食物中的淀粉等多糖都需要在消化道经酶分解转变为单糖后才能被小肠吸收。其中，葡萄糖和半乳糖能快速被吸收入血。血糖是指血液中的葡萄糖，正常人的血糖不会因为进食而大幅升高，也不会因为饥饿而骤降。血糖之所以能够保持相对稳定，这要归功于身体会把多余的葡萄糖储存起来，以备不时之需。围绕着糖的储存问题也有许多研究故事。

歪打正着

在 19 世纪，科学家们对胃肠的生理功能做了大量探索。第 1 期中我们曾讲过关于消化机制的百年论战。消化过程是一个复杂的生理活动，有物理运动，也有化学反应。但是食物消化之后的营养成分是如何被机体利用的呢？这还需要一个生理过程——吸收。因此，在研究消化机制的同时，有一些科学家也在关注着吸收机制的研究。

伯纳德就是研究吸收过程的科学家之一。在攻读博士期间，他发现将蔗糖从静脉注射进入动物体内后，其在尿液中被清除，这个过程与消化道中蔗糖被吸收后的代谢过程是相似的。这个现象让伯纳德非常不解，吸收入血的蔗糖发生了什么？于是，博士毕业后他坚定地选择了这条道路，可想而知当时的难度有多大。

伯纳德开始潜心研究营养物质吸收入血后的代谢机制。面对糖类、脂质、蛋白质这几种物质，他最终选择了糖类，因为在当时的实验条件下，糖类的纯度相对较高，而且实验设计和实验操作也相对容易。为了探索糖类在机体中的代谢过程，伯纳德首先仔细研究了血液循环机制，结合之前的实验结果，他提出经肠道消化吸收入血的糖类首先要进入肝，然后经过肺，最后通过心脏进入全身的组织。既然肠道吸收的糖类首先经过门静脉系统进入肝，那么在肝这第一道关卡中，会不会发生分解？于是，他做了一系列的实验。

他用糖类连续喂养实验犬 7 天，然后对实验犬的肝及肝血管进行迅速解剖，因为此时消化尚未结束，能够及时检测到消化过程中糖类吸收入血经过肝前后发生的变化。他发现，在肝静脉及汇入的下腔静脉中葡萄糖的含量明显增加，这个实验否定了伯纳德最初的猜想。但是他并没有轻易下结论，而是进一步完善实验。在接下来的实验中，他把实验犬的食物换成了纯肉食，可以认为几乎不含糖类，于是他猜测这次肝静脉中应该不会出现葡萄糖。然而，实验结果却出乎他的意料，仅吃肉食的实验犬依然在其肝静脉中出现了葡萄糖。经过多次实验，他发现血液中增高的始终都是葡萄糖，而且在肝静脉中始终都可以发现葡萄糖增高，而肝门静脉中的含糖量则随着饮食结构的变化而变化。于是，伯纳德提出肝是能够产生葡萄糖的器官。

这些研究成果也逐渐改变了伯纳德的研究方向，他放弃了自己的初衷，转而开始探索肝产生葡萄糖的机制。他发现观察的时间非常重要，刚从实验动物分离的肝组织含糖量非常少，当肝在离体环境中继续存活时，组织中含糖量逐渐增加，直到 2 h 后含糖量明显增加。为了排除血液中其他物质的干扰，他用纯净水灌流动物心脏，待血液全部排出后再分离肝组织，而肝中依然能够产生糖，于是他认为，肝能够利用自身物质合成葡萄糖。

伯纳德于1855年提出肝能够合成糖，2年之后他分离出了“生糖物质”，并命名为“糖原”。1858年，著名德国化学家凯库勒确定了糖原的基本化学结构，提出糖原的化学式为（$C_6H_{10}O_5$）$_n$。他们的研究引起了许多科学家的关注。

然而对于伯纳德的实验，同行也出现了反对的声音。一位英国医生认为，只有在病理状态下，如糖尿病和死亡之后，肝失去了对糖原的合成和储存能力，才会有葡萄糖释放出来。他认为，肝在正常状态下不会一直产生葡萄糖，只会吸收血液中的糖类并将其转化为糖原。直到1922年，科学家在实验犬身上完成了肝切除手术，同时发现血糖很快下降，才证实了伯纳德的实验结论。

从另外一个角度讲，这位英国医生的反对不无道理。因为伯纳德的实验也是有缺陷的，其中最重要的一点，他的一些实验并没有在门静脉中检测到血糖，而其他科学家应用类似的方法每次都可以在门静脉检测到。这是由于伯纳德采集的血样没有及时检测，血糖发生糖酵解被消耗了，这样夸大了他的实验结果。因为正常而言，门静脉中的血糖浓度仅仅比肝静脉中的血糖浓度低0.2 mg/mL，以伯纳德当时的实验条件是无法检测到这样细微的差别的。也正是这样的错误，让伯纳德关注到了肝在糖代谢中的作用，进而发现了糖原，正所谓“歪打正着”。

科里循环

正如伯纳德所说，研究糖的吸收及代谢是一个漫长的历程。虽然他的研究证明了肝糖原是肝能够向血液中输送葡萄糖的物质，但相对于糖在机体内代谢的整个过程而言，这只是冰山一角。继伯纳德之后，从19世纪中叶到20世纪20年代半个多世纪的时间里，科学家们在这条道路上取得了许多成果。一方面证明了肝糖原来源于食物中的糖类，而不是伯纳德所说的含氮化合物，更正了伯纳德的实验结果。另一方面，在肌肉中也发现了类似的“糖原”，并随着肌肉的运动而被消耗。消耗的肌糖原则为肌肉提供葡萄糖，通过糖酵解提供能量，并产生乳酸。

这么多的研究发现展示的是糖类代谢的局部，没有人从整体水平出发，系统地分析糖类从消化道吸收、血液运输、糖原的合成分解到组织（如肌肉组织）的分布、利用，这些环节的机制和相关性究竟如何。

为了阐明糖在机体中的来源和去路，系统地建立糖代谢的知识体系，1925年，科里夫妇开始对糖代谢的过程进行一系列的研究，最初的课题是探究糖在动物体内如何被吸收。他们发现，从葡萄糖到各种糖类，前人的实验都只研究肠的部分功能。因此他们决定从肠的整体功能着手，探究糖类在整个肠道的吸收。他们以大鼠作为研究对象，在前人成果的基础上设计了一系列具有针对性的实验，研究不同浓度的葡萄糖溶液在大鼠体内的吸收情况，同时也研究不同糖类在大鼠体内的吸收速率。

接着，科里夫妇探索乳酸、葡萄糖和糖原在体内的代谢转变。他们首先研究了血糖的去路，将大鼠分为两组，一组注射胰岛素，另一组为正常对照组。两组同时注射等量的葡萄糖。实验发现，胰岛素组大鼠的葡萄糖的氧化分解增加，而且主要发生在肌肉组织中。之后，他们又进一步研究了肝糖原的来源。证实不同的糖类对肝糖原的合成影响不同，其中葡萄糖和果糖是糖原的主要原料，而半乳糖则对糖原合成影响甚微。经过对糖代谢来源和去路的研究，使得他们意识到，肝和肌肉的代谢可能存在密切的联系。当时肌肉中的糖原可以生成乳酸已经被证实，科里夫妇提出，肝是否能够利用乳酸来合成糖原呢？如果这个观点被证实，就可以证明在人体内存在着一个大循环，这个循环可以让人体内的乳酸和糖原相互转换，对维持人体内的平衡具有重要的意义。

科里夫妇经过 6 年的艰苦努力，终于搞清了动物体内糖代谢的过程。他们通过对血液、肝、肌肉中血糖、糖原、乳酸的研究，发现肝糖原在肝被转化为葡萄糖，由血液输送到身体各部位作为能源；骨骼肌细胞通过糖酵解分解肌糖原或葡萄糖，其产物为乳酸，乳酸通过血液输送到肝，经过反应又合成葡萄糖，并形成肝糖原储存起来。肝糖原又可降解为葡萄糖，通过血液输送到机体的各部位组织，包括肌肉，于是又形成肌糖原。夫妇二人于 1928 年提出了人体内具有“肝糖原—血糖—肌糖原—乳酸—肝糖原”的循环，这就是科里循环（Cori 循环）（图 6–1）。这一实验结果也同样被当时的其他科学家证明是正确的。

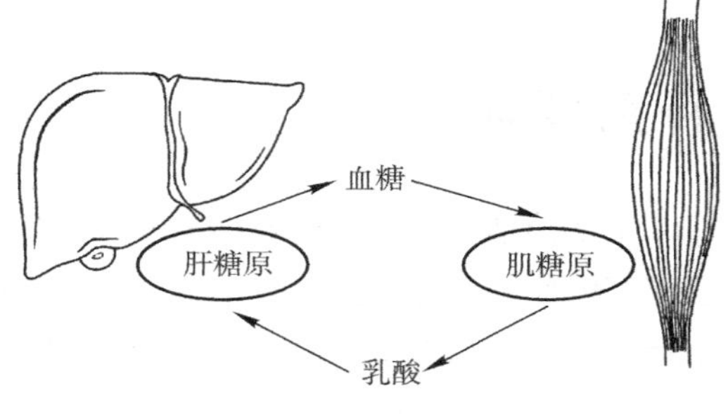

图 6–1　科里循环

此外，实验结果还加深了他们对胰岛素的认识，他们在糖代谢的调节方面也颇有建树。他们发现，正常动物对于葡萄糖有一定的耐受性，即在一定范围内静脉注射的葡萄糖并不会影响血糖，血糖能够通过自身调节维持稳定。这可能是胰岛素的作用，因为他们发现，胰岛素既可以促进葡萄糖在肌肉中的氧化消耗，又可以减少肝糖原的分解。当动物的双侧肾上腺被切除后，肝糖原在术后 24 h 很快消耗完，而且血糖低于正常水平。说明肾上腺素与胰岛素的作用相反。

科里酯与糖原

糖原就像是身体里面的仓库，能够快速释放葡萄糖给细胞供能，这一点对于依赖葡萄糖作为能源的脑组织、红细胞来说更为重要。既然只有肝糖原能作为血糖的重要来源，那葡萄糖和糖原之间是如何转化的呢？也就是说，糖原是如何合成和分解的呢？科里夫妇对此也做了很好的阐释，并且有了新发现。

1931 年，夫妇二人来到华盛顿大学医学院，在那里继续从事糖代谢的研究。从前辈的工作中科里夫妇了解到，在糖原合成和分解过程中有重要的一步反应，就是肝细胞和肌肉组织中的葡萄糖在一定条件下与磷酸结合，即葡萄糖分子上第 6 位碳原子与磷酸结合成为葡糖 –6– 磷酸。在这个反应过程中，前期的研究认为需要磷酸肌酸和 ATP 的参与，并认为这些高能磷酸化合物可能参与葡萄糖磷酸键的形成。

但是在 1935 年的国际学术会议上，科里夫妇听到一位科学家报道了最新的发现，打破了之前的观点。报道称，他们应用肌肉的提取物建立了一个细胞外的反应体系，来研究磷酸在糖原分解中的作用。在这个体系中，去除了磷酸肌酸和 ATP，从而研究无机磷酸盐的作用。实验发现，随着反应的进行，无机磷酸盐逐渐被消耗了，这就意味着这个葡萄糖与磷酸的结合反应中无机磷酸盐是主要参与者。但是，葡糖糖与无机磷酸盐结合形成的产物是否为葡糖 –6– 磷酸还不明确。

通过会议的交流讨论，科里夫妇对这个问题非常感兴趣，回到实验室后就立即开始了研究。他们将青蛙的肌肉研磨，然后用 20 倍体积的冷水冲洗，以除去肌肉中的酸性可溶性磷酸盐，但并不除去糖原。然后将冲洗后的物质放入含有无机磷酸盐的溶液中进行无氧孵育。通过他们的实验，验证了会议的研究报道，果然在这种只有糖原和无机磷酸盐的反应体系中，检测到了葡糖 –6– 磷酸的生成。科里夫妇进一步做了补充，当无机磷酸盐用 KCl 代替后，溶液中没有葡糖 –6– 磷酸的生成。说明糖原和无机磷酸盐对反应来说缺一不可。可见，科里夫妇的研究多么严谨。

就在他们进行重复性实验时，同时观察到了一个细微的现象。就是在这个反应体系中，经过短时间孵育后，检测到的葡萄糖磷酸键比葡糖 –6– 磷酸的预测值要高一些。如果换做是其他人可能并不会注意到这个不起眼的细节，但是科里夫妇讨论认为，这个反应过程中会不会有新的产物生成？经过仔细的化学结晶分析，他们最终从产物中分离出来一种新的化学产物——葡糖 –1– 磷酸，即磷酸结合的是葡萄糖 1 位碳原子。

为了验证葡糖 –1– 磷酸的生理作用，他们又设计了一系列实验。将葡糖 –1– 磷酸加到蛙或兔肌肉提取物中，发现它又很快变成了葡糖 –6– 磷酸。由此肯定，在糖原代谢过程中还有葡糖 –1– 磷酸的作用，而且肌肉中可能含有可以将磷酸分子从葡萄糖分子的 1 号碳原子转移到 6 号碳原子上的酶。经过反复分离鉴定，他们肯定了这种酶的存在，即磷酸葡糖变位酶（磷酸化酶的一个亚基）。值得一提的是，科里为了感谢妻子的支持与帮助，将其命名为“格蒂酯”，而妻子格蒂又偷偷趁丈夫不注意将其改称为“科里酯”。从此，“科里酯”的名字就这样流传下来，这对夫妇的恩爱与幸福由此可见。

至于磷酸葡糖变位酶，它具有使小小的磷酸“漂移”的魔力，也有人称它为“科里酶”。1938 年，科里夫妇和助手终于制备出了磷酸化酶的结晶，进一步完善了糖原合成和分解的酶促反应实验，一步步证实了他们的假设，深化了糖代谢的实验研究。

科里夫妇揭开了前人揣测中的这层神秘面纱，还原了其本来面貌，使人们最终看到糖原工作的实质。糖原合成时，葡萄糖首先需要消耗磷酸及能量活化生成葡糖 –6– 磷酸，之后在磷酸葡糖变位酶的作用下转变成葡糖 –1– 磷酸，再经一系列的酶促反应最终生成糖原；糖原分解时，从 α–1,4– 糖苷键开始，经磷酸化酶分解为葡糖 –1– 磷酸，再由磷酸葡糖变位酶转变为葡糖 –6– 磷酸，再经葡糖 –6– 磷酸酶转化为葡萄糖，为组织细胞供能（图 6–2）。至此，糖原分解和代谢的全貌才被科里夫妇的杰出工作证实。

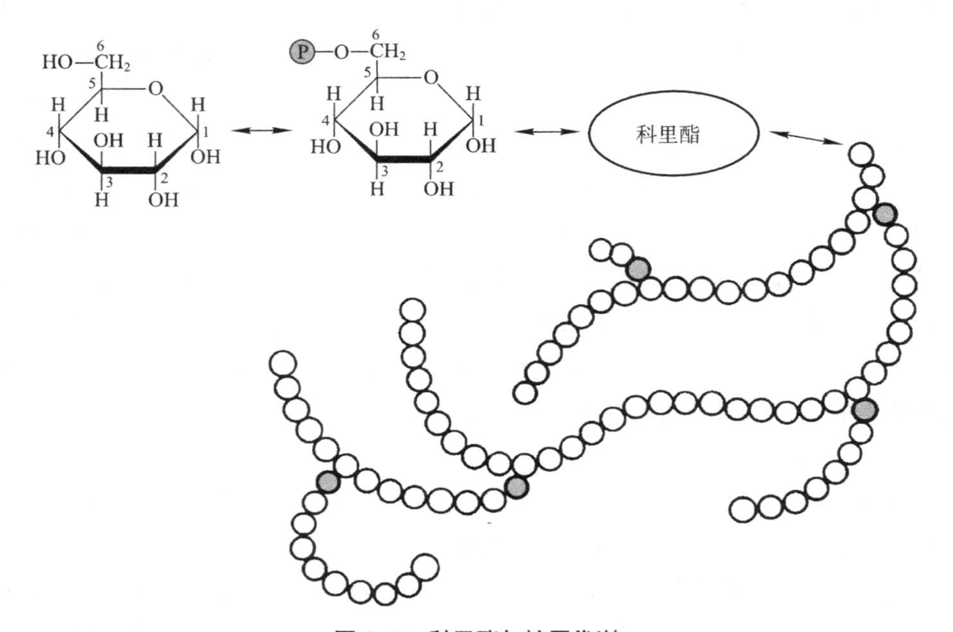

图 6–2　科里酯与糖原代谢

科里夫妇从青蛙肌肉糖代谢实验中一个不被人注意的微小变化捕捉到灵感，一步步取得了如此巨大的成就，除了严谨、专注、敏锐、刻苦之外，更难能可贵的就是二人的真情，在前进的道路上共同承担风雨、分担责任，最终比翼双飞，堪称学术夫妻里的模范代表。

第二部分　医学生的见闻

师生对话

解　糖原对于机体活动十分重要，如果它的代谢平衡受到破坏，那么人体就会出现不适，甚至发生疾病。同学们就此谈谈你们的认识吧。

张　我在实习的时候，有次病例讨论讲到一种疾病，叫“糖原贮积症”，这种疾病主要由于糖原的代谢障碍引起，导致糖原大量沉积于组织引起低血糖、肝大等临床表现。

解　很好，糖原贮积症是一种酶缺陷的遗传病，多数为常染色体隐性遗传。涉及的酶类至少有 8 种，根据不同酶缺陷的临床表现分为 12 个亚型，有些亚型以肝受累为主，有些亚型以肌肉受累为主。接下来，哪位同学给大家系统地介绍一下？

张　我来介绍吧，正好把听过的那个案例给大家讲讲，以便大家有个更形象的认识。

程　很好，据我了解，糖原贮积症在临床上并不常见，大家可能体会不深，那么在生活中我们会不会受到糖原代谢的影响呢？

魏　我也想过这个问题，咱们平时跑长跑，例如马拉松，在后期的时候跑不动，纵使再有毅力，腿就是不听大脑指挥了。我特意查了查这种现象，原来称为“撞墙”效应，我就给大家讲讲这个现象及其原理吧。

同学们各抒己见，让代谢知识更接“地气”了。那咱们接下来一起学习一下两位同学所说的“糖原贮积症”和“撞墙”效应吧。

糖原贮积症

实习的时候参加病例讨论，听过这样一例病例。患者是一名女大学生，主要症状是肌肉疼痛，浑身乏力。据她描述，为了保持身材，她近期在健身房参加了强度比较大的运动减肥项目。但是，在她第一次训练开始就出现了肌肉疼痛。几小时后尿液竟然呈现了樱桃汽水样的改变。她被吓坏了，于是赶忙来到了医院。体格检查并没有什么阳性发现。随后化验结果回报，血肌酸激酶远高于正常范围，而尿液化验发现了肌红蛋白。

从当时情况来看，该患者符合肌肉疾病的特点，因此采取肌肉活检进一步寻找原因。病理结果证实是一种糖原贮积症。糖原贮积症有多个亚型，本例诊断为麦卡德尔综合征（Ⅴ型），主要由肌肉磷酸化酶 b 缺乏所引起。

糖原贮积症最早在 1929 年就有相关报道，对肝病患者尸检后发现肝细胞内有较多的糖原颗粒。当时虽然从病理角度发现了糖原贮积症这种疾病，但是对于疾病的发生机制一无所知。直到科里夫妇等人的研究描绘了糖原合成和分解的过程，对这种疾病的认识才有了进一步的推进。

如果把糖原看做是储存血糖的仓库，那么，要想实现方便地储存就需要有对应的开关，以便有进有出实现糖原和血糖的灵活转化。生物体选择了灵活方便的磷酸化与去磷酸化机制作为开关，而一开一关又有对应的酶负责。糖原贮积症，顾名思义就是糖原的异常积累，这与其生成和利用间的平衡破坏有密切的关系，同时还与糖原的结构异常有关。

随着临床报道的增多，临床医生发现，虽然病理表现都为糖原贮积症的患者，其病变分布却有诸多不同。有些患者的病变部位比较局限，如累及肝或骨骼肌；而有些患者的病变部位比较广泛。由于病变部位不同，临床表现也各有特点。而且同样是糖原贮积症，患者的预后和结局也大不相同，有些患者在婴幼儿时期就会发病，甚至威胁生命；有些患者则成年才发病，症状也较轻。

在临床观察的基础上，结合遗传学和酶学分析，科学家们发现之所以糖原贮积症的表现不同，归根结底是由于受累的酶不同。根据酶缺陷的不同，把糖原贮积症分为 12 个亚型。其中，Ⅰ型、Ⅲ型、Ⅳ型、Ⅸ型对肝糖原影响较大，主要以肝受累为主要表现；而Ⅱ型、Ⅴ型和Ⅶ型则主要影响肌糖原，以肌肉损害为主。

本例患者就属于典型的Ⅴ型糖原贮积症。这种类型的患者缺乏肌肉磷酸化酶 b，导致肌糖原“出库”受到影响。肌肉中虽然有较多的储备糖原，但是等到使用的时候，这些糖原不能及时转化为葡萄糖，进而影响肌肉的糖酵解供能。要知道，短时间高强度的肌肉活动需要糖的无氧酵解迅速提供能量。当这种途径受到影响时，就会表现为患者不能做剧烈运动，肌肉高强度运动后则出现肌肉损伤，引起肌红蛋白尿。

对于糖原贮积症，临床上更多见的是肝损害，最常见的是Ⅰ型，也是最早报道的类型。由于肝糖原的累积，患者在婴幼儿期就会表现出明显的肝大。这类患者由于基因突变使葡糖-6-磷酸酶缺失，从而影响葡糖-6-磷酸转变为葡萄糖，继而影响葡萄糖的生成，而此时体内过多的葡糖-6-磷酸会经过糖酵解途径产生大量乳酸。乳酸过多，一方面使机体处于酸中毒状态，另一方面经由肾排泄时会和尿酸竞争，使体内尿酸增多，患儿长大后至青春期时易诱发痛风。多余的葡糖-6-磷酸还有更严重的影响，它作为戊糖磷酸途径的底物之一，会使此途径反应显著增强，导致脂肪酸合成增加，既有血中脂肪酸、三酰甘油、胆固醇的增高，又表现为面貌上的“肥头大耳”，出现同龄幼儿不具有的肥胖体态。

糖原贮积症病因复杂、表现各异，因而并不是所有的患者都像本例患者这么幸运。最严重的类型当属Ⅱ型。这种类型是由于酸性α-糖苷酶活性低下导致的。α-糖苷酶缺失对于全身的糖原代谢都有显著的影响。因此，这类患者的糖原沉积范围比较广，骨骼肌、心肌、平滑肌都有受累。但是最危险的是心肌受累，患者表现为心肌肥大、心功能不全，重者可因呼吸、循环衰竭而死亡。许多患儿都会因为心脏受累而在2岁之前发病去世。

虽然对于糖原贮积症目前尚无特效药物，但是对疾病正确的认识，科学合理的对症治疗，仍然能够帮助患者减轻疾病的痛苦。

马拉松的“撞墙”效应

对于马拉松赛，我们都不陌生，这是一项长跑比赛项目，其距离为42.195 km。之所以会选择这样的长度，还要从它的起源说起。马拉松赛起源于公元前490年9月12日发生的一场战争。这场战争发生在马拉松海边，是波斯人和雅典人之间的侵略与反侵略的战争。最终，雅典人获得了反侵略的胜利。为了让国民尽快获知喜讯，一位名叫菲迪皮茨的士兵被安排回去报信。为了完成使命，这位士兵一刻不敢休息。当他到达雅典传达了喜讯后即倒地猝死了。为了纪念这位英雄，在1896年举行的第一届现代奥林匹克运动会上，设立了马拉松赛这个项目，把当年菲迪皮茨送信的里程——42.195 km作为赛跑的距离。

可以说，马拉松赛是一项集体力与毅力的赛事。“撞墙”效应（hitting the wall）就是马拉松运动员需要面对的一个现实问题。对于我们这些门外汉而言，可能没有听过这个名词，相信专业运动员深有体会，“撞墙”的感觉是指在马拉松赛中后程，逐渐出现跑不动、心有余而力不足的情况。当那种无力感降临时，纵使有再强大的意志，也迈不开腿，似乎肌肉已经不听使唤，因而被迫中途放弃比赛，这是一种很痛苦的经历。

为什么会出现这种现象呢？在马拉松的比赛过程中，肌肉的运动需要大量的能量，这些能量主要有三个来源，即血糖、肌糖原和肝糖原。在比赛初期，肌肉首先利用储存的肌糖原提供能量，随后肌糖原逐渐被消耗殆尽。这时就需要血糖提供能量，为了维持血糖的稳定，肝糖原需要不断分解补充血糖。许多人在马拉松的 30 km 左右，肝糖原也消耗殆尽。然而，肌肉还可以利用脂肪和蛋白质提供能量，但是这些物质代谢供能速度明显比糖类慢，于是大多在这个时候出现“撞墙”效应。

要解决这一问题，主要有两种途径，一种是提高机体内糖原的储备；另一种是提高脂肪的利用率，而脂肪的利用必须提高有氧代谢能力。对于第一种方式，需要合理地补充糖类。在赛前 1 周左右，运动员的饮食应该增加糖类的比例，占总摄入量的 60% ~ 70%。在赛前 1.5 h 之前，适量补充糖类，从而避免或延缓“撞墙”效应的发生。但是不要在赛前 0.5 h 内饮食，这样引起胰岛素释放，反而影响脂肪的氧化供能。在比赛中应该适量补充运动饮料，其中的葡萄糖和果糖等容易吸收入血，及时为肌肉供能。而赛后也要继续补充糖类，为糖原的合成及时提供原料。

合理的膳食补充是重要的，提高有氧代谢能力也是必需的。慢速长距离训练就是针对马拉松运动员设计的一种训练，长期的慢速有氧运动能够提高心肺功能，提高细胞的有氧代谢能力，同时肌肉也会顺应性地发生改变，而更加适应长距离的运动。

03

第三站

细胞的建筑师

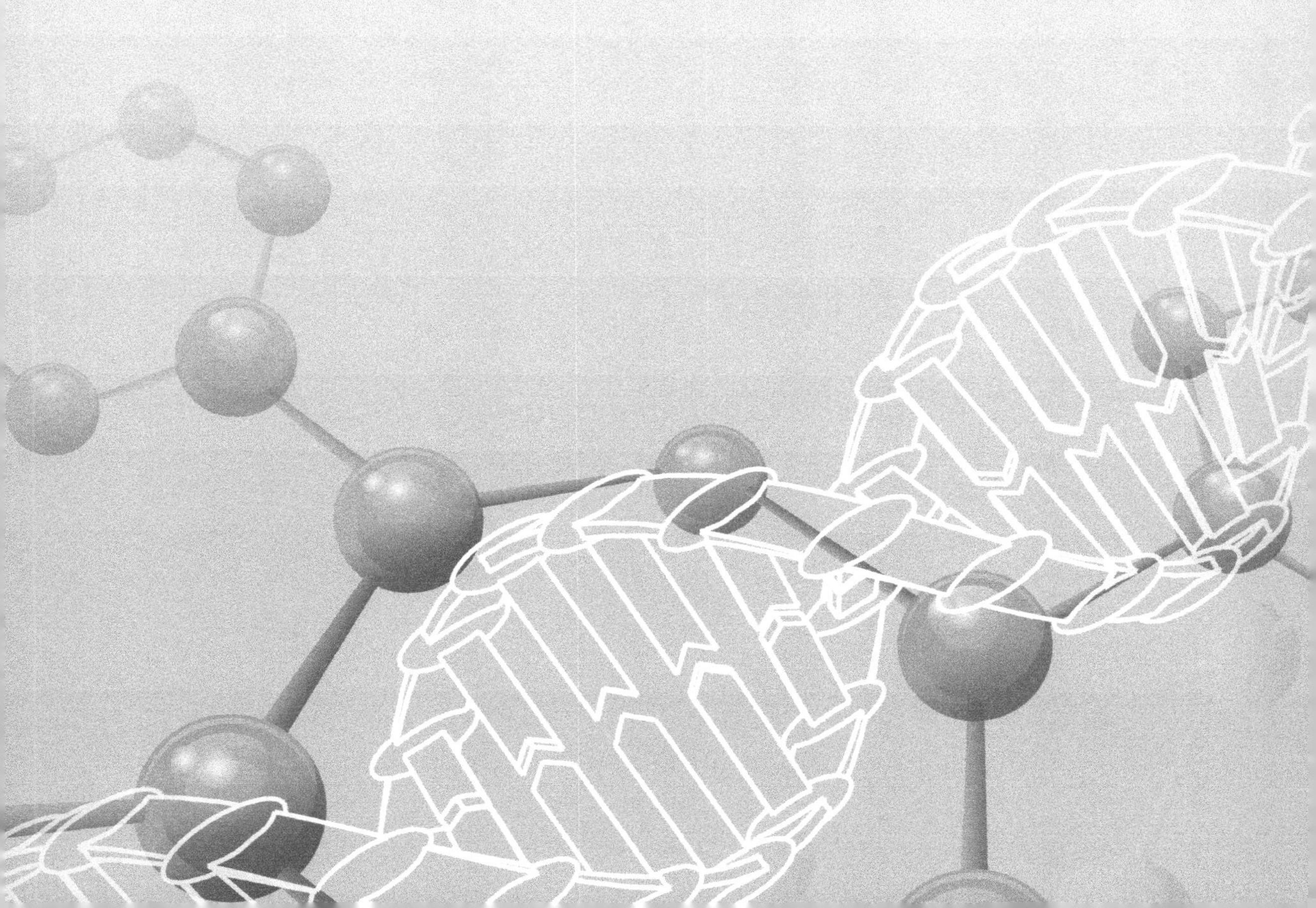

第7期　初识蛋白质

本期人物

格哈杜斯·约翰内斯·穆德（Gerardus Johannes Mulder, 1802—1880），荷兰有机化学家与分析化学家。在蛋白质的研究中做了许多工作，并在他人建议下首次使用“protein”这个名词。

永斯·雅各布·贝采利乌斯（Jöns Jacob Berzelius，1779—1848），瑞典化学家，现代化学命名体系的建立者，首次采用了现代元素符号，并发现了硒、硅、钍、铈等元素，被公认为现代化学之父。

弗雷德里克·格兰特·班廷（Frederick Grant Banting, 1891—1941），加拿大医学家，因提取出一种可以控制血糖的注射药物，也就是现在的人造胰岛素，于1923年获得诺贝尔生理学或医学奖。

阿尔内·威廉·考林·蒂塞利乌斯（Arne Wilhelm Kaurin Tiselius，1902—1971），瑞典化学家，发明和制作了第一套精密的电泳装置，极大地推动了蛋白质的研究，获得了1948年诺贝尔化学奖。

第一部分　科学家的故事

师生对话

本期成员为：解军教授（以下简称解），程景民教授（以下简称程），李琦同学（以下简称李），吴思佳同学（以下简称吴），范月莹同学（以下简称范），杨秀同学（以下简称杨）。

解：同学们，我们结束了第二站的内容，下面即将进入新的目的地。在新的旅途中，我们将开启蛋白质的研究之旅。还记得吗？在第一站的最后，酶的本质被认为主要是蛋白质，而故事到此戛然而止。在这里，故事将继续进行，希望同学们能够在本站更系统、全面地学习和认识蛋白质。

程：同学们认识蛋白质的时候，可以想象一下自己处于细胞的微观世界中，在这里高楼林立、车水马龙，那么蛋白质在其中充当着什么角色？

杨：程老师的比喻很贴切，依据我之前学习过的细胞生物学，一个细胞就像一座城市。在这个城市里，细胞骨架系统将空间划分为不同区域，里边有不同的细胞器，就像城市的不同街区里高楼林立；细胞骨架系统同时还为细胞内的物质运输提供了轨道，就像城市里的交通；进出细胞及内部的不同区域需要经过不同的门槛，而城市中进出许多场所同样需要通行证。

吴：的确，细胞内巧夺天工的设计让人惊叹，但我觉得再变幻万千也离不开蛋白质，因为蛋白质是构成细胞结构的主要物质。

范：这么说，蛋白质就可以看做是细胞的建设者了。

程

这个比喻不错，没有蛋白质就没有精密的细胞世界，所以说，蛋白质是细胞的建筑大师一点也不为过。

解

那我们这一站的主题就是去认识细胞的建筑大师。首先，我们从蛋白质这个概念的诞生讲起。蛋白质的发现和认识经历了漫长的时间，同时，蛋白质名称的来源也与这个过程息息相关，同学们知道蛋白质这个名词背后的含义吗？其中的关键人物又有哪些？

李

据我了解，“蛋白质”这个名词应该是贝采利乌斯提出的。有趣的是，他只是个“旁观者”，他并没有对蛋白质进行深入的研究，而是给致力于蛋白质研究的穆德提出了命名建议。别小看简单的一个名词，这和贝采利乌斯在化学上的成就是分不开的。他在物理化学方面的研究对于学科的发展具有重要意义，特别是在原子量测定和电化学二元论方面的成就极大地促进了现代化学计量学和化学式表达法的发展。另外，他还发现几个新的元素，包括铈（1803）和钍（1828），并发展了经典的化学分析技术。鉴于他在化学领域的突出贡献，他被称为“瑞典化学之父”。

解

蛋白质的早期研究主要通过外在的化学性质对其进行了一个基本的分类，要想进行更深入的探索就需要得到纯化的蛋白质，从而避免杂质的干扰而获得更准确的信息。正如第一站中酶的最终定性得益于对酶的提纯，那么，同学们讲一讲是谁第一个提纯蛋白质的，第一个提纯的蛋白质是什么？

杨

通过查阅资料我才知道，原来家喻户晓的胰岛素是第一个被提纯的蛋白质。而胰岛素的提取工作是由当年还在读医学院大学二年级的班廷进行的，经过班廷后续多年的研究，胰岛素的基础研究和临床应用都得到了全面的发展。因此，现在糖尿病患者能通过注射胰岛素调节血糖都要归功于班廷的贡献。

据我了解，班廷还是一位军事迷。1914年8月5日，班廷试图申请入伍，然后于10月再次申请，但都由于视力不好而被拒绝。最后于1915成功参军，并在回到学校前进行了暑期训练。在1918年的坎布里战役，他尽管受伤，还是帮助其他伤员16 h，直到另一位医生叫他停下来，为此他被授予军事十字勋章。1938年，对航空医学感兴趣的他参加了加拿大皇家空军（RCAF）关于飞行员在高空战斗机上遇到的生理问题的研究。他还帮助威尔伯·弗兰克发明了飞行套装，防止飞行员在转弯时受到重力损伤。

吴

解

看来班廷还是个军事迷。现在，我们大致有了一个思路，先了解蛋白质的命名历程，然后体会第一个纯化蛋白质的研究过程。在这些内容的基础上，我建议大家再讲讲蛋白质的研究技术，因为蛋白质的认识离不开研究技术的进步。

是的，早期蛋白质的研究最大的困扰就是无法完全分离和提取目标蛋白质。而电泳技术的出现解决了这一难题，帮助我们鉴别了各种各样的蛋白质。听听电泳技术的发展历程，我相信会让大家更深入地认识蛋白质。

李

解

很好，那接下来大家就按照这个思路讲讲其中的故事吧。

我们通过酶的故事打开了新陈代谢的大门，由此也直接解锁了两个新的地标。一方面，酶促反应主要涉及糖代谢反应，于是我们在接下来的第二站中进入细胞的粮仓，充分认识了糖类的储存与代谢。另一方面，酶本身就是一种蛋白质，有关蛋白质的组成、结构及代谢，将又是一个全新的世界。因此，在旅途的第三站中，我们将进入蛋白质的世界，去聆听其中的动人故事。

初识“蛋白质”

人类对蛋白质的认识是从食物开始的。早在罗马时期，罗马人就关注到鸡蛋清的特性，这种透明的液态物质加热后就会变为白色的固态物质，于是取了一个很形象的名字——清蛋白。但这仅仅是一个称谓，直到18世纪，化学的发展才帮助人类逐渐对食物成分有了明确的认识。

18 世纪末期，一位化学家从植物中分离出一种含氮化合物，令人惊奇的是，这种物质加热后也会变成白色的固态物质，与鸡蛋清的特点很相似。此时，化学家们才意识到动物和植物可能有相同的物质组成，而且食用植物就可能把这种物质转化为动物机体的组成成分。但是进一步研究这类物质遇到了一定的阻力，主要困难在于难以获得比较纯净的样本。虽然发现在一些谷类、种子、动物血液、脑组织、消化液等动植物组织中可能存在类似的物质，但由于缺乏提取技术，很难确定它们与鸡蛋清的相似性。直到 19 世纪初，清蛋白和面筋仍然被视为蛋白质的代表。

1838 年，荷兰化学家穆德发表了题为“论一些动物物质成分”的论文，文章中，他描述了以清蛋白和面筋为代表的几种相似的动植物组成成分，具有相同的化学成分，都含有碳、氢、氧、氮、硫和磷几种元素。他分析指出，这些物质的相对分子质量非常大，以当时的实验技术根本无法进行更深入的研究。但是穆德敏锐的洞察力告诉他，这么巨大的分子应该还有更基本的组成成分。于是，他开始应用酸性溶液，将这些物质降解为相对分子质量更小的化合物。他的这一工作将这种大分子与先前发现的由氨基和羧基组成的几种化合物联系起来，也就是我们所知道的氨基酸。关于氨基酸的故事将在下一期中展开。

虽然做了这么多工作，遗憾的是，穆德始终没有给这种动植物都有的大分子一个合理的命名。在与瑞典化学家贝采利乌斯书信交流的过程中，具有丰富化学命名经验的贝采利乌斯建议选择希腊语中的“prota”来描述这种物质，意思是“第一的”和“最重要的”。于是，穆德首次使用“protein”来描述这类物质。

此后，消化蛋白酶、血红蛋白酶等蛋白质被陆续发现。化学家们试图通过不同的理化特点对这些蛋白质进行分类。于是出现了百家争鸣的现象，很难统一起来。因为当时还缺乏对蛋白质成分和结构的深入认识，使得这个工作显得缺乏足够的系统性和严谨性。因而从 19 世纪中叶到 20 世纪初，在近半个世纪的时间里，蛋白质的研究一直没有大的突破，争议不断。

第一个纯化的蛋白质

蛋白质的研究迫切需要得到不含杂质的纯品，第一个纯化的蛋白质还要从胰岛素说起。1889 年，俄国科学家明科夫斯基（Oskar Minkowski，1858—1931）及其同事本打算切除实验犬的胰腺来研究其消化功能，却意外地发现实验犬患了严重的糖尿病。实验犬出现了与糖尿病患者类似的高血糖、高尿糖症状，最终死于酮症酸中毒。这是一个非常重要的实验，首次为糖尿病的研究指明了方向，原来杀人不眨眼的糖尿病与胰腺有关。

此后，生理学家和医学家们致力于从胰腺中提取能够治疗糖尿病的物质。研究者们先后尝试应用多种化学制剂进行提取，包括水、生理盐水、乙醇和甘油等，并将获得的提取物给糖尿病模型动物及糖尿病患者口服，或皮下、静脉注射，但是收效甚微。

到了1906年，犹太科学家佐勒尔（George Ludwig Zuelzer，1870—1949）用自己制备的胰腺提取液给6名糖尿病患者使用后，惊喜地发现其中一位患者尿液中的葡萄糖含量降低了，严重的糖尿病症状也得到了控制。1916年，罗马尼亚生理学家波莱斯库（Nicolae Paulescu，1869—1931）有了相同的发现，他为实验犬注射了胰腺提取液后，发现患有糖尿病的实验犬血液中葡萄糖水平恢复正常。于是，波莱斯库将这种神奇的提取液命名为“胰霉素”。但是，这些成功的案例经不起重复实验的验证，甚至他们自己也不能保证下一次实验就能成功，因此不少研究团队逐渐放弃了这方面的研究。

1920年，还是医学生的班廷在导师麦克劳德（John Macleod，1876—1935）指导下开始探索胰岛素的提纯方法。班廷在阅读文献时，注意到一篇文章报道，胰腺腺泡细胞在胰管被结扎后会发生退行性改变，与胰腺结石引起胰管堵塞后发生的变化有相似之处。这项研究结果还要从一例特殊的胰腺结石病例说起。当时解剖学已经明确了胰腺的主要结构包括导管、腺泡细胞和胰岛细胞，当胰腺结石堵塞胰管时，腺泡细胞逐渐萎缩，但是胰岛细胞却基本未受影响。于是研究人员通过结扎胰管模拟这种病理过程，结果是类似的，实验犬的胰岛细胞并未受到影响，而且也没有出现尿糖增多，于是胰岛细胞与糖尿病的关系逐渐得到关注。这项研究让班廷立即想到了自己的课题，他认为之所以没有成功地提取出治疗糖尿病的物质，很可能是被腺泡细胞的胰消化酶破坏了。班廷提出通过结扎胰管引发腺泡细胞退行性变，这样就可能获得免遭胰消化酶破坏的提取物。

1921年4月14日，班廷在多伦多大学的生理实验室开始研究这个方法。麦克劳德教授安排他与另一名博士合作。首先，他们结扎了实验犬的胰管，7周后用氯仿麻醉，摘除它们的胰腺。摘除的胰腺已经萎缩、纤维化，只有原大小的1/3。组织学检查显示，胰腺中没有健康的腺泡细胞，组织切片后研磨萃取，得到了提取液。该提取液被用于一条通过摘除胰腺患糖尿病的实验犬，经过静脉注射，它的血糖降低至正常或低于正常水平，并且尿糖消失。

实验的成功证明了班廷的推断是正确的，正是由于腺泡细胞中胰消化酶的存在破坏了治疗糖尿病的有效物质。由于结扎胰管费时费力，班廷继而想到了通过注射促胰液素来让胰腺腺泡细胞耗竭。但是，这个方法也不好用，因为腺泡细胞不可能全部萎缩，残留的成分容易在治疗糖尿病过程中产生不良反应。

经过一系列实验，班廷他们最终发现从不足4个月的胎牛胰腺中，获得的提取物效果显著，而且无明显的副作用。因为胎牛的胰腺比成年牛的胰腺中含有更多的胰岛细胞。另外，班廷猜想胰消化酶可能直到胎牛出生后才出现并产生作用。后来他查阅文献证实，胰消化酶的出现确实比胰岛细胞晚几个月。从胎牛胰腺中提取治疗糖尿病的物质成为行之有效的方法，并且极大地提高了提取物产量，有助于进一步的研究。班廷的杰出研究工作让胰岛素最终与世人见面，这也是真正意义上第一个提纯的蛋白质。

之后，班廷等人对胰岛素的作用和疗效进行了长期追踪和观察。研究团队首先通过动物实验进一步了解胰岛素的作用。实验犬切除胰腺后不能储存肝糖原，之前储存的肝糖原也会在摘除胰腺的 3 ~ 4 天后消耗殆尽。他们的观察发现，通过给予葡萄糖和胰岛素，糖尿病模型犬能储存多达 8% ~ 12% 的糖原。另外，糖尿病模型犬很少存活超过 12 ~ 14 天，但随着胰岛素的规律使用，能使切除胰腺的实验犬健康存活 10 周以上。随后，他们仔细解剖实验犬未发现任何胰岛组织。班廷的一系列动物实验为胰岛素的临床应用奠定了良好的基础。

1922 年 2 月，在麦克劳德教授的带领下，班廷等人应用胰岛素开展了临床试验。研究团队首先对入组的糖尿病患者进行仔细的问诊和全面的体格检查，特别注意排除感染病灶，如胆道感染、便秘和慢性阑尾炎。如果有任何感染性的原发病灶，给予适当治疗后才能入组试验，因为如有以上情况可能降低机体对糖类的耐受性。在试验过程中，每日监测尿糖和血糖作为主要观察指标。

起初，患者的饮食与其入院前的饮食保持相同，以便了解患者病情的严重程度，同时也为了避免饮食突然变化引起的并发症。在第 2 天或第 3 天，患者的饮食会被更换为严格计算的饮食。患者需要维持上述饮食至少 1 周。在此期间，测量早餐前 3 h 和餐后 3 h 的血糖，来确定空腹血糖水平和食物对血糖的影响。同时，每天都根据尿糖含量与糖类摄入量的比较结果，估计出糖类大致的利用率。观察发现，当糖尿病患者的饮食达到蛋白质、脂肪和糖类各比例的稳定时，排出的糖量也会很快达到一个较为恒定的水平；而饮食如果不能实现营养物质的均衡，患者的尿糖含量也会出现明显的波动。经过这样严格的饮食控制后，有些糖尿病患者的血糖就会恢复正常，但是有些患者的血糖仍然偏高，此时就需要胰岛素治疗了。

试验中，对于严重的糖尿病患者胰岛素治疗每天 3 次，于餐前 30 min 或 45 min 皮下注射胰岛素。极少患者需要在睡前给予第 4 次小剂量注射来控制夜间尿糖。这样给胰岛素的目的就是模拟进食后胰岛素的分泌规律，同时减少低血糖事件的发生。程度不严重的患者在早晨和晚上注射，或在早餐前注射 1 次。当开始胰岛素治疗后，如果 24 h 尿糖阳性，则逐渐增加剂量直至尿糖阴性。如果患者摄入的食物不足以维持代谢需求，那么饮食量和胰岛素剂量均需逐渐增加。如果尿糖持续少量存在，最好确定尿糖在一天中何时排出。为了明确这一点，他们对 24 h 每小时尿样进行了分别分析，在糖尿出现之前增加注射的剂量能避免其发生。试验结果显示，胰岛素在维持正常血糖的同时，糖尿病的各种临床症状也逐渐消失。患者多饮多食的问题得到了解决，不再需要大量饮水缓解干渴症状，因而多尿的症状也迎刃而解。

此外，班廷团队对于糖尿病诱发的酮症也有所研究。糖尿病患者由于糖代谢受到影响，脂质代谢用于补充机体所需能量，但是同时会产生酮体。当酮体的生成速度快于排泄时，酮体就会积聚在血液中，影响中枢神经功能而出现嗜睡、昏迷等严重症状。试验发现，对于酮体引起的中毒症状，皮下注射胰岛素的同时，注射适量的10%葡萄糖溶液（预防低血糖发生），患者通常在3～6 h内恢复意识。

在胰岛素出现之前，糖尿病患者进行大手术，如阑尾切除术、胆囊切除术、扁桃体切除术等，都会在麻醉过程中因血糖不稳定危及生命。因此，除非迫不得已，一般情况下都不愿意给糖尿病患者进行外科手术治疗。胰岛素解决了这一难题，术前给予胰岛素治疗，维持血糖的稳定，极大地保证了患者的手术安全，同时患者也不用再因为手术禁忌而饱受疾病困扰。

班廷通过不懈努力，成功地实现了胰岛素的基础研究到临床应用的转化，这在医学史上也是一大创举。如今大力宣传的转化医学正是要达到这样的境界，而班廷在近百年前就做到了。虽然人类对蛋白质的认识始于食物，但是第一个提纯的蛋白质却是救命良药，胰岛素的出现挽救了大量的生命。

蛋白质的分析技术

几经波折，人类终于获得了第一种蛋白质——胰岛素，要想进一步地探索蛋白质的奥秘，必须依靠更先进的蛋白质分析技术。蛋白质的分析技术主要取决于对蛋白质成分和性质的了解程度。因而，随着对蛋白质理化性质的了解，分析技术也不断有了新的突破。

蛋白质的分析技术，最早建立在对蛋白质成分和化学反应的认识基础之上。最具代表性的就是1883年提出的凯氏定氮法。早在穆德的研究中就发现蛋白质含有氮元素，因此这种方法就是通过间接测定氮含量来推断蛋白质含量。即在催化剂的作用下，用浓硫酸消化样品将有机氮都转变成无机铵盐，然后在碱性条件下将铵盐转化为氨，随水蒸气蒸馏出来并为过量的硼酸液吸收，再以标准盐酸滴定，就可计算出样品中的含氮量。由于蛋白质含氮量比较恒定，可由含氮量计算蛋白质含量，故此法是经典的蛋白质定量方法。到现在，这种方法仍然用于食品行业的蛋白质检测。

到了19世纪末期，一些蛋白质的颜色反应相继被发现。但是，很快发现许多显色反应缺乏特异性。经过不断改进，双缩脲反应成为较为成熟的一种方法，能够应用于血浆蛋白含量的测定。其最大的优势在于不容易受蛋白质成分的影响。在医学检验中，这种方法仍然作为一种最基本的蛋白质检测方式。然而，无论是凯氏定氮法，还是显色反应，都不能确保将蛋白质与样本杂质分离开来。因此，科学家们又开始探索新的方法。

随后，蛋白质的电泳现象引起了科学家们的关注。蛋白质表面是带电荷的，当蛋白质所处环境的酸碱性改变时，会呈现正电性或负电性。每种蛋白质都有一个特定的 pH，当溶液酸碱性恰好满足这个值时，蛋白质正负电荷抵消呈电中性。当溶液酸碱性高于这个 pH 时，蛋白质呈负电性，此时在溶液两端通电，这种蛋白质就会向正极移动；反之，蛋白质呈正电性，向电源负极移动。因此，设定好溶液的 pH，就可以让目标蛋白质通过电泳从样本中分离出来。根据这一原理，1937 年，瑞典化学家蒂塞利乌斯改进了电泳技术，制造了较为先进的电泳仪，分离了马血清蛋白质的 3 种球蛋白，推动了电泳技术的发展。

这项工作开始于 1925 年，当时还是实验室助理的蒂塞利乌斯接手了电泳技术的研究工作。实验室的主任就是瑞典著名化学家，1926 年诺贝尔化学奖得主特奥多尔・斯韦德贝里（Theodor Svedberg，1884—1971）。斯韦德贝里在此之前已经做了许多杰出的研究工作。一方面，他利用蛋白质电泳的原理，对清蛋白进行了研究，由于蛋白质在电泳过程中是无色透明的，因此采用了紫外荧光技术进行标记，成功观察到了蛋白质迁移后形成的边界。但是这种标记方法的分辨率较低，不能很好地满足对蛋白质的观察。另一方面，斯韦德贝里在应用超速离心技术研究蛋白质时，通过蛋白质对紫外线的吸收光谱来观察蛋白质边界，取得了良好的效果。在这两方面工作的基础上，斯韦德贝里让蒂塞利乌斯通过蛋白质的吸收光谱优势去改进电泳技术。蒂塞利乌斯欣然接受了这项艰巨的任务，开始了对电泳技术的改进。

蒂塞利乌斯的工作并不仅仅是将新的观察方法应用于电泳技术这么简单，因为观察方法的改变，意味着仪器装置和技术参数都要进行相应的调整。他首先对电泳装置进行了改进。为了满足吸收光谱的观察需求，他创造性地研制出了一种 U 形的电泳槽。其中，电泳管的形状是很重要的，他引入具有矩形横截面的管来代替圆柱形管。同时，管路的设置也为了方便光学观察，以及蛋白质边界的形成。电泳电极的设计也花了许多心思，能够正反两用，以便充分利用电泳管的容量。

在应用新设备进行实验的过程中，蒂塞利乌斯发现了新的问题。为了提高电泳的分辨率，就需要提高设备的电压，但是增高的电压带来更多的热量会导致电泳管中溶液的密度不均，进而造成光学观察失真，影响结果的准确性。经过不断尝试，他发现如果使用交流电而不是直流电，可以减少失真。同时由于水的密度在 +4 ℃时最大，将溶液通过恒温器保持在 +4 ℃左右，可以大大减小密度差。经过这样的改进，设备的电压负载可以提高 8 ~ 10 倍，极大地提高了电泳的分辨率。

研制出新设备后，蒂塞利乌斯开始研究血红蛋白、血清蛋白等多种蛋白质。通过电泳实验，他惊喜地发现血清蛋白竟然产生了几种相对独特的成分，即白蛋白，α、β 和 γ 球蛋白。这在之前是很难想象的，足以肯定蒂塞利乌斯对电泳设备的改进是成功的，极大地提高了电泳的分辨率。

电泳方法最大的优势在于，整个分离过程中，样本处于成分稳定的溶液中，避免了变性及其他化学变化的干扰。同时，电泳分离仅取决于迁移率的差异这一个因素，相比超速离心等其他分离技术的原理更单一，因而更容易控制变量。鉴于电泳技术的优势，在蒂塞利乌斯之后，科学家们仍然不断进行技术改进。

20 世纪 50 年代前后，以滤纸作为支持介质的电泳技术发展起来。与蒂塞利乌斯使用的移动界面电泳不同的是，纸电泳不需要电泳管，取而代之的是电泳槽。电泳槽内有电极、缓冲液槽、支持介质支架等，滤纸则放置于支架上用于上样和电泳。这种方法操作更为简便，得到了广泛的应用，除了蛋白质之外，在氨基酸、核酸的研究中也大显身手。同时，纸电泳也非常灵活，可以直接形成电泳图，也可以任意裁剪滤纸，进一步分析条带中的物质。此后出现了各种支持介质，如各种滤纸、醋酸纤维素薄膜、琼脂凝胶和淀粉凝胶等。新的支持介质弥补了滤纸电泳分辨率低、易拖尾的现象，直到现在仍在广泛使用。

到了 20 世纪 80 年代，更先进的毛细管电泳技术出现了。这种技术与蒂塞利乌斯的电泳仪比较相似，不需要固体介质，同样采用液相分离技术。但是，毛细管电泳的分离管路非常细，达到了 50 ~ 75 μm 的级别。同时电泳电压非常高，达到了千伏级别。这样的性能参数比蒂塞利乌斯的电泳仪要高出数个量级，因此分离效率高，分离速度快，可以从几纳升的样本中分离蛋白质，仅需十几分钟（图 7–1）。

正是在这些新技术的推动下，我们对蛋白质的认识越来越深入，这些古老的生物大分子不断吸引我们去探索由它们建设的细胞城堡。

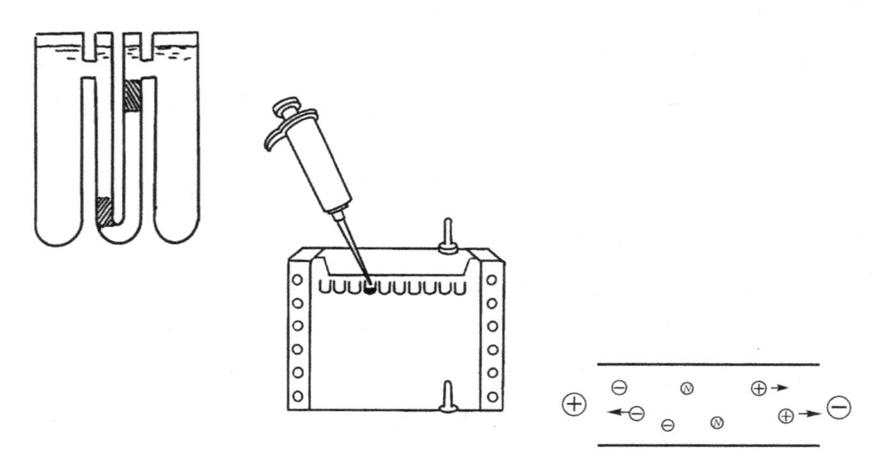

图 7–1 电泳技术的发展历程

第二部分 医学生的见闻

师生对话

解：通过同学们整理的故事，我们认识了蛋白质，了解了胰岛素的发现过程及蛋白质的分析技术。那么胰岛素的发现有什么重大的意义呢？

范：我觉得胰岛素作为人类第一个被提纯的蛋白质，其重大意义在于为糖尿病治疗打开了一扇新的大门。在此之前，糖尿病患者只能接受简单粗暴的饥饿疗法来降低血糖，控制病情。胰岛素的提纯应用则能极大地提高糖尿病治疗的效率及患者的生存质量。

程：说得很好，胰岛素能够成功应用还是得益于蛋白质分析技术的发展，那么同学们继续展开讨论，在临床实践中，还有哪些诊疗项目离不开蛋白质分析技术？

杨：常见的各项检查，如血红蛋白、C 反应蛋白、免疫球蛋白的检测都会用到蛋白质分析技术，从而根据相关蛋白质的表达量评估病情。

吴：C 反应蛋白在心脏疾病的诊断中发挥着越来越重要的作用，我在心内科实习的时候感触颇深，就由我来给大家介绍一下 C 反应蛋白吧。

解：很好，就由你来讲讲你的见闻，其他同学还有什么补充？

在蛋白质分析技术中，我注意到了凯氏定氮法，记得三聚氰胺事件发生后，很长一段时间媒体都在提这个名词。所以我特意查找了有关资料，发现“毒奶粉”的根源竟然与蛋白质的分析技术有关，根本原因就出在凯氏定氮法上。

李

解

这是个很好的案例，通过生物化学的学习帮助大家更深入地认识生活实践中的问题，学会独立思考，正是学习的根本目的。接下来请两位同学分别讲解C反应蛋白的应用和三聚氰胺事件的始末。

C反应蛋白

冠心病是心内科的常见病，我在心内科实习的时候见过不少这样的病例，其中一位患者的诊治经历令我印象深刻。这位59岁女性患者当时由于与子女在婚姻问题上意见不同，情绪激动，引发了心前区疼痛。症状发作频繁，每日2~3次，向两侧肩臂部、背部放射，持续20 min~2 h不等。她开始并不在意，以为是生气引起的，过一会儿就好了。但是反复发作几天后，家人担心她的身体健康，于是前来医院就诊。

患者告诉我们，她的这种症状时间已经很长了，大概10年前就出现了，一开始只是偶尔出现。之前也在当地医院检查过，做过冠状动脉造影，当地医院建议冠状动脉旁路移植术。患者不愿意接受手术，因此没有进一步规范治疗。每次心前区疼痛发作，就舌下含服硝酸甘油，症状持续一段时间就会自行缓解。但是，与之前相比，最近几天的发作要频繁许多，而且症状持续时间也变长。另外，她讲到高血压也有10年时间了，平时口服降压药，但是没有定期监测血压。我们进行了仔细的体格检查，血压是140/80 mmHg，其余项目没有阳性发现。

综合患者的发病经历和初步检查，初步诊断为不稳定型心绞痛合并高血压3级。患者住院后，我们安排了进一步的检查，包括抽血化验、心脏彩色超声、冠状动脉造影等检查。检查结果陆续回报，其中一项化验结果引起了我的注意。患者的C反应蛋白为37 mg/L，明显高于正常水平（<10 mg/L）。这不禁引起我们的兴趣，C反应蛋白为什么会升高？C反应蛋白的升高与不稳定型心绞痛有什么关系？C反应蛋白在心血管疾病中又发挥着什么样的作用？C反应蛋白还具有什么临床意义呢？

经过一番查阅资料，我了解到C反应蛋白早在1930年就被发现了。最初研究人员发现一些患有急性感染性疾病的患者，其血清能够与肺炎链球菌细胞壁上的C多糖发生沉淀反应。后来，血清中能够参与反应的物质被提取出来，是一种蛋白质，鉴于和 C 多糖的关系被命名为 C 反应蛋白。

近年来，C 反应蛋白与冠心病的关系引起了越来越多的关注。流行病学调查发现，C 反应蛋白水平的升高与冠心病发病风险的增高密切相关。进一步研究发现，C 反应蛋白在冠状动脉粥样硬化过程中发挥着重要作用。动脉粥样硬化是一个复杂而漫长的病理过程，其中动脉内皮细胞的损伤是重要的环节。C 反应蛋白的增高对内皮细胞的功能产生一定的影响，从而参与粥样硬化斑块形成的病理过程。另外，通过对粥样硬化斑块的病理研究证实了其中有 C 反应蛋白的沉积，也从另一方面说明 C 反应蛋白参与动脉粥样硬化过程。C 反应蛋白与冠状动脉粥样硬化的病变程度、活动进展也密切相关。冠状动脉造影检查发现，C 反应蛋白与冠状动脉的硬化程度明显相关。本例不稳定型心绞痛属于冠心病的一种，通常与粥样硬化斑块的破裂有关，而在破裂部位发现 C 反应蛋白的沉积也较多。

C 反应蛋白之所以与冠心病有这么密切的关系，是因为这种蛋白质主要参与机体非特异性炎症反应过程。而冠状动脉粥样硬化的病理过程实质上就是一种炎症反应过程。此外，在组织损伤、心肌梗死、手术创伤、急性感染等疾病中，也伴随着 C 反应蛋白的迅速升高，因为这些疾病也发生迅速的炎症反应。

在炎症反应过程中，C 反应蛋白能够激活免疫机制，增强白细胞的吞噬作用，调节淋巴细胞或单核巨噬细胞系统功能，促进巨噬细胞组织因子的生成，从而清除入侵机体的病原微生物和损伤、坏死、凋亡的组织细胞，在机体的天然免疫过程中发挥重要的保护作用。因此，持续的轻度 C 反应蛋白升高，说明有持续的炎症存在。当病变好转时，又迅速降至正常。

C 反应蛋白由于其在炎症反应中的作用，可以作为临床判断疾病严重程度的生物学指标。但是要想更准确地利用 C 反应蛋白，仍需要深入地研究和不断地探索。

三聚氰胺事件始末

2008 年，《中国经济周刊》刊登了一则题为“多地婴儿同患肾结石疑与奶粉有关”的报道。9 月 8 日，中国人民解放军第一医院泌尿科接收了一名来自甘肃岷县的特殊患者，患儿是一名只有 8 个月大的婴儿，可是却患有“双肾多发性结石”和“输尿管结石”病症，这是该院自 6 月 28 日以来收治的第 14 名患有相同疾病的不满周岁的婴儿。这 14 名婴儿有着许多相同点：都来自甘肃农村，均不满周岁，都长期食用“三鹿”牌奶粉。

这样一则报道迅速引起了社会的广泛关注，后续相似的事件陆续进入公众视线。截至 9 月 11 日，甘肃境内共发现了 59 例这样的结石患儿。其他省份包括山东、安徽、湖南、陕西、宁夏等地也有病例报道。随着病例数越来越多，引起了各级政府对此次事件的高度重视。在全国人民的关注下，石家庄三鹿集团股份有限公司于9月11日晚发布声明，称经公司自检，发现2008年8月6日前出厂的部分批次三鹿婴幼儿奶粉受到三聚氰胺的污染。而污染的源头竟然是不法奶农为了牟取利润，在鲜牛奶中添加了三聚氰胺。

三聚氰胺是一种三嗪类含氮杂环有机化合物，重要的氮杂环有机化工原料。由于食品和饲料工业蛋白质含量测定主要应用前文提到的凯氏定氮法，这种方法只能检测到氮元素的含量而间接推断蛋白质含量，因而其他含氮化合物也可以“滥竽充数”。于是，三聚氰胺就成为不法商人的食品添加剂，以提升食品检测中的蛋白质含量指标，因此三聚氰胺也被人称为“蛋白精”。

在动物实验中发现，三聚氰胺不能被胃吸收，在盲肠和大肠中能检测到三聚氰胺，这说明三聚氰胺可能对肠道微生物降解有一定影响。三聚氰胺也不能在机体内经肝代谢转化，基本上以原形排出。90%的三聚氰胺24 h内经尿液排出，部分经粪便排出。检测发现，肾和膀胱组织中的残留量比血浆中的高，膀胱中残留量最高。由于残留量高，使得三聚氰胺很容易在膀胱产生结石，动物实验也证实了这一点。加之婴幼儿肾和输尿管尚未发育成熟，不容易排出结石，故而出现肾结石和输尿管结石。

不过实验表明，三聚氰胺对动物毒性较低，不具遗传毒性、致癌性或致畸性。这一点也让“毒奶粉”事件的受害者稍有安慰。但是，奶粉中添加三聚氰胺蒙混过关实不应当。

第 8 期　氨基酸的故事

本期人物

路易斯·尼可拉斯·沃奎林（Louis Nicolas Vauquelin，1763—1829），法国药理学家与化学家，他从植物天冬中分离了天冬酰胺，从苹果中发现了果胶和苹果酸，并发现了元素铍。由于学术上的威望，1816 年被选为瑞典皇家科学院的外国成员。

威廉·卡明·罗斯（William Cumming Rose，1887—1985），美国生物化学家和营养学家，1939—1941 年担任美国生物化学家协会主席，1945—1946 年担任美国营养学会主席，发现了苏氨酸，还提出了必需氨基酸，极大地推动了氨基酸的研究。

弗里德里希·维勒（Friedrich Wöhler，1800—1882），德国化学家，他因人工合成尿素，打破有机化合物的“生命力”学说而闻名，被认为是有机化学的先驱。维勒也被认为是铍、硅和氮化硅的共同发现者。

汉斯·阿道夫·克雷布斯（Hans Adolf Krebs，1900—1981），英国医生和生物化学家，他最著名的发现是人体内两种重要的代谢途径，即鸟氨酸循环和柠檬酸循环，对于认识机体新陈代谢具有重要的意义，为此于 1953 年获得诺贝尔生理学或医学奖。

斯坦利·米勒（Stanley Miller，1930—2007），美国化学家，在导师指导下设计了著名的米勒 - 尤列实验，探索生命的起源，引起巨大反响。为此，他被选入美国国家科学院。

第一部分　科学家的故事

师生对话

本期成员为：解军教授（以下简称解），程景民教授（以下简称程），李琦同学（以下简称李），吴思佳同学（以下简称吴），范月莹同学（以下简称范），杨秀同学（以下简称杨）。

解　同学们，上一期我们初步认识了蛋白质，从概念的提出到分离提纯历经了近百年时间，我认为其中的原因与蛋白质分子庞大、结构复杂有关。从蛋白质的相对分子质量就能说明这一点，其相对分子质量可达几万到几百万，相比葡萄糖、乳糖这些分子，足以显示蛋白质的庞大。另一方面，蛋白质有较大的质量范围，说明其结构复杂多样。因此，对于这样一种体型庞大、结构复杂的生物大分子，同学们认为该如何进一步学习和认识？

李　据我了解，最早研究蛋白质的科学家们由于缺乏先进的分析设备，主要采用水解等化学手段，将蛋白质分子分解为更小的分子结构进行研究。于是，他们发现氨基酸是蛋白质的基本组成单位。之后，随着技术的进步，科学家们能够进一步研究氨基酸组成的多肽及肽链的折叠缠绕等蛋白质的空间结构。因此，我认为对蛋白质的认识可以分为两个步骤，先去认识蛋白质的基本单位，然后再去学习蛋白质的空间结构。

解　很好，那么本期内容我们就围绕蛋白质的基本单位——氨基酸的故事展开，下一期的内容再去认识蛋白质的空间结构。目前，构成机体的氨基酸有20种，这些氨基酸背后有什么样的发现故事，同学们接下来进行讨论。

氨基酸都是由一个中心碳原子，与一个氢原子、一个氨基、一个羧基及一个侧链 R 基团相连接，不同氨基酸的差别仅在于 R 基团不同。第一个氨基酸是科学家在研究天冬药物成分时发现的，故命名为天冬酰胺。之后，陆续在一些动植物蛋白质中分离出 19 种氨基酸，而且 19 种氨基酸的学术观点占据了很长时间，直到 20 世纪 30 年代，苏氨酸的发现才形成了现在 20 种基本氨基酸的认识。

范

程

看来最后一个氨基酸的发现经历了不少坎坷，同学们可以详细讲一讲。通过这些故事对氨基酸有了基本了解之后，我们再来讲讲关于氨基酸代谢研究的故事，毕竟新陈代谢是我们旅途的核心内容。

氨基酸的代谢主要涉及合成代谢和分解代谢两个方面。其中分解代谢主要包括转氨基、脱氨基、脱羧基、代谢转变等方面，通过转氨基作用可以产生新的氨基酸，而脱氨基作用可以帮助机体排出氨基酸代谢产生的废物，我们该从哪儿着手呢？

吴

我觉得可以重点讲讲脱氨基的过程。因为氨基酸代谢产生的氨基需要经过肝的鸟氨酸循环生成尿素才能排出体外。而鸟氨酸循环正是克雷布斯的经典代谢研究成果之一。

范

那我给大家简单介绍一下克雷布斯吧。他于 1900 年 8 月初生于德国北部的一个小城镇。他具有犹太血统，其父亲是德国的一位外科医生。子承父业，医学院校毕业后的克雷布斯在大学附属医院工作。如果国泰民安，他也许一辈子就是一位普通的医生。但是第二次世界大战爆发了，他受到纳粹的迫害，不得不逃往英国。之前在德国，他是位非常优秀的医生，但是到了英国之后，由于没有行医许可证，得不到社会的承认，他只好打消当一名医生的念头，转而从事基础医学的研究。从此开启了他辉煌的学术生涯。

杨

克雷布斯在基础医学研究中的成功离不开他早年的学术经历。从1926年起，他到凯撒·威廉研究所瓦尔堡实验室工作了4年。瓦尔堡是一位有声望的生物化学家，在呼吸链和酶的研究，特别是在生物氧化的分析研究上有卓越的贡献，并获得了1931年诺贝尔生理学或医学奖。克雷布斯在瓦尔堡实验室的4年，正是该实验室工作开展迅速，思想十分活跃的时期，使他不但做出一些有关呼吸、代谢的研究成绩，学习到瓦尔堡呼吸器、组织薄片法、光谱分析法等技术，还学习了瓦尔堡的学术思想和治学的严谨风格。后来克雷布斯回忆往事时曾说，“这4年是一生事业发展的关键阶段”。

李

克雷布斯的一生充满荆棘坎坷，却因为兴趣和信仰坚守了一片科学的净土。我们现在有些人出生以后就被父母的期望塑造成各种各样成功者的复制品。其实，对每一个孩子来说，最重要的是学会自我探索，实现自我价值。

程

是的，希望同学们通过这些故事逐渐学会主动探索、刻苦钻研。另外，刚才提到了尿素，让我又想起了第1期里关于酵素起源的争论，尿素的研究同样引发过一场激烈的争论，同学们听过吗？

解

您说的应该是维勒吧。1828年，维勒偶然从氰酸铵合成尿素，随即他将这一成果写成论文，题为“论尿素的人工制成”，这篇论文引起了化学界的一次震动。因为在18世纪至19世纪初，生物学和有机化学领域中普遍流行着一种生命力论，它认为有机物只能依靠一种生命力在动植物有机体内产生，在生产上和实验室里，人们只能合成无机物质，不能合成有机物质，尤其是由无机物合成有机物更不可能。因此，维勒的发现遭到了许多人的反对。贝采利乌斯最初听到这个消息时，幽默地讽刺说：“能不能在实验室造出一个孩子来”。然而，真相终被时间所证实，这一发现还是强烈地冲击了形而上学的生命力论，为辩证唯物主义自然观的诞生提供了科学依据。它填补了生命力论制造的无机物同有机物之间

范

的鸿沟。因此，维勒被认为是有机化学的先驱。此外，维勒是一位化学教育家，培育了许多化学良才，他的学生中有不少人后来成了著名的教授、工程师和化学工艺师。

范

解

很好，维勒的实验为生命的起源学说提供了有力的依据。而100 年后，米勒通过他的实验直接证明在实验室中用简单的化学物质能够合成氨基酸等复杂的生命物质，这就是著名的米勒实验。接下来，就让我们来一起听听氨基酸的发现故事、鸟氨酸循环的发现故事及米勒实验的故事吧。希望通过这些故事，大家对氨基酸能够有更深入的认识。

在人类认识蛋白质的早期阶段，面对蛋白质这样的大分子物质，当时的化学分析技术还不能直接对其进行观察，因而科学家们选择了许多间接手段去研究蛋白质，如改变酸碱度、温度等条件观察蛋白质的变化，从而认识蛋白质的特点。在研究过程中，许多科学家发现蛋白质的分解产物是一些小分子的、结构简单的化合物，这就是我们所知道的氨基酸。研究氨基酸比蛋白质容易很多，因而在蛋白质研究陷入僵局的很长一段时间里，氨基酸的研究却在有条不紊地进行着。

从偶然到必然

19 世纪是有机化学迅速发展的时期，许多生命相关的有机化合物都是在这个时期分离提纯并命名的，如糖类、脂质、蛋白质这三大营养物质。最初，这些化合物的研究发现都是源于一些偶然的机会，第一个氨基酸的发现就是这样的过程。1806 年，法国药理学家与化学家沃奎林与助手在研究天冬的药物成分时，从中提取出了一种含氨基化合物。由于这种化合物是从天冬芽中发现的，而且是含有氨基的有机酸，因而他们将其命名为天冬酰胺，这就是第一个发现的氨基酸。

正因为氨基酸的早期研究大都是偶然的，因而氨基酸的命名方式并不统一，缺乏系统性。继天冬酰胺之后，直到 20 世纪 20 年代，陆续发现了甘氨酸、亮氨酸和酪氨酸等 19 种氨基酸。其中，大部分氨基酸是按照来源命名的，这种命名方法直接明了，如酪氨酸是从奶酪中发现的，就命名为酪氨酸；从蚕丝中提取的，就命名为丝氨酸；谷氨酸最初是从面筋中发现的，因此命名为谷氨酸；天冬氨酸最早从天冬草发现，就命名为天冬氨酸；精氨酸最初从羽扇豆中发现，但是由于鱼精蛋白中含量较多故此命名；组氨酸则因为组蛋白中含量较多而命名；胱氨酸是在膀胱结石中发现的；蛋氨酸（甲硫氨酸）则因为卵中含量较多而命名。

另外一部分氨基酸的命名则遵循有机化学的命名规则，包括丙氨酸、脯氨酸、苯丙氨酸和谷氨酰胺。值得一提的是，脯氨酸最初命名为吡咯烷酮羧酸，英文名称简化为“proline”，在翻译的过程中译为脯氨酸。此外，少数氨基酸的命名源于其研究过程，如甘氨酸因为其最初被误认为糖而得名，亮氨酸因为其结晶白色有光泽而得名，色氨酸是用胰岛素分解酪蛋白出现的，故用“trypsin”（胰岛素）和“phan”（出现）组合命名“tryptophan”。

随着越来越多的氨基酸被发现，以及分析化学的发展，在19世纪末期和20世纪初，科学家们开始对已发现氨基酸的结构进行分析。经过长时间的摸索和反复实验证明，科学家们发现这些氨基化合物都拥有相似的结构特点，即一个中心碳原子与一个氢原子、一个氨基、一个羧基及一个侧链R基团相连接，不同氨基酸的差别仅在于R基团不同。于是，科学家们开始意识到这些化合物可以归为一类，“氨基酸”这个词就在19世纪末期出现了。

氨基酸结构研究的突破，也反过来促进了氨基酸的分离与鉴别。在氨基酸的结构研究领域，要提到著名的德国有机化学家费歇尔。一直致力于化学结构研究的费歇尔，在氨基酸领域同样硕果累累。虽然缬氨酸早在1856年就从胰的浸提液中分离出来，但直至1906年费歇尔才分析出其化学结构为2–氨基–3–甲基丁酸，由于结构与缬草中的成分类似，费歇尔将其命名为缬氨酸。而赖氨酸最初提取出来是与精氨酸混合的，后来费歇尔经过结构研究，确定赖氨酸与精氨酸属于两种化合物，并将其从这种混合物中分离出来，命名为lysine（赖氨酸）。费歇尔另一大贡献就是提出肽键理论，他发现蛋白质中氨基酸之间都是以“—CO—NH—”化学键连接，称为“肽键”。肽键理论的提出更加明确了蛋白质与氨基酸的关系，同时加上对氨基酸个体结构的认识，人类对氨基酸的认识上升到了系统高度。

到美国生物化学家与营养学家罗斯踏入氨基酸的研究领域时，科学家们基本达成共识，构成生命体的氨基酸共有19种，而且这19种氨基酸的化学结构和化学性质研究得已经比较透彻。因此，罗斯的研究方向更侧重于氨基酸在机体内的代谢和营养作用等生物学效应。在他之前，已经有科学家发现单纯谷物中的蛋白质并不包含营养所需的氨基酸，色氨酸和赖氨酸是需要额外补充的。他还发现，牛奶中提取的酪蛋白的水解物并不能满足实验动物日常所需的氨基酸，需要额外补充组氨酸。

既然许多食物中的蛋白质并不能提供所有的氨基酸，罗斯思考如果将已发现的19种氨基酸混合，所得到的营养成分应该比单纯某种蛋白质会更好。但是，实验结果告诉他即使19种氨基酸全部提供，实验动物的生长依旧会受到影响。他推测引起这样的结果的原因有两种可能，一种情况是蛋白质中还有未知的成分，至少存在一种未知的氨基酸，还有另外一种解释就是蛋白质中某些氨基酸的比例更大，他更倾向于第一种解释。

他利用当时比较先进的层析技术，最终在纤维蛋白中提取出一种新的氨基酸，化学结构为 α- 氨基 -β- 羟基丁酸。接着，罗斯对新发现的氨基酸进行了结构分析。根据新氨基酸的化学结构式，可能的空间结构有两种。一种结构与赤藓糖的结构类似，另一种结构与苏糖的结构类似。空间结构的不同，发生的化学反应也就不同。利用化学反应的结构逆推，罗斯最终确定第二种结构式才是正确的，由于其与苏糖结构类似，故命名为苏氨酸，至此构成生命的 20 种氨基酸全部发现（表 8-1）。

此后，罗斯继续探索氨基酸的营养作用，通过不同氨基酸的加减组合配比，确定每种氨基酸对正常生理活动的作用。他发现，有些氨基酸在机体内可以经过转化形成另一种氨基酸，而有 8 种氨基酸不能通过其他氨基酸的转化而补充，必须从食物中获得，于是他提出了必需氨基酸的概念。

从苏氨酸的发现，到必需氨基酸的提出，这些成果已经不是机缘巧合，而是在合理实验设计基础上的科学发现，可以说这样的结果存在一定的必然性。归根结底，科学家们逐渐认识到有机化合物对于生命活动的重要性，也为有机化学之后生物化学的发展带来了质的飞跃。类似的故事还将在其他生命物质中重现，让我们在后续的章节中继续体会。

表 8-1　氨基酸的发现时间及来源

氨基酸	时间 / 年份	来源
天冬酰胺	1806	天冬芽
甘氨酸	1820	明胶
亮氨酸	1820	肌肉
酪氨酸	1849	奶酪
丝氨酸	1865	蚕丝
谷氨酸	1866	面筋
天冬氨酸	1868	天冬草
苯丙氨酸	1881	羽扇豆
丙氨酸	1881	丝心蛋白
半胱氨酸	1884	尿结石
赖氨酸	1889	珊瑚
精氨酸	1895	牛角
组氨酸	1896	奶酪
缬氨酸	1901	奶酪
脯氨酸	1901	奶酪
色氨酸	1901	奶酪
异亮氨酸	1904	纤维蛋白
甲硫氨酸	1922	奶酪
苏氨酸	1935	奶酪

鸟氨酸循环

罗斯的研究告诉我们氨基酸从哪儿来，那么，摄入的氨基酸在机体中又会到哪儿去呢？通过对氨基酸代谢的研究发现，氨基酸具有很灵活的代谢方式，通过氨基的转移可以转化为新的氨基酸，这就是转氨作用。而这些氨基最终会随着氨基酸的分解而游离出来，即脱氨基作用后，这些氨基的去向正是解决氨基酸到哪儿去的答案。对于这个问题，我们还要从尿素说起。

尿素学名碳酰胺，之所以有这样的俗称，源于最初的研究经历。1773年，有科学家在动物的尿液中提取出了一种含氮化合物，故此得名。之后，与许多生命物质一起，尿素被列入“活力论”的立论依据之中。

然而，德国化学家维勒却人工合成了尿素，打破了有机化合物的生命力学说。维勒的这个重要发现源于一次偶然。有一次，维勒在按照常规制造氰酸铵时，无意中得到了与氰酸铵不同的无色针状结晶体。当时他没有在意，时隔4年之后，1828年，当维勒重新制得这种“氰酸铵”时，他经过仔细研究，证明这种针状结晶体并不是氰酸铵，而是尿素。维勒制得的尿素，与尿中的尿素一模一样。

维勒用人工方法合成了尿素，打破了“活力论”，同时也给我们提出了新的问题。既然通过化学手段可以合成尿素，根据元素守恒定律，机体中的尿素也必然是通过化学变化产生，而不能凭空产生。但是氰酸与氨水的反应显然不可能在机体中发生，那么机体中的尿素又来源于哪儿？

这个问题直到20世纪30年代，因组织切片技术的发展才有了新的突破。利用组织切片可以更精确地研究代谢反应过程，这为探讨尿素的合成机制提供了有益前提。在克雷布斯之前就有科学家利用大鼠肝切片与碳酸盐和铵盐保温，发现铵盐减少，尿素合成，这说明 NH_4^+ 参与了尿素的合成。

利用类似的方法，克雷布斯和他的学生用大鼠肝的薄切片和多种可能有关的代谢物与铵盐共同保温，以探索尿素生成的中间物质。经过筛选发现，鸟氨酸和瓜氨酸都能够促进铵盐合成尿素。赖氨酸与鸟氨酸的结构非常相似，却无此种作用。在此基础上，克雷布斯又进行了定量研究。他的课题组将大鼠肝切片与定量的碳酸盐、铵盐、瓜氨酸和鸟氨酸一起保温，经计算发现鸟氨酸减少，瓜氨酸增多。由此推测，在肝生成尿素的反应中鸟氨酸是瓜氨酸的前体。

对于这些实验现象，较合理的解释是，在尿素合成的一系列反应中，应当包括 NH_3、CO_2 和鸟氨酸，这些物质经反应生成瓜氨酸，然后瓜氨酸可能经过一定途径生成中间化合物。这个中间化合物在肝中能以合理的速度生成尿素，同时再生成鸟氨酸。经过研究筛选，精氨酸符合作为这个中间化合物的要求。为了证明精氨酸为中间化合物，克雷布斯应用精氨酸酶催化精氨酸水解产生尿素和鸟氨酸，这说明反应过程中精氨酸是鸟氨酸的前体，于是证明精氨酸为这个中间物质。同时，该实验的结果也符合前人有关尿素合成的一些发现，即只有以尿素为主要氨代谢最终产物的哺乳类动物的肝才会有精氨酸酶。

基于以上实验结果和结论，克雷布斯推断瓜氨酸是鸟氨酸转变为精氨酸的中间产物。比较这三种化合物的结构及化学性质，瓜氨酸与鸟氨酸相似，都具有促进铵盐合成尿素的作用。另外，用大量鸟氨酸和铵盐与大鼠肝切片共同保温，可观察到瓜氨酸的积存。综合大量实验和分析，克雷布斯等人最终提出了鸟氨酸循环（ornithine cycle）代谢途径（图 8-1）。

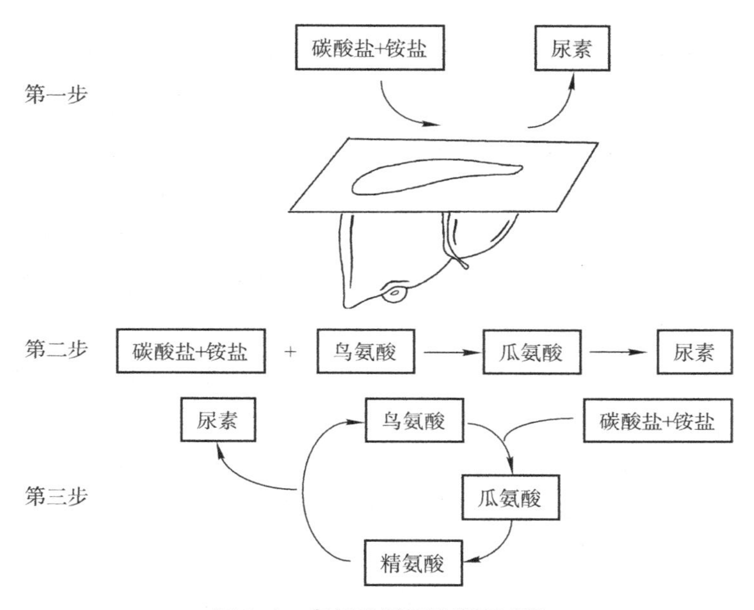

图 8-1　鸟氨酸循环的发现过程

然而，鸟氨酸循环的提出遭到了许多学者的质疑和反驳，因此克雷布斯继续完善自己的学说。在后续的实验证明中，他引入了同位素标记法继续完善鸟氨酸循环中物质代谢关系的证据。首先他用同位素氮标记的 $^{15}NH_4Cl$ 饲养实验犬，发现精氨酸和尿素分子中含 ^{15}N，鸟氨酸分子中不含 ^{15}N。进一步说明精氨酸是鸟氨酸和尿素的前体，NH_3 参与尿素合成。接着，他用同位素 ^3H 标记的鸟氨酸饲养实验犬，发现精氨酸分子中出现 ^3H，从而说明鸟氨酸形成精氨酸的碳骨架。最后，用 $^{15}NH_4Cl$ 和用 $NaH^{14}CO_3$ 标记的碳酸盐饲养犬，发现尿素分子中出现 ^{15}N 和 ^{14}C，证明 NH_4^+ 和 CO_2 参与尿素合成。

在克雷布斯之后的科学家又发现了鸟氨酸循环中的关键酶，进一步完善了鸟氨酸循环的中间环节，补充了中间代谢产物，最终形成我们今天所看到的鸟氨酸循环。

米勒实验

糖类是人类赖以生存的重要物质之一，是人体热能的主要来源。如果说糖类是生命起源的动力，蛋白质就是构筑生命的原材料。在对氨基酸的化学结构、化学性质及代谢途径有了系统的认识之后，一些关注化学进化的科学家们开始探索氨基酸的起源。因为作为蛋白质的基本组成部分，氨基酸的起源应该发生在更早的地球海洋中。如果能够模拟出氨基酸的起源，就可以进一步推测蛋白质的形成过程。

对于氨基酸的起源研究，最著名的就是"米勒实验"。1952 年，米勒设计了巧妙的实验，通过实验装置模拟早期的地球环境，从而探索氨基酸的起源。"米勒实验"的全名是"米勒 – 尤里实验"，因为这个实验是在米勒的导师哈罗德·克莱顿·尤里（Harold Clayton Urey，1893—1981）的指导下完成的。尤里最著名的研究就是对氢同位素的研究，并因此获得了 1934 年的诺贝尔化学奖。同位素研究的突破，使之成为一种重要的示踪剂，能够推算各种天体组成物质的"年龄"，为探索地球的过去提供了有力工具。经过对地球同位素的研究，尤里对原始地球有了一定的认识，因此他希望学生米勒能够通过实验证明，氨基酸这类复杂的化合物是从原始地球最简单的化合物而来的。

米勒的实验装置并不复杂。他首先将一个容量 5 L 的烧瓶抽去空气，然后泵入 CH_4、NH_3 和 H_2 的混合气体，用来模拟早期地球表面的还原性大气。然后再用一个容量 500 mL 的长颈瓶，里边装入水，模拟早期的海洋。长颈瓶通过密闭管道与大烧瓶相连，从而构成了一个早期的大气 – 海洋循环装置。他将长颈瓶内的水加热煮沸，产生水蒸气，通过管道进入大烧瓶中。水蒸气、CH_4、NH_3 和 H_2 不断在这个密闭装置中循环。最后在大烧瓶中置入电极不断放电，模拟原始大气中的闪电。这样一个最原始的地球环境就被模拟出来了（图 8–2）。

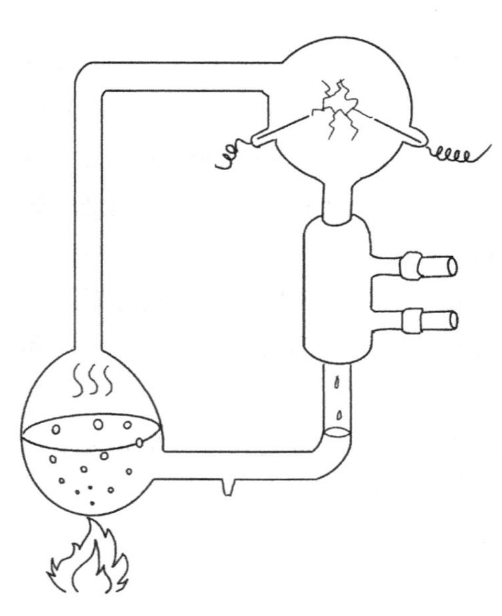

图 8–2　米勒实验

实验开始 1 天后，米勒发现收集装置中的冷却液变成了粉色。连续反应 1 周后，米勒小心翼翼地终止了反应，然后在收集到的冷却液中加入抗生素，防止微生物的代谢影响实验结果。

在冷却的液体中存在着大量有机化合物，有 10% ~ 15% 的碳以有机化合物的形式存在。其中 2% 属于氨基酸，以甘氨酸最多。此外，核糖、嘌呤、嘧啶等与核酸相关的物质也出现了。米勒得出结论，有机分子形式能够来自无氧大气层，同时最简单的生命体也可能孕育在这种早期环境中。

米勒实验给研究化学进化的科学家们提供了一种有效的实验方法，到目前为止，用米勒实验和其他类似实验，已能合成出 20 种天然氨基酸中的 17 种（除赖氨酸、精氨酸和组氨酸）。

米勒实验的结果得到了天文学家的证实。通过对分布在星际空间的有机物等星际分子分析发现，许多物质与米勒实验中模拟的物质条件非常相似。而在陨石中发现了多种有机化合物，如甲醛、甲醇、甲酸、乙醇等，甚至有些陨石中还含有多种氨基酸。这些发现说明，早期的地球环境足以孕育简单的生命物质，而且这些反应不仅发生在过去，也正发生在当下的宇宙中。生命的起源或许只是宇宙的一瞬间。

第二部分　医学生的见闻

师生对话

解：同学们整理的故事非常好，听了之后我们对人体的氨基酸代谢、氨的代谢和鸟氨酸循环有了更深刻的理解。同学们有没有思考过氨基酸的研究对临床工作有什么帮助？

杨：我们知道有很多疾病都和氨基酸代谢的紊乱有关，特别是鸟氨酸循环的场所——肝发生病变时。对氨基酸代谢的发现和认识能够让我们更加了解这些疾病，去更好地治疗这些疾病。

程：说得很对，有没有具体的例子呢？

范：我想到肝性脑病，肝功能障碍导致鸟氨酸循环障碍，氨在体内蓄积进入脑部从而引起神经精神症状。

说起肝性脑病，通常是由肝硬化引起的。我记得在消化科实习参加病例讨论，谈到了肝硬化患者使用支链氨基酸补充治疗后，效果不错，我觉得大家可以听听这个案例。

李

解

这个案例听起来非常有意思，现在支链氨基酸在肝病中的作用日益得到关注，同学们正好可以了解一下。此外，机体内存在一些特殊的氨基酸，这些氨基酸的代谢过程及其产物对于生命活动有重要的意义。同学们对这些特殊的氨基酸了解多少？

我对哮喘的了解比较多，组胺在哮喘的发生发展中发挥着重要的作用，许多哮喘的治疗药物就是通过抑制组胺发挥作用的。而组胺是组氨酸的代谢产物。

杨

我想到了苯丙酮尿症，这是一种遗传疾病，与苯丙氨酸的代谢异常有关。我在儿科实习的时候见过一例，那我通过我的见闻和大家进一步认识特殊氨基酸在疾病中的意义吧。

范

程

很好的两个案例，那接下来就让我们通过临床案例重新认识一下氨基酸吧。

支链氨基酸的妙用

在消化科实习的时候，有一次我参加病例讨论，内容非常精彩，令我受益匪浅。讨论的案例是一位58岁的男性患者，因近期感觉腹胀前来就诊。接诊医生询问病史后得知，患者48岁发现患有慢性丙型肝炎。但是患者缺乏对疾病的正确认识，麻痹大意，未进行科学规范的治疗。几年后，检查报告提示患者已经出现肝硬化。此后，患者的治疗仍是断断续续的。基于这些情况，接诊医生高度警觉，立即让患者进行腹部超声检查。

腹部超声发现患者已经出现比较严重的腹水，进一步检查腹部CT后明确了肝癌的诊断。同时化验了血生化指标，以评价患者的肝功能和营养状态。化验结果提示患者肝功能尚可，但是白蛋白低于正常水平，且支链氨基酸与酪氨酸比值下降。因此，患者除了肝细胞癌、肝硬化的诊断，还诊断为蛋白质能量营养不良（protein-energy malnutrition，PEM）。

明确诊断后，主治医生给患者进行了针对性的治疗。对于肝癌和肝硬化的治疗措施主要包括手术、抗病毒、保肝等常规疗法。而真正令我受教的是本例中针对 PEM 采取的营养支持治疗。在住院期间，消化科与营养科联合会诊，精确测定了患者的体重指数等指标后，计算出患者每日的能量需求和蛋白质摄入量。根据这些指标为患者制定了肠内营养配方，其中在糖类、脂质、蛋白质、维生素和矿物质的基础上，额外添加了亮氨酸、异亮氨酸和缬氨酸这三种支链氨基酸。患者在营养支持下，成功地治疗了肝癌，并控制了丙肝病毒的复制。出院时，患者精神状态良好，腹水和水肿症状基本消失。嘱患者出院后继续口服补充支链氨基酸，1 年后随访患者未出现腹水症状，化验血清白蛋白也能够一直维持接近正常水平。

本例中最值得我们学习和思考的地方就是支链氨基酸的应用。在机体必需的 8 种氨基酸中，亮氨酸、异亮氨酸和缬氨酸的分子结构中都含有分支侧链，由此得名支链氨基酸（branched chain amino acid，BCAA）。另外，还有三种氨基酸含有芳香环，被称为芳香族氨基酸，包括酪氨酸、苯丙氨酸和色氨酸。正常生理状态下，这些氨基酸都需要在肝中进行代谢。当发生肝硬化时，肝对芳香族氨基酸的代谢能力下降，而支链氨基酸作为能源物质为骨骼肌、心脏、脑、肝等器官提供能量，此时由于葡萄糖和脂肪酸的代谢紊乱而消耗增加。综合两方面的因素，肝硬化患者的支链氨基酸与芳香族氨基酸的比例下降。目前，临床上常用支链氨基酸与酪氨酸的比例（BCAA to tyrosine ratio，BTR）来评价肝硬化的病情状况，用于指导支链氨基酸的补充。

肝硬化患者补充支链氨基酸具有重要的意义，因为支链氨基酸是清蛋白的重要组成成分，补充支链氨基酸能够增强清蛋白的合成，这一点得到了临床试验和基础研究的证实。肝硬化患者最明显的特点就是腹水，与清蛋白的降低有密切的关系。因此，补充支链氨基酸增加清蛋白的合成，可减少腹水的产生，本例患者的治疗过程也正体现了这个过程。补充支链氨基酸还能增加能量供应，减少肌蛋白的分解供能，从而促进正氮平衡。此外，血液支链氨基酸浓度的提高能够通过竞争机制降低脑内芳香族氨基酸的浓度，改善易疲劳症状，提高生活质量。

临床试验还证实补充支链氨基酸能够抑制肝细胞癌的进展，其机制可能与支链氨基酸抑制血管生长因子表达和胰岛素介导的癌细胞增殖途径有关。虽然支链氨基酸的作用还需要进一步深入研究，但至少对本例患者而言，补充支链氨基酸的效果还是比较明显的。经过这次病例讨论学习，对我最大的启发就是，在治疗疾病过程中科学、合理的支持治疗也很重要，一定不能忽视。

不食人间烟火的孩子

虽然我在儿科实习的时间并不长，但是其间有幸见到了一例苯丙酮尿症的患儿，实践经历使我对这种疾病有了新的认识和体会。那天晚上我值夜班，急诊打来电话需要儿科会诊，于是带教老师和我火速赶往急诊大厅。出现在我们面前的是一对焦急的年轻夫妻和躺在床上的孩子。据患儿父亲说，孩子现在一周岁了，晚上 9 时许出现多动、兴奋不安的症状，并未引起父母注意，到凌晨 1 时 20 分左右，患儿突然出现四肢和面部肌肉抽动，并且两侧眼球斜视，神志不清，口吐白沫。随后立即拨打 120 送到我院急诊治疗。来到医院后静脉注射了苯巴比妥抗惊厥治疗，此时患儿平静入睡。

患儿生命体征平稳，我们开始仔细地了解其病史。家长介绍，患儿是奶粉喂养，但是一直食欲不好，精神状态不佳，发育迟缓，易哭闹。我们问到大小便的时候，孩子母亲提到总感觉尿里有股怪气味。于是，带教老师开了血液和尿液化验，考虑可能存在代谢性疾病。老师认为，婴幼儿期发生惊厥的主要原因有急性感染、先天性脑发育畸形和先天性代谢紊乱性疾病。其父母否认有感染史，患儿体温正常，无寒战，查体无体表淋巴结肿大，无皮疹，可以排除急性感染所致惊厥。而尿液有特殊气味就要注意代谢性疾病了。随后化验结果回报，血液和尿液中苯丙氨酸浓度增高，因此诊断苯丙酮尿症。

苯丙酮尿症（PKU）是一种氨基酸代谢疾病，属于常染色体隐性遗传病，在中国新生儿中的患病率约为万分之一。由于致病基因的性状是隐性的，只有来自父母双方的致病基因形成隐性纯合子才会致病，因此，近亲结婚会增加苯丙酮尿症的患病风险。

苯丙酮尿症主要以苯丙氨酸的代谢异常为主。苯丙氨酸是一种人体必需氨基酸，从食物中才能获得。在正常生理状态下，机体摄入的苯丙氨酸约 1/3 用于合成组织所需蛋白质，而剩下的部分主要经肝代谢转化为酪氨酸，进而用于合成甲状腺素、肾上腺素和黑色素等。苯丙酮尿症是由于苯丙氨酸羟化酶基因突变而导致苯丙氨酸羟化酶活性降低或者失活，使得苯丙氨酸不能转变为酪氨酸，导致苯丙氨酸在血、脑脊液、各种组织和尿液中的浓度极度增高。

体内过多的苯丙酮酸和苯丙氨酸会影响神经系统的发育，导致患儿智力发育迟缓，同时容易引起癫痫、肌肉痉挛等表现。本例患儿出现了癫痫症状，查体可见腱反射亢进、肌张力增高，符合苯丙酮尿症的一般临床表现。由于酪氨酸的合成受阻，影响了甲状腺素、肾上腺素的合成，在一定程度上也会影响正常的生长发育。同时由于黑色素减少，苯丙酮尿症患儿多呈现发黄肤白。此外，苯丙酮酸和苯丙氨酸正常代谢途径的阻碍会刺激旁路代谢途径的代偿，因此生成苯乳酸、苯乙酸等物质增多，最终导致尿液出现鼠尿味。

但是，苯丙酮尿症并不可怕，它是少数几种有治疗办法的先天性代谢疾病之一。诊断一旦明确，应尽早给予积极治疗，主要是饮食疗法，开始治疗的年龄愈小，效果愈好。由于苯丙氨酸是合成蛋白质的必需氨基酸，完全缺乏时亦可导致神经系统损害，因此对婴儿可喂给特制的低苯丙氨酸奶粉，到幼儿期添加辅食时应以淀粉类、蔬菜、水果等低蛋白质食物为主。此外，苯丙酮尿症患者可以补充酪氨酸或富含酪氨酸的饮食。饮食中补充酪氨酸可以使毛发色素脱失恢复正常，但对智力进步无明显作用。总之，由于患儿不能像正常人一样饮食，又被称为不食人间烟火的孩子。

经过这次实践经历，我重新认识了氨基酸对生命健康的重要性，没想到一个氨基酸的异常会引起这么多的连锁反应。虽然苯丙酮尿症有治疗措施，但是仍然会给患儿带来巨大的影响。预防的有效办法就是避免近亲结婚，做好产前检查和基因筛查。

第9期　蛋白质的摩天楼

本期人物

弗雷德里克·桑格（Frederick Sanger，1918—2013），英国生物化学家，确定了牛胰岛素的结构，为胰岛素的实验室合成奠定了基础，因此而获得1958年诺贝尔化学奖。之后又因设计出一种测定DNA（脱氧核糖核酸）核苷酸排列顺序的方法而再次获1980年诺贝尔化学奖。

莱纳斯·卡尔·鲍林（Linus Carl Pauling，1901—1994），美国著名化学家，量子化学和结构生物学的先驱者之一。1954年因在化学键方面的工作获得诺贝尔化学奖，1962年因反对核弹在地面测试的行动获得诺贝尔和平奖。

马克斯·费迪南·佩鲁茨（Max Ferdinand Perutz，1914—2002），英国分子生物学家，应用X射线衍射法绘制了血红蛋白的三维图像，因此获得1962年诺贝尔化学奖。

约翰·肯德鲁（John Kendrew，1917—1997），英国生物化学家和分子生物学家，1957年首先确定肌红蛋白分子中的肽链空间排列顺序，1959年又绘制了肌红蛋白分子的三维结构，因此获得1962年诺贝尔化学奖。

第一部分　科学家的故事

师生对话

本期成员为：解军教授（以下简称解），程景民教授（以下简称程），李琦同学（以下简称李），吴思佳同学（以下简称吴），范月莹同学（以下简称范），杨秀同学（以下简称杨）。

解　大家好，按照这一站的安排，本期我们着重探讨蛋白质的空间结构，同学们先回忆一下蛋白质结构的相关知识。

蛋白质的结构分为 4 个层面，即一级结构、二级结构、三级结构和四级结构，后三者统称为高级结构。

我再补充一下，不同结构的主要区别在于通过不同的化学键维系结构稳定。蛋白质的一级结构主要由肽键、二硫键维系，是理解蛋白质结构、作用机制及生理功能的必需基础。蛋白质的二级结构则主要由氢键来维系，是蛋白质分子中某一肽链的局部空间结构，主要包括 α 螺旋、β 折叠、β 转角、无规卷曲等。蛋白质的三级结构主要依靠氨基酸侧链之间的疏水相互作用、氢键、范德瓦耳斯力和静电作用维持，是指整段肽链中全部氨基酸的相对空间位置。蛋白质的四级结构是通过非共价键连接不同亚基，实现分子中各个亚基的空间排布及亚基接触部位的布局和相互作用。　**范**

程　同学们总结得很到位，蛋白质可以看作一座大厦，一级结构相当于钢筋、混凝土的组合形式，二级结构相当于每个楼层，三级结构则相当于不同单元，四级结构则为整个大厦的全貌。对于蛋白质每一个结构层次的研究都花费了不少科学家的心血，同学们对其中的代表人物有所了解吗？

那我就从一级结构说起，最具代表性的研究成果当属桑格发明的测序法，所以我们先来认识一下这位连续两次获得诺贝尔奖的科学家。桑格的传奇一生不仅是他对蛋白质和核酸的测序研究让他两度获得诺贝尔奖，而且他的学生同样优秀，他指导的十多名博士生中，两名获得诺贝尔奖，分别是罗德尼·波特（Rodney Porter）和伊丽莎白·布莱克本（Elizabeth Blackburn），他们分别因在抗体的化学结构研究和端粒及端粒酶的研究中获得诺贝尔奖。正所谓名师出高徒。

李

鲍林对蛋白质的二级结构研究做出了巨大贡献。他从小就执迷于化学，梦想成为一名化学家。他后来写道："化学现象令我着迷，通过化学反应，通常能够认识物质的不同特性，我希望能够学习化学世界中的更多奥秘。"在高中时，鲍林从一个废弃的钢铁厂寻找设备和材料，在朋友的地下室偷偷开展化学实验。1922 年，鲍林从俄勒冈农学院毕业。3 个月后，他前往加州理工学院世界一流的化学研究所，指导教授是研究 X 射线结晶学的著名教授，他们一起研究了钼、赤铁矿、金刚砂、重晶石及镁锡矿等结构。在研究 X 射线衍射的这段时间，鲍林创新提出了一套独特的研究方法，即利用现在已知的、有关无机物晶体本质的知识来推测它们的结构。他说，"我会先推测某物质的结构，而后计算出它该有的 X 射线衍射图。如果预测图与实际所见相吻合，我就认为我有权力说我所推测的结构是正确的。"正是这些宝贵的研究经历让他解开了蛋白质二级结构的奥秘。

范

肯德鲁和佩鲁茨因在蛋白质三级结构的突出贡献于 1962 年被授予诺贝尔化学奖，诺贝尔委员会这样评述他们工作的意义："肯德鲁博士、佩鲁茨博士，你们中的一位曾经说过今天研究生物学的学生正站在一个崭新世界的门槛上。是你们打开了这扇大门，你们是看到新世界的第一人。正如你们所说，空间结构的阐明为理解结构、生物合成和机体功能，提供了坚实的基础……"

杨

解

看来在蛋白质的空间结构研究中人才辈出啊，接下来我们就通过他们的研究历程一起领略大师的风采吧。

氨基酸通过变身术变换出一种又一种复杂而神奇的蛋白质。这场魔术比我们想象的要复杂得多，数不清的氨基酸参与了这个浩大的表演，而且形式复杂多样，结构重叠扭曲，几乎很难用一张图纸描述。20 世纪中叶许多科学家都为此做出了巨大贡献。通过一次次的技术革命，最终从平面到三维逐层还原了蛋白质的真实面貌。下面我们从蛋白质的发现历史进行追溯，一一揭示蛋白质复杂而神奇的空间结构。

蛋白质的一级结构

自从班廷成功提取了胰岛素之后，胰岛素作为第一个被提取的蛋白质，在后续的蛋白质结构研究中自然少不了它的身影。到 20 世纪 30 年代，蛋白质与氨基酸的关系基本明确。所有的蛋白质都由氨基酸残基通过肽键结合形成长肽链。然而，蛋白质中氨基酸排列的相对顺序是未知的。而这一顺序恰恰是进一步深入认识蛋白质的关键信息，就胰岛素而言，如果知道其氨基酸的组成顺序和结构，对于其机制研究和人工合成都具有重要意义。

1938 年，英国化学家桑格开始投入到这个难题的研究中。他从氧化胰岛素中分离出两个组分，一个（A 链）含有甘氨酸末端残基，另一个（B 链）含有苯丙氨酸氨基末端残基。此外，A 链和 B 链之间还有一个含硫的连接桥。因此，胰岛素并不像想象中那样由一条长肽链组成。桑格考虑先将胰岛素分解为 A 链和 B 链，再分别测定其氨基酸序列，最后确定连接键的结构。

明确了研究步骤之后，桑格首先要解决氨基酸测序的方法。他认为，要想测定氨基酸的顺序，首先要明确胰岛素不同位置上的氨基酸有什么不同，如果不能区分开来，研究就不可能有进展。结合当时对肽链的认识，桑格认为对于一条肽链，头和尾端的氨基酸与其余氨基酸是不同的。因为头端（N 端）的氨基酸其氨基是游离的，而尾端（C 端）的羧基是游离的，其余氨基酸的这两个基团都相互连接成肽键。经过不断水解，让不同位置的氨基酸氨基或羧基游离，就可以一点一点进行分析。

分析的关键需要一种化学物质，可以“粘”在游离氨基上作为标记，那么测序就变得容易了。但要找到这种化学物质并不简单。首先，它必须有足够的活性，这样灵敏度才足够，并且可以在日常条件下使用。其次，它和自由氨基的结合必须非常紧密，即使在蛋白质被分解研究的时候也不会脱落。它最好还有明显的特征，以便实验人员鉴定出来。

桑格最终选择了 2,4– 二硝基氟苯。这种物质在常温下就能和游离氨基稳定地发生反应，而且在“粘住”氨基后会呈现出黄色。桑格应用这种方法首先测定 B 链的氨基酸序列。他开始用酸对 B 链进行部分水解。分解的混合物通过离子电泳法、离子交换色谱法和活性炭吸附等方法进行分离。然后从吸附纸上将不同肽链分别洗脱，进行完全水解，最后用 2,4- 二硝基氟苯确定 N 端残基。这种方法并不能完全分析所有的氨基酸。因此有必要通过水解方法，将一条肽链水解成大小不等的多种片段，以期将中间的氨基酸尽量暴露出来。桑格经过不断尝试，终于发现蛋白水解酶可以作为有效的水解剂，其有更高的特异性和灵敏性。在蛋白水解酶的帮助下，桑格完成了对 B 链的氨基酸序列分析（图 9–1）。

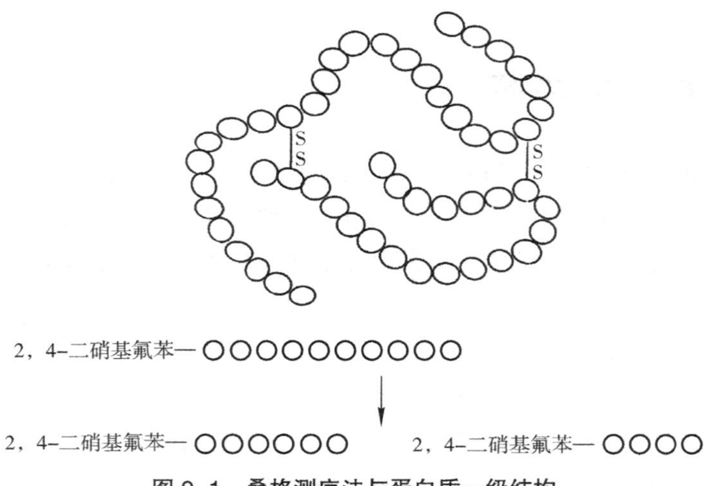

图 9–1　桑格测序法与蛋白质一级结构

用相似的方法测定 A 链的序列，并没有因为他在 B 链的研究经验而变得简单。相反，A 链的结构使其并不容易解读，而且 A 链对蛋白水解酶也不太敏感，这无疑给桑格又出了一个难题。随后，桑格发现不同的 pH 能够影响氨基酸残基的带电性，从而有助于在电泳实验中鉴别不同的氨基酸。经过不断的技术改进，桑格终于确定了 A 链结构。最后剩下的问题就是确定二硫键的结构了。为了确定二硫键的序列，有必要从氧化胰岛素中完全分离这个结构。然而一个意想不到的困难出现了，水解反应会造成二硫键随机重排，而不是原来的胰岛素实际顺序。经过不断研究，桑格发现二硫交换反应同样受 pH 的影响，经过调整 pH 有效抑制了这个反应之后，二硫键的测序才得以进行。

桑格用“拼盘子”来比喻整个分析过程。虽然很难判断在地上摔成 20 块碎片的盘子原本的样子是什么，但如果你把碎片收集起来，拼在一起，就会看到盘子上的图案。看起来简单的工作，却经过了 1945—1955 年长达 10 年的时间，1955 年，桑格终于成功地完成了牛胰岛素一级结构的测定，即牛胰岛素一共由 51 个氨基酸残基组成，其中 A 链含 21 个氨基酸残基，B 链含 30 个氨基酸残基。另外，有 2 个链间二硫键，A 链还有 1 个链内二硫键。

总结桑格的研究历程，他的主要思路是“由易到难，各个击破”，即把蛋白质先分解为氨基酸后，首先利用桑格测序法测定多肽链末端，其次分离多肽链，反复层析分离测定，最终确定二硫键的位置，胰岛素的基本结构就测定出来。为此，桑格获得了1958年的诺贝尔化学奖。

蛋白质的二级结构

组成蛋白质的肽链并不会简单地一长串平铺开来，为了满足生理需要，这些肽链还需要折叠盘绕形成一定的形状。维系这样的形状就需要肽链之间存在一种力量，使得各自的空间位置相对稳定，这就是化学键。前文提到的肽键就是一种化学键，而维系蛋白质的空间结构还需要更复杂的化学键。

化学键理论的发展始于19世纪。1811年，贝采利乌斯提出了“电化二元论”。这种理论认为，化合物是由带正电和带负电的组分相互吸引形成。然而这种理论还有许多局限性，尤其是应用于有机化学时，不但不能够合理解释化学性质，甚至一定程度上阻碍了有机化学的发展。1897年，电子的发现推动了化学键理论的发展。首先，1916年德国化学家科塞尔（Walther Kossel，1888—1956）提出了离子键理论。这种理论认为，化合物是由两个或两个以上原子或化学基团得到或失去电子成为阴/阳离子，这两种极性离子之间相互吸引从而形成离子化合物。然而离子键理论也有明确的适用范围，往往存在于金属元素与非金属元素或基团形成的离子型化合物，因而也称为盐键。为了进一步解释非离子型化合物的化学键，美国科学家朗缪尔（Irving Langmuir，1881—1957）又在此基础上提出了共价键理论。共价键是指两个或两个以上原子之间共用外层电子从而形成较为稳定的结构。这个理论的提出进一步补充了离子键理论的不足，两者共同奠定了化学键理论的基础。

然而，离子键和共价键理论只能定性地描述化合物形成的机制，研究蛋白质的空间结构还需要定量地描述这些组成原子之间化学键的强弱，这时就要借助量子力学的方法。1926年，美国化学家鲍林前往欧洲访问学习，在此期间他接触了德国三位著名的量子物理学家。在他们的影响下，鲍林开始思考如何利用量子理论研究化学键，欧洲之旅对他未来的研究方向产生了巨大的影响。他成为量子化学领域的首批科学家之一，也是量子理论在分子结构中应用的先驱。

之后的5年时间，鲍林一边继续他的X射线晶体研究，一边对原子和分子的化学键进行量子力学计算。他在5年中发表了约50篇论文。1930年，他提出了著名的杂化轨道理论，用于解释甲烷中碳原子与氢原子之间的共价键问题。在此基础上，鲍林在几位著名生物学家的影响下开始研究氨基酸和二肽的晶体结构。在研究过程中，除了共价键之外，鲍林注意到其中氢键的重要意义。氨基酸中的氮和氧原子之间可以形成氢键，其意义在于维系分子构型。

有了氨基酸的研究铺垫，20世纪40年代，鲍林开始投入到蛋白质结构的研究中。他猜想，蛋白质这样的长链多聚物如果形成晶体，只有螺旋才有可能满足晶体反映出的化学特点，而且他推断氢键在蛋白质螺旋中发挥着重要作用。因为在蛋白质的热变形反应中，第一阶段是破坏较弱的化学键，而且容易重建；第二阶段则破坏了较强的化学键，是不可逆的。鲍林进一步研究证实，第一阶段打破的弱化学键符合氢键的特点。于是，鲍林接下来的研究工作试图描绘氢键形成的蛋白质螺旋结构。

这项工作非常复杂，不仅要精湛的X射线衍射分析技术，而且要扎实的量子力学计算功底。1948年，鲍林应邀前往牛津大学参观、讲课。在生病的几天中，他和以往一样将已知的、组成蛋白质的氨基酸长链整个画下来，而后用剪刀把这个分子剪下来，这样这些分子可以随意旋转、弯曲及扭转。当他把它们折叠成一个每圈3.6个氨基酸的"α螺旋"结构时，所有的键长和键角都能符合理论上的极限和X射线晶体衍射图（图9–2）。

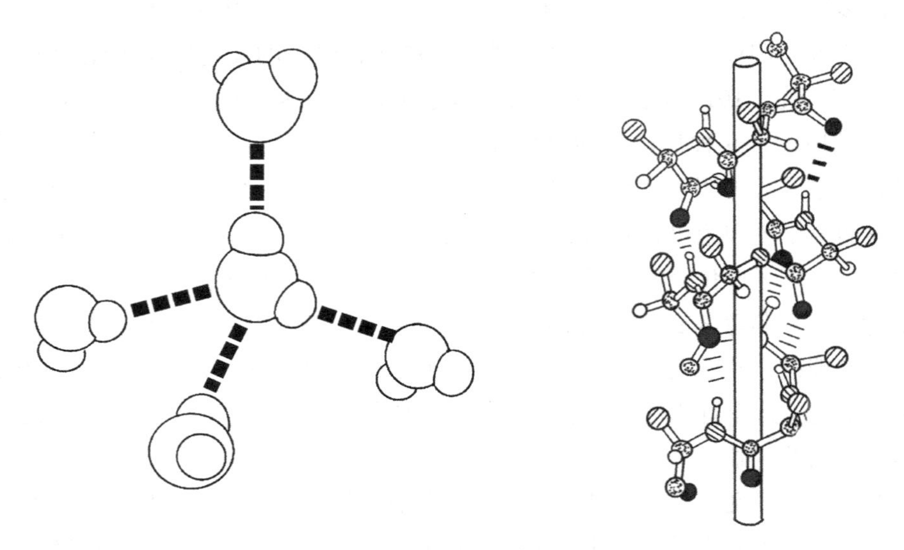

图9–2 氢键与蛋白质二级结构

鲍林并没有因为这一重大发现欣喜若狂，而且2年内他也没有将这样令人振奋的结果公诸于世。主要原因是根据这个模型所预测的螺距（螺旋一圈所上升或下降的距离）与X射线晶体衍射图一直不相符。鲍林的预测值是5.4Å，而X射线晶体衍射图显示为5.1Å。最后，他终于找到了合理的解释，之前X射线晶体衍射图拍照的角度与鲍林预期的角度不一致，经过矫正后，衍射图所显示的螺距正好是5.4Å。1950年，鲍林终于发表了题为"多肽链的两种氢键螺旋构型"的学术论文，首次描述了蛋白质的α螺旋结构。

1952年，鲍林相继发表了一系列有关头发、肌肉、羽毛、血红蛋白及相关蛋白质结构的论文，其中包括蛋白质第二种结构——β折叠的发现。鲍林的成功并非偶然，从他的学术生涯来看，早期在X射线晶体和化学键的量子理论研究中的宝贵经历成为他后期蛋白质研究的坚实后盾。

蛋白质的三级结构

继鲍林之后，在著名的卡文迪什实验室，美国分子生物学家佩鲁茨继续对蛋白质的空间结构进行着探索。他同样使用 X 射线衍射分析技术研究蛋白质结构。主要过程是，将蛋白质晶体安放在玻璃毛细管中，以保持湿润，用一束窄的 X 射线照射。当以某种方式旋转晶体时，在晶体后面放置的照相胶片上产生衍射 X 射线的规则图案。

然而，在这个过程中出现了一个复杂的问题。在衍射过程中，不同位置产生的衍射波之间会相对衍射原点形成一定的角度，这个角度成为相位角。为获取正确的结构图像就必须知道相位角和原点的空间坐标。这个问题解决起来并不容易。佩鲁茨想到了应用同晶置换法解决。如果能制备出待测晶体的“重原子”衍生物，而且衍生物的晶体和待测晶体是“同晶型”，这时如果已知“重原子”位置，就可以根据待测物和衍生物两者在衍射强度上的差异来推算相应的衍射相位。

佩鲁茨通过血红蛋白与对氯苯甲酸汞的反应，成功地把“重原子”——汞引入血红蛋白中，制备出“重原子”衍生物。然后，利用数学函数进行计算和分析，得到了“重原子”的位置，再结合血红蛋白及“重原子”衍生物的衍射强度数据推算衍射相位。这就是同晶置换法的巧妙应用（图 9–3）。由于蛋白质分子很大，引入“重原子”后并不会导致晶体中蛋白质分子的其他原子位置的改变。在结构分析过程中，佩鲁茨使用一个汞衍生物计算得到的电子密度投影图，却因峰的重叠太多而无法解释，甚至连含有较重的铁原子的血红素也无法辨认。经过 4 年时间的努力，他终于找到了使埋藏在分子内部的一个半胱氨酸残基的巯基与氯化汞发生反应的方法，从而制备出血红蛋白的第二种含汞衍生物，最终解决了血红蛋白的相位问题。这时，利用 X 射线衍射法测定蛋白质晶体结构的相位难题终于解决了。

与此同时，肯德鲁开始在佩鲁茨的指导下研究肌红蛋白的结构。与血红蛋白

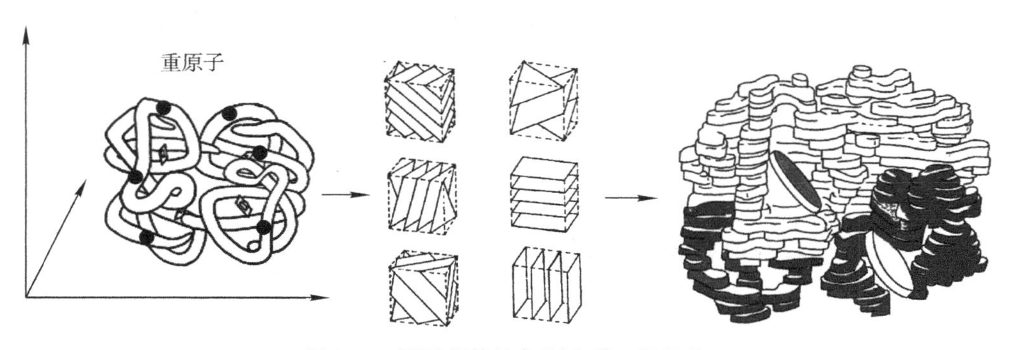

图 9–3　同晶置换法与蛋白质三级结构

相比，肌红蛋白相对容易，然而选择合适的来源是肯德鲁首先需要解决的问题。最初，他利用马的心脏获得的肌红蛋白进行实验，结果发现分子过小无法利用X射线衍射分析。通过大量的筛选，肯德鲁最终选择从抹香鲸肌肉中提取肌红蛋白。

接下来的工作似乎没有想象的顺利。原本以为佩鲁茨成功实现的多对同晶置换法能够顺利在肌红蛋白实现，但肌红蛋白缺乏巯基，无法顺利地让试剂附着。于是他们不得去寻找新的方法。他们尝试了许多肌红蛋白的结晶方式，包括原始蛋白和在重金属中浸泡过的蛋白等。最终他们找到了合适的结晶方式，完成了同晶置换。

此外，佩鲁茨和肯德鲁的衍射结果会产生大量的数据，而当时电子计算机刚刚起步，可以想象他们面临着巨大的运算量。面对如此巨大的工作量，他们一边辛苦奋战，一边不断优化统计学设计，最终在体力和脑力并用的情况下，两人同时取得突破。

第二部分　医学生的见闻

师生对话

解　同学们整理的故事详细地描述了蛋白质一级结构的测定及用X射线衍射分析高级结构的经过。那么，蛋白质各级结构的发现和测定有什么意义呢？

杨　我觉得蛋白质各级结构的发现和测定对于人工合成蛋白质的意义是非常重大的。桑格用10年时间完成了胰岛素一级结构的测定，而在1965年，中国科学院经过6年的艰苦工作，在世界上第一次用人工方法合成了结晶牛胰岛素，这是我国在科学史上的一次伟大成功。

程　这样的成果确实值得我们骄傲，还有其他例子吗？

还能帮助我们认识疾病的病因，有些疾病正是因为蛋白质的结构发生了变化才导致病变的发生。大家还记得“疯牛病”吗？

李

好像我们小时候有一段时期新闻报道过，说是吃进口牛肉容易感染这种病，患者会出现神经系统损害和精神问题，也会“疯掉”。不过好像病因一直不是很清楚。

范

后来，科学家们初步找到了一种蛋白质可能与这种疾病有关，这种蛋白质就是朊病毒。这种蛋白质因结构改变具有了传染性和致病性，我在神经内科实习的时候，一次文献学习就讲过这个疾病，我想和大家分享一下，以便大家更容易理解。

李

我还想到一个例子，镰状细胞贫血就是肽链中一个氨基酸发生变化形成了异常肽链，异常肽链相互作用使红细胞扭曲成镰状。这些镰状的红细胞变形性差，会被单核巨噬细胞系统破坏而溶血，继而引起贫血。

吴

对，镰状细胞贫血充分说明了蛋白质的正常结构对于机体的意义，仅仅微小的变化就会导致各种各样的临床症状，太不可思议了。

杨

解

这两个例子很好，接下来请两位同学通过临床案例给大家分析其中的生物化学原理吧。

简单而又复杂的病原体

在神经内科实习的时候，每周都有文献阅读活动，内容包括临床指南解读、临床病例解析、学科前沿追踪等。每次活动中，师生们一起热烈讨论，收获满满。我至今还记得有一次文献阅读讲到了一种比较罕见的疾病，在平常实习过程中是很难见到的，但是通过这样的活动形式令我仿佛亲身经历一样，对于增加我们的实践经验大有帮助。

文献汇报人首先向大家介绍了一位68岁女性患者的诊治经历。这位患者几小时前在家突然出现意识障碍，昏倒在地，被家人紧急送往急诊。经简单处置后，患者入住神经内科重症监护室进一步接受治疗。刚入院时，患者尚可以简单交流，过了半个多小时很快进入昏迷。如此之快的病情进展，首先要排除大面积脑梗死和脑出血，但是急诊CT排除了这两种可能。我们听着感觉困惑不已。

接着讲到了患者近一段时间的症状表现，一开始主要表现为突然头晕目眩，持续几分钟后缓解，反复发作。就在半个月前，家属发现患者突然像变了一个人似的，做事情丢三落四，不是忘记关门就是忘带钥匙，语言表述也变得困难，而且情绪不稳定，易激惹。患者有高血压病史，但能够规律服药，血压控制良好。此外无其他常见疾病，而且不抽烟、不饮酒，生活习惯良好，也没有家族遗传病。

讲到这里，主任打断了汇报人的发言，问大家考虑什么诊断。大家开始各抒己见。患者具有明显的痴呆表现，还是一致认可的。但是对于导致痴呆的原因，大家议论纷纷，没有肯定的答案。因为引起痴呆常见的疾病包括血管性痴呆、阿尔茨海默病、路易体痴呆等，都不太能够解释患者如此进展迅速的认识损害，甚至出现了意识障碍的原因。就在这时，有老师提出患者的特点比较像克－雅病。这个名词对于我而言还很陌生，于是竖起耳朵继续听文献讲解。

在一大堆检查结果中，有几个值得关注的阳性发现。头颅磁共振成像提示脑萎缩，脑电图提示双侧皮质功能异常改变，而通过腰椎穿刺化验脑脊液显示14–3–3蛋白阳性。讲到这里，大家纷纷肯定了克－雅病的诊断，本病例各种特点符合散发性克－雅病的临床表现和检查结果。这种疾病目前尚无有效治疗手段，患者经维持治疗一个多月后，最终离世。

谜底揭开了，大家顿时觉得豁然开朗。由于这种疾病非常少见，特别是对于我们这些实习生而言更是闻所未闻，因此主任建议大家一起深入探讨这种疾病，建立一个系统的认识。经过高年资医生的耐心讲解和相互补充，我对这个神秘的疾病有了全新的认识。

克－雅病是一种由朊粒蛋白（prion）引起的中枢系统疾病，在人与动物都能够发病。克－雅病是人朊粒病中比较常见的类型，许多人没有听过，但是说到“疯牛病”肯定就不陌生了。“疯牛病”早在20世纪80年代就在英国出现，病牛因神经系统受损表现为行为异常、烦躁不安等症状而得名。“疯牛病”正是由于变异的朊粒蛋白传播而导致的，与克－雅病具有相似的病原体，因此克－雅病也被认为是人类的“疯牛病”。而且有些报道认为，克－雅病可能与食用“疯牛病”的肉质食品有关。

造成如此恐慌的朊粒蛋白，其实只是一种不含核酸和脂质的疏水性糖蛋白，其本质是一种具有传染性和极强抵抗力的异常折叠的蛋白质。机体正常情况下也会产生朊粒蛋白，由人类第 20 号染色体上相应的基因编码。正常的朊粒蛋白分子构型以 α 螺旋为主，对蛋白酶 K 敏感，在多种组织尤其是神经元细胞中普遍表达，具有一定的生理功能，没有致病性。而当基因突变导致蛋白质构型发生异常变化时会变成具有致病性的朊粒蛋白。致病性的朊粒蛋白分子构型转变为以 β 折叠为主，对蛋白酶 K 有抗性，仅存在于感染的人和动物组织中，具有传染性与致病性。因此，仅仅是蛋白质三维构象的改变就给人畜带来巨大的灾难。

在认识了克 – 雅病的致病元凶和临床表现之后，主任给大家做了总结，他评价这种致病性的朊粒蛋白是一种既简单又复杂的病原体。之所以说简单，是因为朊粒蛋白不像病毒和细菌一样需要 DNA 或 RNA 等核酸物质进行复制扩增，仅通过蛋白质自身就可以大肆扩增，这应该是人类发现的结构最简单的病原体了。朊粒病的复杂之处在于，人类目前的知识还不足以对抗这种简单病原体带来的巨大危害。首先，目前对朊粒病的传播途径还未完全研究清楚，特别是动物到人的传播还不是很清楚，但是医源性的传播是确实存在的，因此对临床操作和患者管理提出了新的挑战。其次，克 – 雅病的临床诊断还比较滞后，这与临床医生接触少、经历少有一定的关系，通过这次学习也正好可以强化意识。设想，如果这种具有传染性的疾病不能及时诊断，会带来多大的影响。最后，克 – 雅病的治疗也是困难重重，一经诊断患者的病死率是 100%，这也是对医学研究的巨大挑战。

这次文献学习的经历让我备受启发，不仅是学习了克 – 雅病，更是提高了学习意识。时代在变迁，纵使医务工作者不断为患者排忧解难，也不可能亲身经历所有的疾病种类，因此不断的文献学习对于补充知识储备、提高应对突发状况的能力显得尤为重要。

镰状细胞肾病

在肾内科实习的时候，有一位中年女性的诊治经历令我印象深刻，不仅因为她是一名混血儿，更重要的是多年来她饱受疾病的困扰令人沉思和同情。她本次住院主要是因为做尿常规检查时发现蛋白尿阳性，考虑到她有镰状细胞贫血的病史，医生建议她进一步住院检查治疗。

住院后，我们仔细询问病史后了解到，早在 5 年前，患者的肾功能就已经出现了损害表现。5 年来，她定期复查，检查结果显示肾功能一直在走下坡路，直到最近一次检查出现蛋白尿阳性。患者讲到镰状细胞贫血给她带来的痛苦，肾功能损害已经不算什么大问题。相比之下，更痛苦的是她从小就受疼痛的困扰。疼痛多发生在髋关节、膝关节、胸骨等位置，持续时间不等。因为疼痛，她曾经去过急诊 6 次。她还提到 5 年前做了一次人工流产手术，术后因为贫血加重还进行了输血治疗，此后就出现了肾功能损害。听了她的讲述，我一方面对她的遭遇深表同情，另一方面也暗自感叹自己对于镰状细胞贫血知道得太少。

之后，我一直关注这位患者的诊疗过程。化验结果显示，血红蛋白 64 g/L，血肌酐 0.94 mg/dL，尿蛋白 +++，尿红细胞 ++。综合患者的临床表现和检查结果，诊断为镰状细胞肾病，即指镰状细胞贫血引起的肾损害。明确诊断后，给予患者羟基脲用于提高血红蛋白、缓解疼痛，培哚普利用于保护肾功能，并给予相应的营养支持治疗，患者蛋白尿逐渐好转，未再出现疼痛症状。

本例中带给患者痛苦的根源在于镰状细胞贫血，这是一种常染色体显性遗传病，有携带父母双方致病基因的纯合子患者，也有只携带一方致病基因的杂合子患者。由于基因型的不同导致这种疾病轻重不一，有些患者被病痛缠身甚至危及生命，有些患者无异常症状，偶然在体检中发现。这种致病基因多见于非洲地区，我国携带致病基因的人群很少，因此在我国患者多见于混血儿。

这种疾病之所以会引起贫血，与血红蛋白的结构改变密切相关。桑格所测定的一级结构主要是由氨基酸的排列顺序决定的，而氨基酸是由基因编码的。镰状细胞贫血正是由于编码血红蛋白的基因发生突变，导致血红蛋白中 β 链第 6 位的谷氨酸被缬氨酸所取代，致使血红蛋白的结构发生了变化。在我们看来只是一个氨基酸发生了变化，对于巨大的血红蛋白而言似乎显得微不足道。但是正所谓失之毫厘谬以千里，仅仅一个氨基酸改变最终导致了血红蛋白在低氧浓度时容易形成螺旋多聚体，使得红细胞扭曲，从双凹圆盘状变为镰状。镰状红细胞寿命变短，容易破坏。通常引起贫血的原因大致分为三类，即造血不足、过度破坏和急慢性失血，而镰状细胞贫血属于第二类，由于镰状红细胞容易破坏导致血红蛋白不足引起贫血。

镰状红细胞主要有两个缺陷，一是容易破坏，二是变形能力降低，许多患者的临床表现都与这两个缺陷有关。镰状红细胞容易破坏能够引起溶血，出现黄疸、肝脾大。溶血和贫血又会进一步损害肾功能，因而出现本例患者的镰状细胞肾病。镰状红细胞比正常红细胞变形能力减弱，这种能力对于红细胞通过狭窄的毛细血管至关重要，因而镰状红细胞很容易阻塞毛细血管，造成局部缺氧和炎症反应，从而诱发疼痛。另外，如果阻塞了脑、肺、脾、肾等器官的小血管，容易引起器官栓塞，出现一系列的并发症。因此，镰状细胞贫血的临床表现可以说是变化多端的。

通过这位患者的诊治经历，我不禁感慨，仅仅是蛋白质中一个氨基酸发生了变化就会引起如此复杂的机体反应，可见蛋白质正常的结构和功能对于机体多么重要。

第 10 期　建筑垃圾处理厂

本期人物

克里斯汀·德迪夫（Christian de Duve，1917—2013），比利时细胞学家和生物化学家，因发现了过氧化物酶体和溶酶体两种细胞器，于 1974 年获得诺贝尔生理学或医学奖。

欧文·罗斯（Irwin Rose，1926—2015），美国生物学家，1952 年在芝加哥大学获得博士学位，曾在美国费城福克斯·蔡斯癌症研究中心主持工作，因研究泛素调节的蛋白质降解机制，获得 2004 年诺贝尔化学奖。

阿夫拉姆·赫什科（Avram Hershko，1937— ），以色列科学家，揭示了泛素调节的蛋白质降解机制，指明蛋白质降解研究的方向，被诺贝尔化学奖评选委员会称为“突破性成果”，2011 年当选中国科学院外籍院士。

阿龙·切哈诺沃（Aaron Ciechanover，1947— ），以色列科学家，以色列工学院教授。因研究泛素调节的蛋白质降解获得 2004 年诺贝尔化学奖，他是以色列 7 位诺贝尔奖得主之一。2008 年 10 月，受聘担任南京大学化学与生物医药科学研究所所长。

第一部分 科学家的故事

师生对话

本期成员为：解军教授（以下简称解），程景民教授（以下简称程），李琦同学（以下简称李），吴思佳同学（以下简称吴），范月莹同学（以下简称范），杨秀同学（以下简称杨）。

解：前面我们谈到了细胞就像一座城堡，蛋白质则是其中的一座座建筑。然而，这一切并不是一个静止的画面，细胞中的蛋白质时时刻刻在生成，同时在不断地淘汰陈旧的蛋白质，而这些被淘汰的物质就成为机体垃圾的来源之一。如果是细胞外的垃圾，通过血液运输到肝肾就可以排出体外，那么细胞内产生的垃圾如何处理呢？

李：通过溶酶体可清除细胞中无用的生物大分子、衰老的细胞器等，然而，也有一些病原菌（如麻风分枝杆菌、结核分枝杆菌等）能耐受溶酶体酶的作用，因而能在巨噬细胞内存活。

杨：所有白细胞均含有溶酶体性质的颗粒，能消灭入侵的微生物。溶酶体是由比利时科学家德迪夫发现的。他不仅学术精湛，而且在战争中的机智表现也令人称赞。1940 年，德国入侵比利时的时候，他主动应征入伍，作为医务人员被比利时军队派往法国南部。但他很快被德军逮捕。由于他能讲流利的德语和佛兰德语，他骗过了德军，历经艰难险阻终于逃回比利时。

解：溶酶体是一个重要的垃圾处理厂，不过细胞内还有另一种处理方式。同学们知道吗？

吴：是不是泛素途径？

程

是的，泛素介导的溶酶体途径是近年来发现的，研究者被授予 2004 年的诺贝尔奖。同学们对这几位科学家了解吗？

范

据我了解，这个伟大的研究主要是以色列科学家赫什科带着他的学生切哈诺沃与美国科学家罗斯合作完成的。值得一提的是，赫什科与中国一直保持着良好的合作。他与国内多所大学及研究机构建立了学术合作，促进了我国医学科学研究技术的发展，并为培养我国高级科学人才、促进中国科学家的国际学术交流做出了贡献。他特别热心培养我国青年科技工作者，多次与中国的科研院所及中国青年学者、学生和研究生交流，并给予他们极大鼓励，因此于 2011 年获中国政府“友谊奖”。

解

不错，接下来希望同学们通过故事了解机体的清道夫是如何默默工作的，同时也去感悟这些大师的学术风采。

细胞城堡就像我们的城市一样，不断进行着建设和改造，这个过程中构筑细胞的蛋白质，不断地产生，又不断地死亡。死亡的蛋白质就像“建筑垃圾”，必须进行处理，否则会影响细胞正常的功能。然而，科学家们最先关注的是蛋白质如何“诞生”的，这方面的研究成果很多，迄今为止至少有 5 次诺贝尔奖授予了从事这方面研究的科学家。关于蛋白质如何“死亡”的研究起步相对较晚，很长一段时间内人们对于机体内蛋白质的降解和清除知之甚少。下面我们就来认识一下细胞中的“建筑垃圾”，以及它是如何产生，又如何清理的。

细胞中的建筑垃圾

在前面的故事中，我们先是讲述了胰岛素的发现过程，然后又见证了桑格利用巧妙的测序方法绘制了胰岛素的结构，接着又聆听了血红蛋白和肌红蛋白复杂三维结构构建的艰难历程，以这三种蛋白质为代表，我们对蛋白质的结构和功能有了初步的认识。纵使蛋白质结构再复杂，对于生命活动再重要，终究会失去功能走向“死亡”。如何迅速地清除这些蛋白质“建筑垃圾”，对机体正常功能同样重要，设想一下，如果胰岛素不能及时清除，机体会因为低血糖面临危险；如果血红蛋白不能及时清除，血液携氧能力就会下降；如果肌红蛋白不能及时清除，肌肉活动能力会受到严重影响。因此，我们还需要了解蛋白质的“去路”。

胰岛素是胰腺B细胞分泌的一种蛋白质。胰岛素的分泌分为两个部分，其中一部分在非进食阶段分泌，以维持糖代谢的基本要求，称为基础胰岛素；另一部分是动态分泌的，从进食过程开始胰岛素分泌量逐渐达到一个峰值，用于降低餐后血糖升高，称为餐时胰岛素。特别是餐时胰岛素，随着餐后血糖水平的回落，这部分胰岛素就成为“建筑垃圾”，需要迅速清除，以防止低血糖的出现。散布全身各处的胰岛素经静脉汇入门静脉，与肝细胞表面的胰岛素受体结合，然后被肝细胞“吞入”进行降解。大部分胰岛素在肝完成降解失活，另外肾、胰腺等器官也参与胰岛素的降解工作。

血红蛋白是红细胞中的重要成分，其主要功能是参与氧气和二氧化碳的运输。而红细胞作为一种无细胞核、无线粒体的特殊细胞，寿命自然较一般细胞短，仅有120天左右。因此，血红蛋白就随着红细胞的衰亡成为“建筑垃圾”。被废弃的血红蛋白随红细胞进入脾、肝等巨噬细胞中，降解为珠蛋白和血红素。血红素经代谢生成胆红素，由于胆红素有毒性，因此被运送至肝进行解毒并排出体外。而珠蛋白则可以继续用于合成新的血红蛋白，但是不能再利用的珠蛋白仍然会成为“建筑垃圾”，最终还是要回到肝中代谢。

肌蛋白是构成肌纤维的蛋白质的统称，约占肌肉组织湿重的20%。正常情况下，肌细胞能够及时降解旧的肌蛋白并补充新的，以满足肌肉的运动负荷。当饥饿时，机体消耗了储存的糖原后，骨骼肌开始分解肌蛋白释放出氨基酸用于能量代谢，同时部分氨基酸进入肝细胞中参与糖异生途径，进而生成糖类物质满足心、脑等重要器官的代谢。另外，肌肉组织主要利用支链氨基酸代谢供能，而芳香族氨基酸仍然需要进入肝细胞才能进一步代谢。

以这三种蛋白质为代表，我们不难发现，无论是直接的蛋白质，还是间接的蛋白质降解产物，最终都要进入肝进行分解和排泄。肝作为新陈代谢大户，蛋白质分解出来的氨基酸在这里可以进行多种转换，而氨基酸代谢产生的废物——氨类物质，则通过鸟氨酸循环形成尿素。在人类和哺乳动物中，尿素主要以尿液的形式排出体外。另外，氨基酸代谢产生的含碳化合物，则会进入糖代谢途径，最终以二氧化碳的形式，经过呼吸道排出体外。

一个个庞大而复杂的蛋白质“建筑垃圾”，就这样经过一道道工序，最终变为尿素、二氧化碳等简单的化合物。就在我们惊叹生命的奇迹时，似乎忽略了一个重要的细节，即胰岛素在肝细胞中，血红蛋白在巨噬细胞中，肌蛋白在肌细胞中，都经历了一个初步的降解过程，也就是说在变成氨基酸之前，蛋白质在这些细胞中如何先从复杂的高级结构拆解为肽链，进而分解为氨基酸。此外，机体所有的细胞为了实现生理功能，都需要合成相应的蛋白质。合格的蛋白质需要像折纸一样，根据它们的预期功能将肽链折叠成特异的、复杂的三维结构。然而，这些结构的折叠和维持也容易受到各种因素的影响而发生错误，从而出现劣质的残次品，这些蛋白质也是细胞的“建筑垃圾”。事实上，无论是废旧的蛋白质还是劣质的蛋白质都能在相应细胞中完成初步的降解，而不需要统统运送到肝细胞中，因此机体细胞中可能存在一种垃圾处理厂，能够及时地将不需要的蛋白质降解。接下来，就让我们走进细胞中的垃圾处理厂。

细胞中的垃圾处理厂

故事又回到了胰岛素的研究中。自从胰岛素问世以来，吸引了众多科学家的目光，比利时生物化学家德迪夫也是其中之一。德迪夫一直致力于研究胰岛素在肝细胞中的代谢调节机制。1948 年，结束博士后研究工作回到比利时的德迪夫，组建了一个年轻的研究团队继续探索这个问题。

德迪夫认为，探索胰岛素的作用首先要从肝细胞中的代谢酶入手。经过实验探索，他们进一步将肝细胞酶的范围锁定在葡糖 –6– 磷酸酶。因为这种酶是胰岛素的作用靶点，同时也是糖酵解途径中的关键酶。就在此时，葡糖 –6– 磷酸酶与裂解细胞中分层沉淀的相关性引起了德迪夫的注意。

研究代谢怎么又和细胞结构扯上关系了？在前面听到的故事中，代谢机制就是在一步一步化学反应基础上建立起来的，我们可能已经默认了这种无细胞的反应体系。而德迪夫之所以能将代谢机制与细胞体系联系起来，与他博士后期间在美国的见闻有关。德迪夫在美国期间见到了当时比较先进的差速离心技术。通过这种离心技术能够将细胞亚结构分为四层，例如，细胞核成分可以形成一层沉淀，从而与其他细胞成分分离开来。在这四层成分中，有一层主要由小颗粒构成，被称为“微粒体”。德迪夫在后来应用差速离心技术研究胰岛素相关代谢时，正是发现了葡糖 –6– 磷酸酶与这层“微粒体”沉淀有关。

德迪夫发现，葡糖 –6– 磷酸酶与“微粒体”中的生物膜紧密结合，于是他想将酶从中分离提取出来。为了检测目标酶的活性，德迪夫选用了肝细胞中的另一种酶——酸性磷酸酶。科学实验往往就是这样出人意料，作为主角的葡糖 –6– 磷酸酶按照实验流程进行着，显得平淡无奇，而作为配角的酸性磷酸酶却抢占了主角的风头，出现了引人注目的现象。他们在肝细胞中检测酸性磷酸酶的活性，发现其酶活性很低，只能达到预期值的 10%。令他们惊讶的是，在经过冰箱冷藏 5 天的样本中，酶活性回升到了预期水平。

经过反复实验，德迪夫看到的结果都是一样的。于是，他开始寻找导致这种现象的原因。德迪夫猜测可能存在一种类似于生物膜的屏障限制了酶快速与其底物结合，使得酶在几天后才能够扩散达到正常浓度。接下来，德迪夫开始在差速离心后的细胞分层中，寻找酸性磷酸酶的分布位置。结果，他在都具有膜结构的大颗粒层和小颗粒层中找到了酸性磷酸酶的踪迹。大颗粒层后被证实主要是线粒体，因此德迪夫确定约 2/3 的酸性磷酸酶存在于线粒体，而剩余 1/3 的酸性磷酸酶存在于“微粒体”。

走到这一步，研究结果已经完全偏离了德迪夫的初衷。于是他干脆放弃了胰岛素的代谢调节机制研究，继续探索究竟是什么样的细胞结构阻止了酸性磷酸酶的扩散。德迪夫决定采用更精细的差速离心方法，将裂解的细胞分为 5 层。在原来的大颗粒层和小颗粒层之间出现了新的分层，称为 L 层。这层细胞结构中，不仅富含酸性磷酸酶，而且在后续研究中发现还含有核糖核酸酶、脱氧核糖核酸酶、β– 葡糖苷酸酶和组织蛋白酶 D 四种与酸性磷酸酶类似的酶。结合这些酶的特点，德迪夫推断会不会存在一种具有内消化功能的细胞结构，内含这些极具破坏力的酶类。同年，佛蒙特大学的诺维科夫（Alex Benjamin Novikoff，1913—1987）访问德迪夫的实验室后，成功地利用电子显微镜证实了德迪夫的猜想，发现了第一个有关细胞器存在的证据。之后，德迪夫和诺维科夫使用酸性磷酸酶的染色方法进一步证实了这些酶的位置。就这样，溶酶体在德迪夫一路跑偏的实验中诞生了。

经过半个世纪的研究，目前发现，溶酶体普遍存在于真核细胞中，但是高等植物细胞中并无此结构。在细胞中分布着大大小小数百个溶酶体，直径介于几百纳米至几微米之间。而且不同细胞中，溶酶体也有较大的差异。可以说，溶酶体是一种结构相对灵活多变的细胞器。溶酶体中含有多种水解酶类，除了德迪夫发现的 5 种酶，后来又陆续发现了多达 60 余种酸性水解酶，包括蛋白酶、核酸酶、磷酸酶、糖苷酶、脂肪酶和磷酸酯酶等。有了这些强大的工具，溶酶体可以降解多种细胞中产生的糖类、蛋白质、脂质“垃圾”，成为细胞中名副其实的垃圾处理厂。

以细胞中产生的蛋白质“建筑垃圾”为例，这些废弃或不合格的蛋白质会被“吞入”溶酶体中，然后被溶酶体中的蛋白酶水解。蛋白质分解的产物又能够被溶酶体膜上的转运体运输到细胞质中，从而进一步充分利用氨基酸等产物。此时，我们就不难理解，胰岛素在肝细胞、血红蛋白在巨噬细胞、肌蛋白在肌细胞中可以进行初步的降解，都要归功于细胞中的溶酶体。

溶酶体的神奇之处在于内含多种水解酶，但自身不会受其影响，这与溶酶体的膜有关。溶酶体膜含有糖蛋白，同时膜内表面带负电荷，这些措施都有利于避免水解酶对膜结构的破坏。另外，溶酶体中所有水解酶在 pH 为 5 的环境中活性最佳，而细胞质中的 pH 相对较高，无法满足这样的条件。于是，溶酶体通过膜上的一种转运蛋白，可以利用 ATP 水解的能量将胞质中的氢离子泵入溶酶体，以维持其 pH 为 5，从而营造了一个与细胞质不同的内部环境。在这两个措施的保证下，溶酶体能够与细胞内各种结构和谐相处，只有被“吞入”的蛋白质、脂质等物质才会被降解。

溶酶体不仅是机体代谢废物的垃圾处理厂，还是细胞重要的防御武器。血液中白细胞能够消灭入侵的微生物，所依靠的正是细胞中的溶酶体。但是，在一些致病因素作用下，溶酶体遭到破坏，就会引发细胞死亡。因此，溶酶体也是一把双刃剑。

建筑垃圾的标签

尽管溶酶体能够为细胞及时处理各种代谢废物，但是这个过程是被动的，意味着溶酶体并不能够识别哪些物质细胞已经不再需要了。我们不禁疑惑，对于如此聪明的细胞而言，难道就不能给需要的物质贴个标签吗？2004 年，三位诺贝尔奖得主的研究成果向我们展示了，原来细胞真的会给蛋白质贴标签。

三位科学家相互影响、相互支持，花费了数十年的时间，终于完成了这项高难度的课题研究。整个研究历程首先要从美国生物学家罗斯说起。罗斯的学术生涯真正开始于耶鲁大学医学院的工作。1955 年，在西储大学及纽约大学完成博士后工作后，他应邀成为耶鲁大学医学院的生物化学讲师。工作的第 1 年，他了解到一项学术成果，在肝切片中蛋白质的分解需要 ATP 的参与。这一发现给了罗斯不少触动，因为当时的知识认为细胞中的蛋白质垃圾直接在溶酶体中降解，这个过程就是一般的水解反应，怎么还需要能量？于是在接下来的二十多年里，他一直努力去探索其中的奥秘。

然而，在耶鲁接下来的 9 年时间中，他一直在研究醛糖酮糖异构酶的工作机制。虽然工作内容与他的兴趣没有密切关系，但是他一直在关注蛋白质降解方面的研究进展。之后的很长时间里，罗斯再未看到蛋白质降解方面的更多报道。1963 年，他来到费城的福克斯詹士癌症研究中心，开始着手研究无细胞条件下依赖 ATP 的酶反应体系，期望通过这种方法了解蛋白质降解的能量依赖性，但在实验中并没有取得任何显著的进展。尽管如此，罗斯的努力使他成为酶反应机制领域的权威。

此时，以色列科学家赫什科正在 Tomkin 研究所完成他的博士后研究工作。在类固醇激素诱导的酪氨酸转移酶降解的研究中，他发现其分解代谢需要能量。赫什科的研究经历令他也迷上了细胞内依赖于能量的蛋白质降解。完成学业后，他返回以色列建立实验室，继续他的研究工作。

罗斯和赫什科两位从未谋面的学者，却一直为共同的兴趣爱好而努力着。1976 年的一次会议将两个人的命运联系在一起。当时赫什科应邀参加美国国立卫生院一场会议，罗斯也参加了这个会议。有一天早上，两人在一起吃早饭，交谈过程中，赫什科问罗斯还有什么感兴趣的课题，他的回答是："蛋白质降解"。赫什科有点吃惊，因为从来没有看到过罗斯发表任何关于蛋白质降解的论文。通过进一步的了解，两人产生了极大的共鸣，而且作为前辈，罗斯给予赫什科极大的影响和鼓舞。

回国之后，赫什科开始带领他的研究生切哈诺沃进行这方面的研究。受到其他学者成功利用网织红细胞研究 ATP 依赖的蛋白质降解系统的启发，他们师徒二人也开始利用网织红细胞进行研究。他们认为，在蛋白质降解过程中必定有酶的参与，只有从网织红细胞中提取到相关酶，并明确其反应机制，才有可能理解ATP依赖的蛋白质降解过程的奥秘。

红细胞和网织红细胞总蛋白的80%~90%都是血红蛋白，因此要想从这些细胞中纯化任何的酶，首要任务是去除大量的血红蛋白。他们使用阴离子交换层析技术，去除了大多数蛋白质，将血红蛋白保留下来。分类之后，他们得到两种成分，组分1不溶于树脂，这部分就是最初要除去的血红蛋白；组分2能够溶于树脂，这部分就是想要得到的大部分非血红蛋白成分。然而，他们的实验发现并非像想象的那样，应用组分2可以实现ATP依赖的蛋白质降解，事实上当两种组分混合时才能实现。随后的分析发现，原来组分1中有一种小分子的热稳定蛋白，只有这种蛋白的参与才能完成蛋白质降解。他们暂时将其称为ATP依赖的蛋白质降解因子（APF-1）。后来，实验证明其实APF-1就是泛素。最初在1975年，泛素是被当做胸腺激素的一种发现的，但不久就明确了其不过是标本中混入的物质，也就是说，泛素是一种“被错误发现的分子”。当时为了强调这个物质在所有的组织细胞中普遍存在，即其普遍性（ubiquity），称其为泛素（ubiquitin）。

基于以上研究基础，从20世纪70年代末到80年代，赫什科与切哈诺沃来到罗斯的实验室访学，三人正式开始了合作。虽然80年代分子生物学技术已经十分强大和普遍，他们依旧固执地应用传统的生化研究方法，探索催化泛素－蛋白质连接的酶及相关机制。在此期间，他们发表了一系列论文，终于阐明了泛素介导的蛋白质降解过程。但是，在他们提出泛素假说的最初5年间竟然没有竞争对手的出现，这在和平年代里是极为罕见的。原因在于他们的领域过于超前，人们总是投去怀疑的目光，可以说高处不胜寒。由于其超出常识，*Nature*、*Science*等世界超一流的杂志也不相信他们的发现，在很长一段时间内拒绝刊登。

泛素介导的蛋白质降解是一个很精密的过程。他们研究发现，调节这个反应的酶有三种亚型，E1、E2和E3。像商品一样，有了标签才能辨别，蛋白质同样需要一个标签来辨别其是否需要降解，而泛素就是这样一个标签。当细胞内的蛋白质垃圾需要处理时，贴上泛素，这些蛋白质就可以被细胞内的处理系统识别而降解。要确保能够正确地将标签贴上，此时就需要这三种酶出场了。出于安全考虑，泛素是以失活的形式储存的，当需要时激活泛素才能发挥功能。E1负责激活泛素，使其活化，并且这个过程是耗能的。随后E2将活化的泛素粘在需要降解的蛋白质上。而识别这些蛋白质的任务就交给E3了，它能够识别蛋白质的功能，判断失去

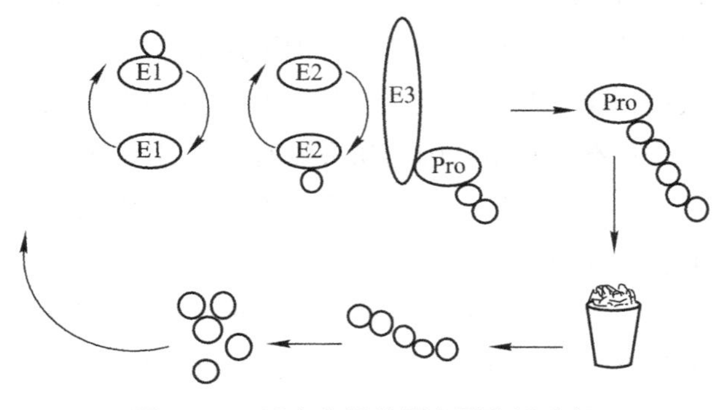

图10-1 泛素介导的蛋白质降解途径

功能的蛋白质，并协助 E2 完成贴标签的使命。最后，泛素绑定的蛋白质被运输到蛋白酶体中进行降解（图 10–1）。这样精密的过程不仅帮助细胞及时处理蛋白质垃圾，而且还担任着“质检员”的角色，确保新合成的蛋白质中不存在残次品。

功夫不负有心人，他们的努力最终得到认可。1984 年，与泛素相关的文章不足 100 篇，2003 年已经超过了 1 000 篇。这也从侧面反映了泛素研究的飞速发展。而且在生命科学领域的顶级杂志 *Nature*、*Science*、*Cell* 中，每期都登载有“泛素话题”，现在关于泛素的研究仍然处于未见衰减的快速发展中。

第二部分 医学生的见闻

师生对话

解：细胞在代谢过程中会不断产生蛋白质废物，故事中提到的溶酶体和泛素 – 蛋白酶体系统可以处理掉这些废物。这些是对蛋白质的生物处理方式，那还有其他方式吗？

吴：还可以通过物理化学的方式处理蛋白质，使其失活。如高温消毒、紫外线消毒、术前刷手和化学浸泡，这些方式都可以使细菌的蛋白质失活而达到杀菌的目的。

李：这让我想起了第一次在手术室实习的经历。后来我思考，手术室这么繁杂的无菌操作规程和消毒灭菌措施，不就是利用蛋白质变性的原理吗？

程：说得很好，你正好可以给大家讲讲手术室中是如何利用蛋白质降解原理实现消毒灭菌的。

解：这应该是一个很精彩而又很实际的故事。除此之外，泛素降解途径的发现对疾病的诊治有什么意义呢？

现在有些用于治疗肿瘤的药物可以抑制蛋白质的降解，使得蛋白质废料在细胞内大量蓄积，造成肿瘤细胞死亡。例如，治疗多发性骨髓瘤的药物就应用了这个原理。我结合临床病例给大家分析一下其中的原理。

杨

解

确实，现在可以抑制蛋白质降解的药物是用来治疗肿瘤的一种有效手段。接下来，同学们在临床病例中去认识如何利用泛素介导的蛋白质降解原理治疗肿瘤。

手术室中的蛋白质大战

手术室对于许多人而言是一个既陌生又令人生畏的地方。同样，作为医学生的我们，面对即将来临的手术室实习也是感到既陌生又紧张的。尽管先前在技能实习课上已经演练了一遍又一遍无菌操作，实习开始前又统一培训了手术室注意事项，但是真正要进入期待已久的手术室学习时，总害怕自己会犯各种低级错误。

我至今仍然清楚地记得自己第一次进入实习的情形。在泌尿外科轮转时，遇到了非常和蔼可亲的带教老师，不仅给我耐心地讲解理论知识，而且严格地规范我的外科操作。正好在手术日这天，带教老师安排了一台肾切除术，并带我进入手术室进行实地训练。我们从医护通道进入手术室，此外还有两个通道，分别是患者通道和污物通道。进入手术室外围区域后，首先要更换洗手衣，然后佩戴外科口罩和帽子。此时，我们就可以进入手术室的清洁走廊了，从这里可以通往各个手术间及其他功能区域。作为实习生，最开始都是先穿着这样的装备在手术间远处观摩。待熟悉了各项操作后才可以进入下一步。不过外科学习基本都是从“拉钩”做起的，所以实习生干的最多的就是拉好手术牵开器，为手术医生更好地暴露术野。别看这个操作很简单，但前期的准备工作和手术医生是一样的，都需要经过刷手、穿无菌手术衣、戴无菌手套这三大步骤。这次手术中，带教老师认为我之前表现良好，决定给我一次“拉钩”的机会。我在带教老师一步一步审视和指导下，战战兢兢地完成了刷手、穿无菌手术衣、戴无菌手套这些步骤，最后光荣地开始了我的使命。

后来经历得多了，再进入手术室也就没有那么紧张不安了。但是手术室为什么要有这么繁琐的规定和操作，许多人可能知道是为了消灭病原微生物，而其中的原理或许没有真正思考过。我也是在一次复习蛋白质变性这部分基础知识时，突然想起了手术的种种经历，发现蛋白质变性的理化因素与手术室的种种措施高度相似，于是开始思考手术室的种种措施可能正是利用了蛋白质变性的原理，从而破坏病原微生物的结构达到消毒灭菌的目的。于是，手术室每日都在进行着一场场蛋白质大战。

首先从消毒和灭菌的概念出发，我了解到消毒是指杀死病原微生物，通常用化学的方法；而灭菌是指把物体上所有的微生物（包括细菌芽孢在内）全部杀死，通常用物理方法。手术室中采用化学熏蒸、高温灭菌、皮肤消毒等措施实现人与物品的消毒或灭菌。

手术室内的空气消毒方法主要有紫外线灯照射消毒和化学药物熏蒸消毒。紫外线在其波长为 200 ~ 300 nm 时，具有杀菌作用。而在手术室中会使用波长为 265 ~ 266 nm 的杀菌力最强的紫外线照射。紫外线的杀菌原理，主要是破坏细菌微生物的遗传物质（DNA）。另外，空气在紫外线照射下可以产生臭氧，臭氧具有较强的氧化能力，能够氧化微生物代谢所需酶类使之失活，并破坏细胞膜，将其杀死。化学药物熏蒸消毒主要指使用 40% 甲醛加一定剂量的高锰酸钾或者其他熏蒸剂在手术室内进行熏蒸的消毒法。这些熏蒸剂使微生物的蛋白质变性，增加菌体细胞膜的通透性，使细胞破裂或溶解。

手术器械等物品主要通过高温高压的物理方法实现灭菌。在高温高压条件下，微生物的蛋白质和核酸结构遭到破坏，菌体蛋白质发生变性凝固，以至菌体死亡。高温杀菌主要包括湿热灭菌和干热灭菌两种方法。干热灭菌法是在干燥空气中加热处理的方法，一般需要的温度高达 160℃以上，时间长达 1 ~ 2 h。湿热灭菌法是用高温湿蒸汽的灭菌方法，基于湿热作用使细菌细胞内蛋白质变性和凝固的原理，一般需要的温度比干热灭菌法低，时间也短。

患者的皮肤消毒，目的是消灭手术部位及其周围皮肤上的细菌。手术野皮肤消毒的方法是使用 2.5% ~ 3% 碘伏由手术区中心部向四周消毒。碘伏的杀菌机制基于碘化作用及对细胞外层的破坏作用。游离的碘可以直接和菌体蛋白及细菌酶蛋白发生卤化反应，破坏蛋白质的生物活性导致微生物死亡。由于碘伏的表面活性和乳化作用，一方面碘伏穿透力很强，另一方面乳化作用使细胞壁破坏，碘伏大量进入细胞，发挥作用。乙醇也具有较强的穿透力和杀菌力，可使细菌蛋白质变性。70% ~ 75%浓度的乙醇杀菌力最强，因高浓度的醇类能使菌体表面蛋白质迅速凝固而降低杀菌效力。

医护人员的刷手也应用了类似的原理。在洗手液中也含有乙醇类物质，实现对皮肤的消毒作用。另外，刷手本身主要通过机械原理作为消毒工作的一个辅助环节。因为洗手液仅能清除手和手臂皮肤表面的细菌，而在皮肤皱褶内和皮肤深层（如毛囊、皮脂腺等）存在的细菌不易完全消灭。通过刷子的机械作用先将深藏的微生物清理出来，然后再配合洗手液实现消毒。所以，刷手过程一定不能流于形式，要知道病原微生物非常狡猾。

拯救多发性骨髓瘤

在血液科实习时，经常遇到血液系统恶性肿瘤的患者。恶性肿瘤的治疗方法有很多，化学治疗便是一种最常规的治疗手段。化学治疗的药物有很多种，而要说到与泛素－蛋白酶体系统相关的药物，我第一个便会想到硼替佐米。实习期间一位患者的诊治经历给我留下了深刻的印象，同时也对这个药物有了深入的了解。

这是一名 65 岁的女性患者，因面色苍白、全身乏力、食欲下降半年，头晕、恶心加重 9 天收治入院。经过询问病史得知，患者半年前无明显诱因出现面色苍白、全身乏力、食欲下降，偶尔会出现头晕、恶心。在当地医院对症治疗后稍有改善，也未进一步寻找病因。直到 9 天前，患者突然感觉头晕、恶心加重，持续时间延长，于是来到我们医院就诊。

患者一开始并没有直接来到血液科，而是辗转在心内科、神经内科、消化科寻找病因。在排除了心脑血管疾病和消化系统问题后，患者因肾功能异常又在肾内科就诊。基于血液和尿液的化验结果，肾内科医生认为不能排除造血系统的问题，于是安排患者进行了骨髓穿刺检查。骨髓细胞学检查结果显示：骨髓增生减低，粒系、红系比例均减低，浆细胞占 8%，伴形态异常。就这样，患者终于找对了方向，来到血液科进行诊治。

我们了解到患者夜尿增多，有泡沫，体重自发病以来下降了 2 kg。仔细体格检查后，未发现明显的阳性体征，患者一般状况尚可。在骨髓穿刺检查结果的基础上，我们进一步安排患者进行骨髓流式细胞学检查及免疫检查，结果显示，这是一名多发性骨髓瘤的患者。一旦诊断明确，后续的治疗就变得相对容易了，而治疗多发性骨髓瘤最有效的药物便是硼替佐米。

硼替佐米是哺乳动物细胞中 26S 蛋白酶体糜蛋白酶样活性的可逆抑制剂。前文中我们已经知道泛素－蛋白酶体系统在降解蛋白质中起到重要作用，从而维持细胞内环境的稳定。而蛋白酶体包括 20S 复合物和 26S 复合物，硼替佐米通过抑制 26S 复合物，抑制蛋白酶体的降解作用，使得大量无用甚至是毒性的蛋白质在细胞内堆积，导致细胞内环境的严重破坏，最终引起细胞死亡，从而清除肿瘤细胞。事实上，硼替佐米对细胞的影响是通过多个机制实现的。它不仅能通过抑制蛋白酶体来破坏肿瘤细胞，还可以抑制细胞内抗凋亡因子的表达、提高凋亡信号的活性等，促使细胞发生凋亡。

随着人们对肿瘤发生的分子机制的进一步了解，泛素介导的蛋白质降解途径在肿瘤发生中的重要性也越来越显著，并且逐渐成为肿瘤治疗的主要靶点之一。许多研究表明，抑制 26S 蛋白酶体的活性，可以选择性地抑制肿瘤细胞的增殖，这也就是硼替佐米能够高效治疗多发性骨髓瘤的原因。而且很多抑制蛋白酶体活性的药物可以促进肿瘤细胞凋亡，杀死细胞，克服抗药性，增强肿瘤细胞对放射治疗的敏感性。相信随着研究的深入，越来越多的蛋白酶体抑制剂将会用于肿瘤的治疗。

04

第四站

细胞的炼油厂

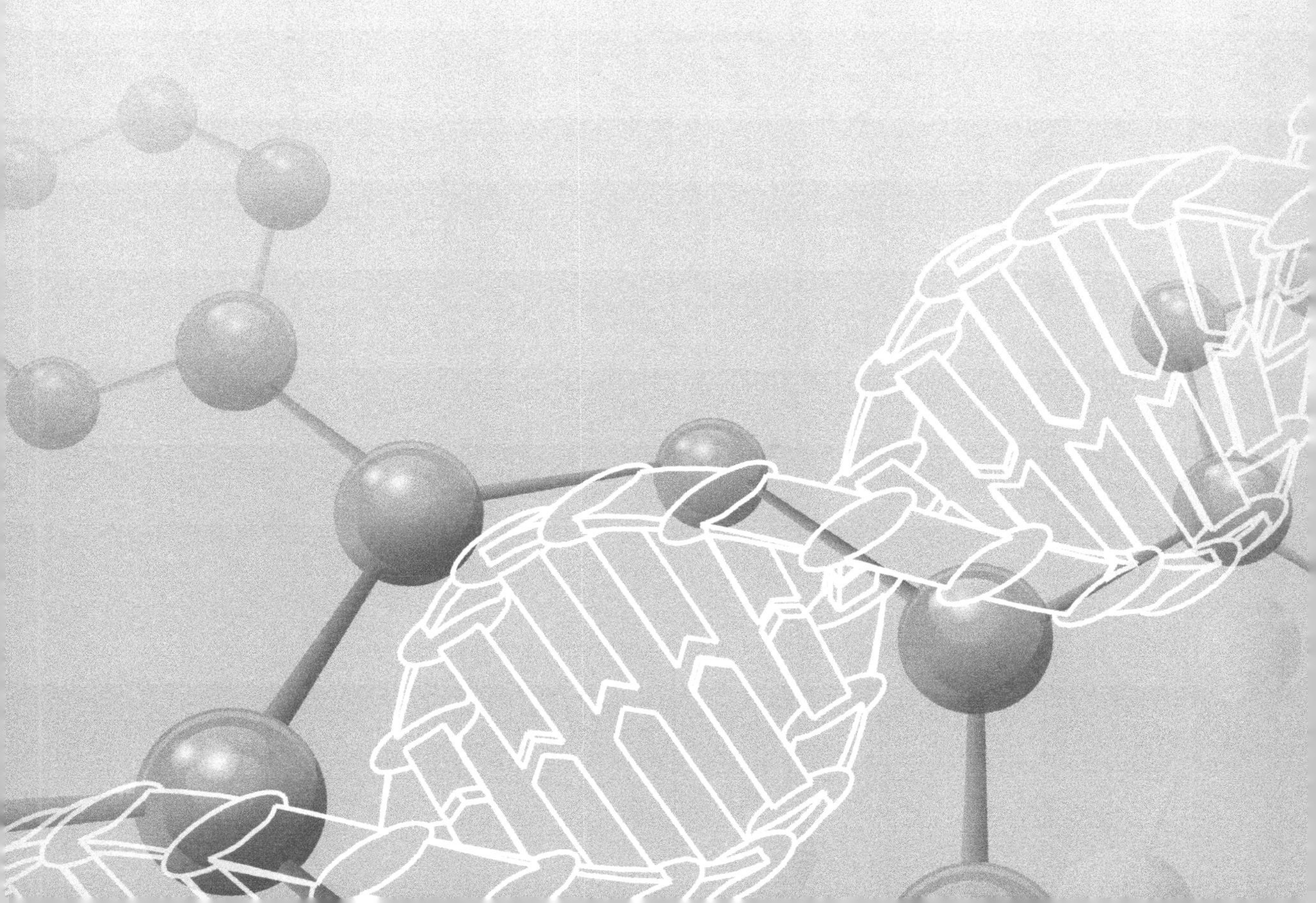

第 11 期　肥胖的奥秘

本期人物

艾达·史沫特莱（Ida Smedley，1877—1944），英国化学家，在脂肪酸代谢研究领域做出了重要贡献，是首位加入英国化学协会的女科学家。

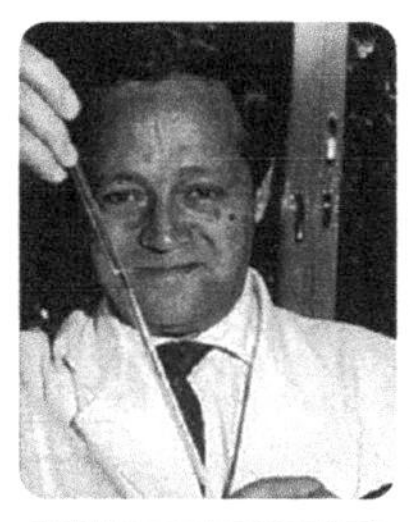

费奥多尔·吕嫩（Feodor Felix Konrad Lynen，1911—1979），德国生物化学家，因分离鉴定了乙酰辅酶 A，为研究脂肪酸和胆固醇的代谢途径奠定了重要基础，获得 1964 年诺贝尔生理学或医学奖。

道格拉斯·科尔曼（Douglas L. Coleman，1931—2014），美国生物化学家，经过一系列的实验研究为瘦素的发现奠定了重要的基础，改变了人类对肥胖的认识。

第一部分　科学家的故事

师生对话

本期成员为：解军教授（以下简称解），程景民教授（以下简称程），李琦同学（以下简称李），张升校同学（以下简称张），姜涛同学（以下简称姜）。

解

同学们，今天我们开始第四站内容。我们都知道机体的新陈代谢离不开三大营养物质，即糖类、脂质和蛋白质。在前面的内容中，我们已经领略了糖类和蛋白质研究中的精彩故事，脂质的代谢故事自然不容错过。那么，我们接下来讨论一下，脂质的代谢故事如何展开。

李

如果说糖类是细胞的粮食，蛋白质是细胞的建筑大师，那么用“石油”来形容脂质应该再合适不过了。就像石油一样，脂质也包括多种成分，机体加工之后既可以为生命提供能量，又可以为生命提供各种材料，因此，我觉得我们可以从脂质分类，即脂肪和类脂（胆固醇及其酯、磷脂和糖脂）依次讲起，从而更系统地认识不同的脂质是如何发挥作用的。

张

是的，我觉得这样讲很有必要，许多人“谈脂色变”，正是缺乏系统的认识和理解。简单来讲，脂肪是机体最重要的储能物质，同时脂肪可以保温、减少器官的摩擦和缓冲外界压力；固醇类还参与许多激素的合成；磷脂是细胞和细胞器膜的重要组成部分。总之，这些脂质在人体中发挥巨大的作用。

程

同学们说得很全面，不过日常生活中许多人往往将脂肪与脂质混为一谈，这也就是我为什么刻意要强调脂质，而不是说脂肪。按照脂质的分类顺序，本期内容我们就先从脂肪讲起吧。

李

说起脂肪，应该是大家都很关注的一种脂质了，因为体内脂肪过多堆积就会表现为肥胖。肥胖不仅给爱美人士带来了困扰，而且是许多疾病的元凶。我觉得，本期内容我们不如以肥胖作为主题，通过脂肪的代谢进而探索肥胖的奥秘。

解

非常好，“肥胖的奥秘”是一个非常有意义的话题，希望通过

解

我们讲述的新陈代谢故事帮助大家更客观地认识肥胖，避免盲目地减肥。这里我再细化一下我们的内容，脂肪是甘油和脂肪酸组成的三酰甘油，甘油是相对简单的化合物，因此脂肪酸的代谢是探讨肥胖机制的重点内容。从脂肪酸的合成到分解，看似简单的几步化学反应，科学家们的研究却经历了几乎一个世纪。这其中有许多成果，也有许多弯路，但不乏一些先驱人物。同学们对其中的科学家有多少了解呢？

姜

说起最早研究脂肪酸在机体内代谢的科学家，就要提到德国科学家克诺普，他通过巧妙的实验设计成功地证明脂肪酸在体内的分解方式。同时，他不仅是德国研究基金会的高级顾问，还创立了“德国化学生理学会”（现为生物化学与分子生物学学会），可以说是德国生物化学领域的鼻祖。

张

据我了解，脂肪酸的合成过程从化学角度来看无非就是分解反应的逆反应，但是在机体内并非如此，因此在脂肪酸合成机制的研究中科学家们走了不少弯路，就连大名鼎鼎的诺贝尔奖得主吕嫩也在这一点上犯过错误。

李

说起吕嫩，他的成果还是有目共睹的。正所谓名师出高徒，吕嫩于 1930 年进入德国慕尼黑大学化学系学习化学。在这里，他师从德国著名化学家，同时也是 1927 年诺贝尔化学奖得主海因里希·威兰。威兰在胆固醇代谢的研究中取得了巨大的成就，吕嫩站在巨人的肩膀上，分离了乙酰辅酶 A，为进一步开展脂肪酸、胆固醇及三羧酸循环的研究铺平了道路，同时也为进一步理解冠心病、脑卒中等心脑血管疾病奠定了坚实的基础。为此，他获得了 1964 年的诺贝尔奖。有趣的是，吕嫩的刻苦努力不仅得到了导师的认可，也打动了威兰的女儿，在他获得博士学位 3 年后成为导师的女婿。

程

所谓站在巨人的肩膀上，就包括这种师徒间的传承和发扬。

程

这些科学家的努力帮助我们正确认识了脂肪酸的新陈代谢，也就是让我们初步明白了造成肥胖的那些“赘肉”是如何产生又如何消耗的。而脂肪组织的产生和消耗应该是一个动态平衡，就像胰岛素等激素维持血糖的动态平衡一样，脂肪组织也应该存在一定的调节机制。同学们知道其中的调控机制吗？这对于解答大家为什么会偏胖或偏瘦的问题或许更有意义。

张

程老师分析得很到位，脂肪酸代谢的调节因素更能解答我们对肥胖的疑惑。经过查阅资料，我了解到瘦素就是一种与肥胖相关的代谢调节因子，顾名思义，这种物质能够让人瘦下来，其原理与促进脂肪消耗、抑制脂肪合成等代谢调节机制有关。

姜

说起瘦素的发现，离不开美国科学家科尔曼一生的辛勤探索。科尔曼出生于加拿大一个机电维修工的家庭，从小就喜欢拆解家里的电器，去琢磨其中的奥秘。这些童年经历让科尔曼对未知充满渴望，热爱科学研究。于是他大学毕业后在老师的建议下攻读了生物化学博士学位。令他没有想到的是，博士毕业后的他与实验室的一对胖小鼠结缘，用尽了毕生经历去探索小鼠肥胖的机制。正是在科尔曼研究的推动下，我们对肥胖有了新的认识。

解

很好，接下来就让我们听听脂肪代谢的研究历程，一起来探讨肥胖的奥秘。

如今，肥胖已经成为全球性的健康问题。因为肥胖不仅关乎形象问题，而且与多种疾病有着密切的联系。而脂肪这种脂质，由于是“赘肉”的主要组成成分，被大众贴上了“不健康”的标签，人们不禁退避三舍。其实，脂肪也不是一无是处，它不仅是食品的重要组成部分和人体所需的营养成分，还是脂溶性维生素的载体，也是人体所需脂肪酸、氨基酸的来源，对人体生长发育过程中许多生理功能的正常发挥起着至关重要的作用。因此对于肥胖与脂肪的关系，或许只有聆听脂肪新陈代谢的故事后，我们才会有更客观、更深入的认识。

脂肪细胞的变身

决定一个人胖瘦，主要在于脂肪细胞。这种细胞通常在幼年时期大量增殖，青春期达到顶峰，成年后就不再增长了。因此，对于肥胖类型中最多见的“中年发福”，主要取决于脂肪细胞的大小。脂肪细胞内含有脂肪球，即三酰甘油（脂肪酸与甘油酯化的产物）。当脂肪酸与甘油大量合成三酰甘油时，脂肪细胞体积扩大，此时相应部位就出现了“赘肉”；当三酰甘油被大量分解时，脂肪细胞体积缩小，此时相应部位也就变瘦了。由此可见，三酰甘油分解与合成的综合趋势决定了脂肪细胞的变身方向（图 11–1）。

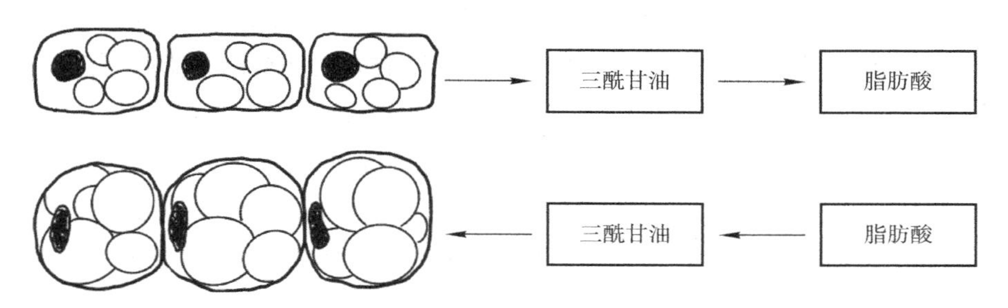

图 11–1　脂肪细胞的变身

对于脂肪细胞而言，无论是三酰甘油的合成还是分解，都主要涉及甘油和脂肪酸这两种原材料的代谢。其中，甘油是一种相对简单的化合物，来源于糖酵解途径，同时，产生的甘油也很容易再次回到糖代谢中去。而脂肪酸的代谢就比较复杂了。脂肪酸本身就是一种结构相对复杂的长链化合物，要想利用机体代谢产物合成不同种类的脂肪酸，还要将储存的脂肪酸完全分解利用，需要一套复杂的代谢体系，因而脂肪酸的合成与分解代谢是认识脂肪细胞代谢活动的重点。

早在 19 世纪初，人们就开始认识到，脂肪酸是动物体内重要的能源物质，但却不清楚脂肪酸是怎样代谢提供能量的。这个问题同样也一直困扰着德国化学家克诺普（Franz Knoop，1875—1946）。既然脂肪酸这个大分子长链化合物最终会转化为小分子物质，那其中的过程是怎样的呢？想要破解其中的秘密，最好能够找到一种化学标记物，这样才能观察反应过程。结合当时的一些研究结果，苯基在动物体内不能被消化分解代谢，而从尿液中排出。克诺普灵机一动，如果将苯基代替原有的甲基连接在脂肪酸上，那不就可以通过苯基来检测脂肪酸的变化了吗？

于是克诺普设计了一个非常经典的实验。首先用化学的方法将苯基代替甲基连在脂肪酸的末端上，形成一个苯脂酸。然后用此标记的脂肪酸饲喂实验犬，通过检测犬尿中苯的衍生物来分析脂肪酸的变化。结果发现，当用含奇数碳的苯基，如苯丙酸、苯戊酸，标记脂肪酸饲养实验犬时，从实验犬的尿液中分离得到了苯甲酸的衍生物马尿酸；而用含偶数碳的苯基（如苯丁酸）标记脂肪酸，分离到的是苯乙酸的衍生物苯乙尿酸。在这些结果基础上，克诺普提出脂肪酸分解应该是从长链的第 3 个碳原子开始的，即 β 碳原子。他推断，无论脂肪酸链的长短，脂肪酸的分解都是按固定周期进行的。在一个反应周期中，脂肪酸从 α－碳原子和 β－碳原子之间断裂，产生一个二碳单位。这个二碳单位通过氧化反应提供能量，而脂肪酸则变得比原来少两个碳原子。脂肪酸通过这样的反应周期最终彻底分解。克诺普将这个过程称为“β 氧化”。但是，这个结果仍以理论推断为主。直到 1910 年，发现糖代谢 EMP 途径之一的埃姆登和同事在实验中证实了肝细胞中脂肪酸以 β 氧化的方式进行分解，脂肪酸的分解代谢才基本得到公认。

在克诺普探索脂肪酸分解代谢的同时，一些科学家在实验中关注到了脂肪酸的合成现象。当用含脂量极低但含糖类较丰富的食物（如红萝卜、大头菜等）饲喂动物时，动物体内脂肪酸增加，并进而合成脂肪。由此推测，脂肪可能是由糖类转化而来的。可是在体内究竟是一个怎样的转化过程，却一直是个谜。有科学家推测，像硬脂酸和油酸这样含 18 个碳原子的脂肪酸是由三分子的已糖缩合而成的，而软脂酸链这类 16 个碳原子的脂肪酸是由两分子戊糖和一分子已糖缩合而成的。由于葡萄糖经代谢可转化为已糖或戊糖，这种假说也一度被人们所接受。

但是英国化学家史洙特莱却不这样认为。因为她从事化学研究多年，还从未见过两个已糖可以结合成一个十二碳的直链，也没有见过戊糖能够以任何方式连接形成脂肪或糖类。她想起早在 1903 年的一项研究，发现苯甲醛和丙酮酸可以生成肉桂酰，其反应方程式为：$C_6H_6 \cdot CHO + CH_3 \cdot CO \cdot COOH \longrightarrow C_6H_5 \cdot CHOH \cdot CH_2 \cdot CO \cdot COOH \longrightarrow C_6H_5 \cdot CH: CH \cdot CO \cdot COOH + H_2O$。此实验证明了醛可以和酮酸脱水缩合形成新的酰。类似地，丙酮酸和乙醛也能发生反应形成酰，结合产物中间有一个不稳定的羰基，易被氧化生成 4 个碳的丁烯酸，丁烯酸又可被加氢还原为丁烯醛。结合这些研究基础，史洙特莱分析认为，既然这些化学反应都能够进行，反应产物丁烯醛正好又可以作为底物与新的丙酮酸缩合，那么这样的反应循环进行下去就形成了长链脂肪酸。于是史洙特莱设计了这样一个实验：

将 5 g 丙酮酸，5 g 丁烯醛，7.5 mg NaOH 溶于 1 L 水中，室温下放置 3 天后，发现有一种深黄色的难溶油状物生成，这很有可能是丙酮酸和丁烯醛脱水缩合后的产物。史洙特莱通过进一步实验分离提取了反应产物，经过化学分析发现该产物正好是山梨酸（$CH_3 \cdot CH: CH \cdot CH: CH \cdot COOH$）。山梨酸加氢后就是已醛。经过进一步实验，史洙特莱证明这种含偶数碳原子的醛可以继续与丙酮酸脱水缩合、氧化、加氢还原后生成比起始多 2 个碳原子的醛。每经过这样一次循环，就会有 2 个碳原子加到这个无分支的碳链上。经过多次这样的反应，最终形成含有偶数个碳原子的脂肪酸。

史洙特莱的研究证明，脂肪酸的合成过程与分解过程高度相似，都是以 2 个碳为单位进行延长或缩短。通过这样的方式，脂肪细胞储存的脂肪酸可以很便捷地进行储存和支取，使得变身过程非常灵活高效。

当然，有人会认为减少脂肪酸的摄入，就可以减少脂肪细胞储存脂肪酸进而减少脂肪的合成。从脂肪酸的合成过程来看，这种观点并不科学。因为脂肪酸合成的原料是代谢过程产生的二碳单位，可以来自糖代谢，也可以来自氨基酸代谢，并不是直接来源于饮食摄入的脂肪酸。另外，人体所需的一些脂肪酸并不能够自身合成，而需要从食物中获取，与必需氨基酸类似，称为必需脂肪酸。必需脂肪酸包括 α－亚麻酸、亚油酸、花生四烯酸等。刻意地避免脂肪酸的摄入，很容易引起必需脂肪酸的缺乏，进而引发健康问题。

燃烧我的卡路里

最近，一首《燃烧我的卡路里》红遍了大街小巷。歌词内容道出了许多人的心声，既然减少脂肪酸的摄入不可取，那么增加脂肪细胞中脂肪酸的消耗，进而减小脂肪细胞的体积总该可以吧。我们都恨不得迅速将脂肪细胞中烦人的脂肪“燃烧”掉，这个诉求从专业上可以理解为促进脂肪酸的 β 氧化分解。

其实，在 β 氧化提出之后，我们只知道脂肪酸以二碳单位为周期进行分解，而这个二碳单位是什么，又如何彻底被氧化分解，这些细节过程我们并不清楚。包括史沫特莱提出脂肪酸的合成也是以二碳单位为周期进行的，这里的二碳单位又来自哪里，我们也不清楚。同时，也正是这个二碳单位在脂肪酸合成和分解过程中的高度相似性，使得许多人认为，脂肪酸的合成和分解是一对可逆反应。德国生物化学家吕嫩于 1953 年便公开宣布，“克诺普所提出的 β 氧化一定且只能是合成的逆过程”。当时的学术界由于吕嫩的权威，马上认可了他的观点。

尽管后来的研究证明吕嫩提出的观点有误，脂肪酸的合成与分解过程在细胞中是相对独立的两个体系，但是吕嫩对脂肪酸代谢的研究工作功不可没，这个神秘的二碳单位就是吕嫩分离鉴定的。

吕嫩的科研生涯是从酵母菌开始的。与糖代谢研究中的那些大师一样，酵母菌的研究将吕嫩带入了乙醇发酵的机制探索中。但是，吕嫩并没有在乙醇发酵机制研究中一直走下去。这个领域的工作积累使得吕嫩对酵母菌无氧代谢和有氧代谢之间的转换调节机制更感兴趣，于是他在之后的研究中一直探索巴斯德效应。

巴斯德效应是一个非常复杂的代谢调节过程，对吕嫩而言，他首先需要找到一个合适的切入点。当时的研究认为，在无氧代谢过程中，酵母菌经糖酵解途径产生的丙酮酸进一步形成乙醇；当切换到有氧代谢时，丙酮酸可以转化为乙酸，然后彻底氧化分解为二氧化碳和水。在维兰德实验室期间，吕嫩等研究人员发现酵母菌中的乙酸大部分能够彻底氧化分解，然而仍有小部分以柠檬酸的形式存在。随后用放射性氢元素标记，发现酵母菌中乙酸是柠檬酸的前体物质，乙酸转化为柠檬酸后进一步发生氧化反应。同位素标记实验还发现，脂肪酸合成过程中的二碳单位直接来源于乙酸。综合这些实验结果，乙酸似乎成为物质氧化分解和合成代谢途径中的枢纽，于是，吕嫩选择了乙酸代谢作为研究切入点。

吕嫩重点研究乙酸是如何转化为柠檬酸的，而柠檬酸之后如何彻底氧化分解并不属于他的研究范围。一开始，吕嫩将草酰乙酸和乙酸加入酵母菌的培养液中，而酵母菌经过处理提高了膜的通透性，但是并没有像吕嫩预想的出现柠檬酸的增加。经过不断改进，他发现在内源性燃料耗尽的酵母细胞中，能够氧化添加乙酸，但是必须经过一定的“诱导期”。如果加入少量已经氧化的底物，如乙酰乙醇，这种“诱导期”可以缩短。吕嫩猜想，乙酸可能需要在这个“诱导期”中转化为“活性乙酸”，才能与草酰乙酸缩合。

接下来的问题就是明确这种“活性乙酸”是什么物质。吕嫩是个善于学习的人，他没有缩在自己的小圈子里，而是经常出去学习，及时了解最新的研究进展。随后几年中，吕嫩了解到代谢研究领域又有了一些新的突破，其中就包括辅酶 A 的发现。吕嫩对辅酶 A 的功能非常感兴趣，第一时间将其引入到自己的研究中。他发现“诱导期”中，氧化反应强度和辅酶 A 含量成正比。当乙酸的氧化反应速率达到顶峰时，酵母中的辅酶 A 含量达到了较高的水平。据此，吕嫩推断“活性乙酸”应该是乙酸与辅酶 A 结合形成的乙酰辅酶 A。

对于这种新物质，吕嫩很快断定乙酸与辅酶 A 是通过一种硫代酯连接的。之所以萌生这个观点，其中还有一个有趣的故事。吕嫩清晰地记得，在一个晚上会见好友，他们一直在探讨乙酸与辅酶 A 结合的化学键，但没有达成任何结论。在回家的路上，吕嫩突然想起著名生物化学家李普曼（Fritz Albert Lipmann，1899—1986）曾经提到辅酶 A 中含有二硫化物，但是没有引起进一步的关注。这并不奇怪，因为当时辅酶 A 的样品并不能保证绝对纯净，许多人第一反应认为这些硫化物很可能是杂质。而吕嫩对这句话非常感兴趣，因为他从实验中的一些现象得出，硫化物不可能是杂质，而很可能是辅酶 A 的一个重要组成部分。在这个突发灵感的指引下，吕嫩在提取乙酰辅酶 A 的过程中注意到硫代酯的存在，并将其作为鉴定结构的重要内容之一，而不是当做杂质忽略掉。最终，吕嫩成功地分离了乙酰辅酶 A，并正确地鉴定了其化学结构。

乙酰辅酶 A 就是脂肪酸代谢中那个神秘的二碳单位。由此，对于脂肪酸的“燃烧”，吕嫩有了更详细的阐释。在此之前，研究发现脂肪酸在分解代谢前也需要达到一个“活化”状态。吕嫩发现，辅酶 A 能够与脂肪酸形成与乙酰辅酶 A 类似的脂酰辅酶 A，此时脂肪酸就达到了“活化”状态。随后，脂酰辅酶 A 在 β 氧化酶系列酶的作用下，分解成为一分子乙酰辅酶 A 和一分子比之前少 2 个碳原子的脂酰辅酶 A。乙酰辅酶 A 进一步生成柠檬酸完成氧化反应，形成二氧化碳和水，而缩短的脂酰辅酶 A 则进入下一个反应循环。

至此，我们对脂肪酸的 β 氧化有了更深入的认识。此后的研究发现，脂肪酸活化为脂酰辅酶 A 发生在细胞质中，而脂酰辅酶 A 进行 β 氧化则需要在线粒体中进行。同时，脂肪酸的合成需要在细胞质中进行，代谢产生的乙酰辅酶 A 又需要运输回细胞质。由于脂肪酸分解和合成的主要过程发生的位置不同，自然就容易理解为什么脂肪酸的合成和分解不是一对可逆反应。对于线粒体的功能，以及形成柠檬酸之后如何进行氧化反应，后续的章节中将会有更精彩的故事。

减肥的曙光

我们虽然已经明白了脂肪酸如何被“燃烧”掉，但是对于减肥人士而言，这并不是一个很实用的答案。如果能够找到一种调节因子，它能够加速脂肪酸分解，抑制脂肪酸合成，这或许才是实现减肥的有效途径。美国生物化学家科尔曼用尽毕生精力，在实验室一对胖小鼠身上寻找这个调节因子，为减肥寻找良方。

1958 年，科尔曼获得威斯康星大学博士学位，随后得到了杰克逊实验室提供的一个工作机会。他本打算在杰克逊实验室短暂停留一两年后继续深造，但事实并不像他预想的那样，他自己也没有想到，在实验室一待就是一辈子。那里浓厚的学术氛围与和谐的人际关系深深地吸引了他。

杰克逊实验室从 1929 年成立起，就一直致力于转基因模型小鼠的培育和繁殖，在转基因模型的选择和应用方面有着独到的优势。1958 年，实验室培育出了第一种肥胖转基因小鼠模型，命名为 *ob/ob*（obesity）小鼠。这种模型小鼠的主要特点就是极度肥胖，表现为多食症和短暂轻度糖尿病。之后，实验室人员并没有继续对这种模型进行深入研究。到了 1965 年，又一种表现为肥胖的糖尿病转基因小鼠模型，*db/db*（diabetes）小鼠诞生了。此时，科尔曼被安排去研究 *db/db* 小鼠，而几乎被遗忘的 *ob/ob* 小鼠被重新饲养起来，用于和 *db/db* 小鼠进行对照比较，从而认识新模型的特点。

经过仔细对比，科尔曼发现 *db/db* 小鼠也表现为肥胖和多食，但是与 *ob/ob* 小鼠不同的是，这种糖尿病模型小鼠会出现严重的糖尿病。另外，科尔曼还证实在相同周龄下，*db/db* 小鼠的体重要比正常小鼠多出一大截，而且呈不断增长的趋势，多出的体重部分主要是脂肪组织。*ob/ob* 小鼠也同样以脂肪组织的增长为主。于是，科尔曼开始探索这两种转基因小鼠肥胖的机制，他猜测血液中可能存在一些调控因子参与脂肪储存的调节。

就在科尔曼开始设计实验时，杰克逊实验室的同事给予他重要的启发。在此之前，有同事在研究贫血机制时，采用了连体小鼠的实验方法。这种实验方法将两只实验小鼠从肩部到盆腔之间的皮肤连接起来，使血液可以相互流通。对于科尔曼而言，这是一个行之有效的实验方法，因为他正是要观察肥胖小鼠的脂肪调节因子是否存在改变，如果存在改变，必然就会通过血液循环影响相连的另一只小鼠。

科尔曼首先通过连体手术将 *db/db* 小鼠与正常小鼠连接起来。按照他的推断，

db/db 小鼠血液中调节因子表达增高会导致脂肪组织积累，当血液连通后，正常小鼠也会因为调节因子增高而出现肥胖。但是，事实却出乎他的意料，连体手术后一段时间，正常小鼠都死了。一开始，科尔曼很沮丧，他觉得是自己手术技术太差，导致小鼠的死亡。经过不断重复实验，科尔曼的手术操作越来越熟练，可以基本上排除是手术操作引起的。他开始进一步寻找小鼠的死因。通过连续监测连体小鼠的血糖水平，科尔曼发现连体手术后 1 周左右，正常小鼠的血糖浓度下降到了饥饿时的水平，而 *db/db* 小鼠的血糖浓度仍然保持高于正常水平。尸检发现，正常小鼠的胃肠道几乎看不到食物残渣，而且肝糖原也消耗殆尽；*db/db* 小鼠的胃肠道则有很多未消耗的食物和食物残渣，肝细胞内也含有大量的肝糖原。这些实验结果得出一个令人意想不到的结论，连体手术后正常小鼠被饿死了！

在实验结果的基础上，科尔曼重新提出了自己的解释，他认为 *db/db* 小鼠血液中存在一种能够抑制食欲的物质，从而导致正常小鼠绝食而死。在同事们的将信将疑中，科尔曼继续进行着研究。科尔曼将 *db/db* 小鼠和 *ob/ob* 小鼠通过连体手术连接起来，结果发现，*ob/ob* 小鼠出现了与之前“*db/db* 小鼠 – 正常小鼠”连接组中正常小鼠类似的表现，血糖浓度逐渐下降到了饥饿时的水平，而且存活时间仅 20 ~ 30 天，最终死于绝食。与之相反，*db/db* 小鼠仍在继续吃喝，体重继续增长。根据实验结果，科尔曼认为，*ob/ob* 小鼠的表现再次证明 *db/db* 小鼠血液中存在过多抑制食欲的物质，而 *ob/ob* 小鼠也能够识别这种物质并产生生理效应。紧接着，科尔曼又将 *ob/ob* 小鼠与正常小鼠通过连体手术连在一起，更有意思的结果出现了，*ob/ob* 小鼠没有将正常小鼠带胖，反而自己逐渐瘦了下来（图 11–2）。实验结果使得科尔曼更加坚信血液中肯定存在抑制食欲的物质，不同的是，*db/db* 小鼠分泌过多但对自身不起作用，正常小鼠可以分泌这种物质同时自身保持应答并产生作用，*ob/ob* 小鼠则缺乏这种物质的分泌但自身仍可以对这种物质应答并产生作用。总之，这种“瘦身”物质发挥作用需要两个条件，一是血液中要有一定浓度，二是机体还要存在相应受体产生应答。

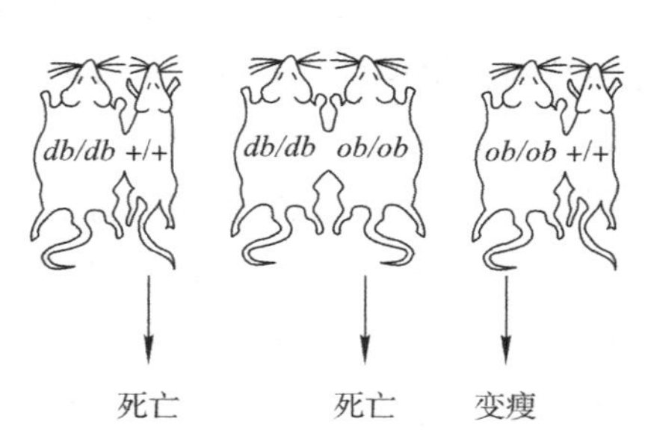

图 11–2 小鼠的连体实验

之后的研究发现，*db/db* 小鼠的下丘脑存在损害，由此可以推测，“瘦身”物质的受体可能位于下丘脑的神经核团中。科尔曼的研究基本肯定了“瘦身”物质的存在，提取这种物质只是时间问题。但是同时代的许多科学家和医学家都认为，肥胖只是一种行为习惯问题，而不是生理问题。在种种质疑中，科尔曼努力在血液中寻找这种“瘦身”物质。时间一晃过了几十年，1993 年带着遗憾的科尔曼从杰克逊实验室退休了。仅过了 1 年，美国洛克菲勒大学的杰弗里 · 弗里德曼（Jeffrey Friedman）通过现代分子生物学技术成功地分离了这种物质，命名为瘦素（leptin）。

瘦素是脂肪细胞分泌的一种肽类物质，能够作用于下丘脑的摄食中枢，具有减少食物摄入、促进脂肪代谢、抑制脂肪合成的作用。从瘦素的生理功能来看，减肥人士似乎找到了希望，迎来了曙光。但是临床研究发现，瘦素可能并不完美，因为肥胖症患者中，有些存在瘦素分泌不足，有些则存在瘦素抵抗（对瘦素不敏感），此外还有其他神经内分泌因素的参与，因此，单纯通过瘦素干预减肥效果并不肯定。此外，人为提高瘦素水平带来的不良反应还有待进一步研究。在此呼吁爱美人士一定要注意，尽管瘦素是人类认识肥胖的一大进步，但是千万不要贸然尝试，瘦素仍属于一种激素，而激素对机体的作用往往是多方面的。同时，也希望通过对瘦素的进一步研究，能够为减肥带来更多切实可行的安全方案。

第二部分　医学生的见闻

师生对话

解

同学们整理的故事非常好，脂肪酸对于机体的代谢很重要，同时一些不饱和脂肪酸对于机体是必需的。但是，有些食物中的脂肪酸却对人体不利。

张

解老师说的应该是反式脂肪酸吧，这确实是饮食中的一个“风险因素”，应该尽量减少它的摄入。

我们常在超市里见到“零反式脂肪”的一些膨化食品，它们真的没有一点反式脂肪酸吗？作为吃货的我们能够放心地选择吗？

程

零反式脂肪酸的食品也不代表着健康。烘焙等行业中需要熔点高的油脂，“没有反式脂肪”就意味着使用其他饱和度高的油脂来代替，如棕榈油、动物油、完全氢化油等。这些饱和脂肪，在增加高胆固醇血症、高脂血症等心血管风险因素上的“能力”，跟反式脂肪酸只是五十步笑百步的关系。

李：看来饮食还是要合理有度，在兼顾口感和味觉的时候，一定不能忽视它的营养价值。

姜：是啊，一些小零食不光高脂，还高糖。亲戚朋友中患了糖尿病的，总是管不住嘴，爱吃甜点，享受起来的时候，就把病抛到脑后了。

解：说起糖尿病，大家还应该认识到，这种疾病不光是糖代谢的问题，新陈代谢总是相互联系的，糖尿病不注意还会引起脂质代谢的问题，同学们在临床中有没有耳闻？

张：我想起来，在内分泌科实习的时候，带教老师讲过对于昏迷的患者一定要记得查血糖，要警惕糖尿病酮症酸中毒，这应该就是糖尿病引起的脂质代谢紊乱问题吧？

解：不错，那请你结合一个案例给大家仔细分析分析。

程：是的，这是一个很好的例子。此外，我还想再提一下，盲目减肥会引起什么样的后果呢？同学们再来谈谈自己的见闻。

李：我见过一个女孩儿，自己已经很瘦了，还在执意减肥，都营养不良了。医生诊断为神经性厌食症，这种情况通常还会伴有心理问题，我正好给大家分享一下这个案例。

解：很好，接下来就请大家听听这两个案例吧。

糖尿病酮症酸中毒

在内分泌科实习的时候，一位小姑娘的诊治经历可以说很惊险，让我意识到千万不要忽略细节，否则很容易误诊而造成严重不良后果。我见到患者的时候，经过有效治疗，她的病情已经平稳，躺在病床上几乎看不出异样。经过带教老师的讲解和查房过程中的询问，我对她的诊疗经历有了初步的了解。

3 天前下午，患者吃了一支雪糕，晚上开始有点恶心，但不严重，于是并没在意。第 2 天正常去学校上学，晚饭还吃了鸡腿、粥等，当时没有感觉不舒服。到晚上入睡后，出现恶心、呕吐，伴腹痛，赶忙来到医院急诊。就在接诊医生准备按照急性胃肠炎治疗时，小姑娘的反应逐渐下降，开始出现嗜睡表现。病情进一步加重，食物引起的胃肠炎不能很好地解释，此时就需要进一步寻找病因。恰好，带教老师去急诊会诊，听到这个情况之后，建议急查血糖。结果显示血糖 17.82 mmol/L，远高于正常值。

看到血糖结果，大家都冒了一身冷汗。患者的症状明显符合糖尿病酮症酸中毒的临床表现，如果还按照急性胃肠炎治疗，后果不堪设想。于是在急诊赶快建立了静脉通路补液，并小剂量胰岛素持续滴注。同时进一步完善血、尿常规检查。检查结果显示血糖明显升高，尿糖阳性，尿酮体阳性。糖尿病酮症酸中毒诊断基本成立。观察了一段时间后，患者意识逐渐好转，随后转入内分泌科进一步治疗。

糖尿病酮症酸中毒是由于胰岛素分泌不足，引起高血糖、高酮体、脱水、电解质紊乱等改变的综合征。糖尿病通常分为 1 型糖尿病和 2 型糖尿病两种主要类型。其中，1 型糖尿病多见于儿童青少年，症状也较为典型，表现为多饮、多食、多尿三多症状，同时也容易引起酮症酸中毒。相比之下，2 型糖尿病多见于中老年，症状并不明显，有时在体检时才发现血糖升高，但是引起酮症酸中毒并不常见。本例患者后来确诊为 2 型糖尿病，正是由于这类糖尿病的特点，她并没有及时发现血糖已经偏高，于是在进食含糖量较高食物后引起高血糖，进而诱发了酮症酸中毒。值得注意的是，近年来 2 型糖尿病日益年轻化，不到 20 岁的年轻人就开始发病。因此，面对年轻患者也不能放松警惕。

糖尿病酮症酸中毒最主要的病理表现是血液中酮体浓度增高，出现酮尿。酮体是脂肪酸代谢的中间产物，当脂肪酸生成乙酰辅酶 A 时，大部分会转化为柠檬酸，通过氧化反应释放能量，而小部分会在肝相关酶的催化下生成乙酰乙酸、β- 羟丁酸和丙酮，这三者统称为酮体。虽然肝细胞能够合成酮体，但是机体对酮体的利用能力并不强，因此在正常生理状况下，机体产生的酮体很少。而当糖尿病患者胰岛素作用失调后，不能充分利用葡萄糖提供能量，此时脂肪酸大量分解用于补充能量，酮体的生成也会随之增加。大量增加的酮体不能被机体及时代谢利用，就会引起水电解质代谢紊乱、酸碱平衡失调，进而出现一系列临床症状。

本例给我最大的启发是，血常规、尿常规之类很简单的检查一定不能忽视，往往一项指标的改变，对于整个诊断思路有决定性的作用。

减肥与神经性厌食症

在神经外科实习的时候，带教老师曾经收治过这样一位患者：26 岁的年轻女性，本应该拥有青春与活力，但从她的脸上却根本看不到年轻女性所应有的健康和红润。她非常瘦弱，头发没有光泽，皮肤粗糙，说话也有气无力，165 cm 的身高，体重还不到 40 kg。血常规化验显示严重贫血，血生化检查显示白蛋白偏低。综合情况表现为严重营养不良。

经询问病史得知，患者从 14 岁开始，为了保持身材刻意减少饮食，同时增加运动强度。到后来，这种饮食控制让她深感焦虑，因为她自己也发现这样瘦下去是不健康的，但是又无法摆脱。她还讲到，自己是一个追求完美的人，许多事情生怕做不好，有时候会反复重新去做。听到这些情况，带教老师请来了精神科医生会诊，综合患者情况，诊断为神经性厌食症合并强迫症。

神经性厌食症，顾名思义，是多由心理因素所致，由于怕胖、心情低落而过分节食、拒食，造成体重下降、营养不良，甚至拒绝维持最低体重的一种心理障碍性疾病，患者约 95% 为女性。研究发现，神经性厌食症与强迫症常常容易共病，强迫症患者本身就容易形成一些强迫行为，当患者开始为了“减肥”而少吃少喝时，很容易在此基础上形成强迫观念和行为，此时即使患者深知节食危害不浅，但是无法自拔，最终造成体重下降，引发各类代谢问题。本例患者就属于神经性厌食症与强迫症共病，由于强迫症的影响，厌食症治疗起来有一定的难度。

好在随着神经影像学技术的发展，研究发现，神经性厌食症与强迫症在一些脑区存在共同的病理改变，这些研究发现使得通过神经外科手术治疗成为可能。本例患者由于营养支持和心理调节治疗效果不佳，最终在家属的同意下开始尝试外科手术治疗。在完善了术前各项准备后，患者接受了脑立体定向手术，切断了异常联系的神经环路。术后经过 1 年的恢复，再次见到患者时已经判若两人，面色改善，体重回升，同时强迫观念也得到改善。

通过这个案例，我们可以看到，节食减肥带来的影响是多方面的。减肥的初衷只是减少机体脂肪的合成，但是食物中的营养作用往往是多方面的。营养缺乏会严重影响蛋白质的代谢，从而影响造血系统、神经系统、内分泌系统等多系统的生理功能。另外，节食也会引起维生素缺乏，有些维生素对于皮肤光泽有重要的作用，因此严重营养不良会出现皮肤粗糙，相信这并不是减肥人士想看到的。

第 12 期　胆固醇的功与过

本期人物

海因里希·奥托·威兰（Heinrich Otto Wieland，1877—1957），德国化学家，因对胆汁酸物质组成和结构分析方面的研究贡献，于 1927 年获得诺贝尔化学奖。

阿道夫·奥托·赖因霍尔德·温道斯（Adolf Otto Reinhold Windaus，1876—1959），德国化学家，因在胆固醇的结构研究和测定工作中颇有成就，获得了 1928 年诺贝尔化学奖。另外，他是 1939 年诺贝尔化学奖得主阿道夫·布特南特的博士生导师。

康拉德·布洛赫（Konrad Emil Bloch，1912—2000），美国生物化学家，因在胆固醇和脂肪酸代谢及相关调控机制中的贡献，于 1964 年获得诺贝尔生理学或医学奖。

罗伯特·伯恩斯·伍德沃德（Robert Burns Woodward，1917—1979），美国化学家，在合成复杂的天然有机化合物及其分子结构研究中颇有建树，被誉为现代有机合成之父，获得了 1965 年诺贝尔化学奖。

第一部分 科学家的故事

师生对话

本期成员为：解军教授（以下简称解），程景民教授（以下简称程），李琦同学（以下简称李），张升校同学（以下简称张），姜涛同学（以下简称姜）。

解：同学们好，在上一期内容中，我们探讨了脂肪酸的研究历程及其与肥胖的关系。接下来，让我们走进胆固醇的世界。胆固醇是又一种比较重要的脂质，与健康息息相关。提起胆固醇，同学们了解多少呢？

张：据我了解，胆固醇广泛分布在动物体内，在神经组织中含量丰富。胆固醇是合成肾上腺皮质激素、性激素、胆汁酸和维生素D等生理活性物质的重要原料，也是细胞膜的主要成分。

程：不错，看来你对胆固醇的功能了解的不少。人类对胆固醇的认识经历了从结构到代谢再到功能的发展历程。由于胆固醇结构和代谢过程都比较复杂，对于20世纪初的生物化学家而言，这样的课题研究困难重重。但也就是这些迎难而上的科学家为我们揭开了诸多谜团，同学们说说你们对这些科学家有多少了解。

姜：在上一期中，我们提到了著名的脂代谢研究专家吕嫩，他的导师也是他的岳父威兰，正是胆固醇研究领域的先驱。因此，我们本期第一个要认识的科学家就是威兰。一方面，威兰的科学成就举世瞩目，通过对胆汁酸成分和结构的研究，为胆固醇的结构研究奠定了重要基础，同时对于胆结石、心血管疾病，甚至结直肠癌的认识都有了极大的推动。另一方面，他还是一名敢于公开反对纳粹主义的生物化学家，而且对于纳粹主义的危害他早有预见，早在纳粹党还未完全掌控德国时，他就深入分析了其可能给国家和人民带来的危害。

程

所以说，有些科学家并不像我们想象的那样，一心只读圣贤书，他们心系家国天下的情怀也是值得我们学习的地方。其他同学还有补充吗？

李

说起胆固醇结构的研究，温道斯也功不可没，同时他也是威兰的朋友，两人因在胆固醇领域的贡献先后获得诺贝尔奖。温道斯出生于柏林一个平民家庭，后被一个富有的工业世家收养，然而他并没有继承祖业。一开始他想当医生，曾于柏林大学攻读医学，后来在著名化学家费歇尔的影响下，主攻化学，成为费歇尔的得力助手，这为他日后的研究奠基了重要基础。1901 年，温道斯开始了胆固醇的研究工作，一做就是 30 年。

张

我再补充一下，威兰和温道斯的研究基本明确了胆固醇的结构，之后布洛赫在此基础上继续进行胆固醇代谢方面的研究。布洛赫早期的学术生涯很坎坷，迫于战争的影响，他不得不终止在慕尼黑大学的学业。经过几年的颠沛流离，最终他得以移民美国，在芝加哥大学落脚。就是这里良好的学术氛围，使得他的胆固醇生物合成课题得以有序进行。因此，一个好的学术氛围对于科学研究也是很重要的。

解

同学们补充得很好，听的过程中我想到一个问题，不知道同学们有没有这样的体会，经过这些科学家几十年的研究，胆固醇逐渐走入大众的视野，我们也获得了越来越多的科普知识。但是，似乎知道得越多，对于胆固醇的争议也越多。现在许多营养学家、临床医生、科研工作者对于胆固醇的见解各不相同，有些人的研究发现了胆固醇的危害，有些人则强调其益处。对此，同学们有什么见解？

李

的确如此，胆固醇给大家的印象可能是胆固醇摄入过多会引起高胆固醇血症，进而形成冠状动脉粥样硬化性心脏病（冠心病）

等疾病，负面印象居多。而一些专家又在讲胆固醇可以形成胆酸，构成细胞膜，合成激素，在机体正常的生命活动和代谢过程中发挥着巨大的作用。这样完全对立的观点让大家确实不太容易理解，咱们来一场胆固醇功与过的讨论，让大家有一个更全面的认识。

李

解

很好的提议，接下来我们先来听听胆固醇的发现故事，然后再来一场功与过的大讨论吧。

提起胆固醇，现代人都对它异常敏感。许多健康宣教中都会讲到，胆固醇摄入过多会引起高胆固醇血症，进而形成冠心病、高血压等所谓的“富贵病”。特别是在中老年人群中，高胆固醇的人群占了很大比例。专家分析认为，营养过剩、经常吃油腻食物、聚会应酬多、饮食不规律、三餐搭配不合理、工作压力大、精神紧张等因素导致了血清胆固醇升高，成为危害健康的杀手。但是，近年来出现了许多不同的声音，一些研究发现，持续多年的低胆固醇教育并没有降低冠心病、高血压等疾病的发病率。虽然其中有许多其他因素的参与，但是一味地宣传低胆固醇也让大众忽视了胆固醇的生理作用。因此，对于胆固醇需要更客观辩证地认识和教育。接下来，我们从胆固醇最初的研究发现开始，系统全面地认识胆固醇，进而对胆固醇的功与过有一个更科学的认识。

探索神奇的结构

胆固醇最初是从人类胆结石中分离发现的，同时发现其大量存在于胆汁中，故由此得名。在早期研究中，胆固醇与胆汁有许多渊源，胆汁的研究成为认识胆固醇结构的重要基础。

胆汁是肝细胞持续分泌的储存在胆囊中的一种消化液。胆汁中含有胆盐、胆汁酸、胆红素和胆固醇等多种成分。其中，胆汁酸是胆汁的重要成分，对于脂质的消化吸收有重要的作用。而胆汁酸也不是单一化合物，又由多种成分组成。由于成分复杂，从 19 世纪到 20 世纪初，许多化学家参与胆汁酸成分的分离与鉴定工作。化学家们先后从胆汁酸中分离出了牛胆酸、脱氧胆酸、胆酸和石胆酸等化合物，但是限于当时的分析技术，只能计算出这些物质的分子式，如脱氧胆酸的分子式为 $C_{24}H_{40}O_4$，而结构式还无法完全确定。由于结构测定的技术难度高，胆固醇、胆酸等物质的化学结构被公认为 20 世纪初有机化学领域“最困难”的问题之一。

对于这项难题，德国化学家威兰率先开始了挑战。1912 年，威兰开始对胆酸的化学结构进行研究。他根据胆酸及其相关衍生物的氧化、降解等多种化学反应特点，间接推断了胆酸的化学结构。随后，用类似的方法确定了一些胆酸衍生物的化学结构，明确了胆汁酸中几种成分的化学结构。这项工作复杂而漫长，拥有坚定毅力的威兰最终走向了成功。他先后以“胆汁酸”和“胆汁酸的化学结构”为题发表系列研究论文约 50 篇，系统阐述了各种胆汁酸的性质、化学反应和结构分析的结果。

作为威兰的挚友，温道斯同样也是一位伟大的化学家，也对胆汁中的这些复杂成分感兴趣。温道斯于 1903 年发表了第一篇题为《胆固醇》的论文，由此奠定了他的研究基础，之后一直致力于破解胆固醇的化学结构。随着研究工作的积累，温道斯发现除了人类和高等动物之外，其他动物、植物、真菌中也有与胆固醇类似的化学物质。于是，温道斯对这些物质进行了初步的分类，低等动物（如昆虫）中的类似物质与胆固醇统称为动物固醇，植物中的谷固醇、豆固醇统称为植物固醇，在真菌中还有真菌固醇。最后这些物质被归为一大类，称为固醇类。我国学者在翻译时，也将其称为甾醇化合物，之所以用“甾”字，与这类物质的一个共同结构有关。温道斯仔细比较了固醇类物质后发现，其中有一个共同的母核。而了解到威兰的工作后，温道斯发现固醇类与胆汁酸几种组成物质中有相同的环戊烷多氢菲母核结构，这个母核是由 4 个高度饱和的稠环构成的（图 12–1）。于是，温道斯接下来的主要工作就是确定这个母核的化学结构。

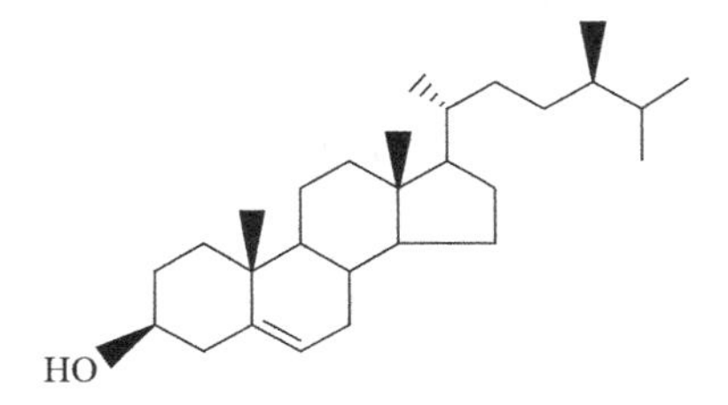

图 12–1　甾醇的母核结构

在现代，我们可以应用光谱分析法、磁共振波谱分析法等物理方法和精密仪器，快速而准确地测定有机化合物的分子结构。像胆酸或胆固醇这样较复杂的有机化合物的结构分析，通常仅需数十小时甚至数小时就能完成。但是，温道斯的时代还没有这些先进的物理手段，只能采用纯化学方法一点一点地去解析，其难度可想而知。

那么，温道斯是如何对这个母核的化学结构进行研究？和威兰一样，温道斯也是通过氧化、降解等化学反应方法进行的。为了测定胆固醇分子中母核相邻两环的原子数，他采用氢化法保护环Ⅱ而打开环Ⅰ，再通过用氢取代羟基来保护环Ⅰ而打开环Ⅱ的办法。在两种情况下，都生成了二羧酸。接下来，温道斯确定了两个羧基的位置，进而推断出每个环中的原子数目。经过反复实验，温道斯得出这个母核相邻两个环中，环Ⅰ是六元环，环Ⅱ是五元环。之后，经过 20 多年的潜心研究，温道斯终于在 1928 年明确了这个母核每个环的原子数目和连接方式，进而提出了胆固醇的化学结构。然而，温道斯提出的化学结构并非完全正确。获诺贝尔奖之后的温道斯并没有因功成名就而停止研究，他继续完善着自己的研究结果。随后在其他科学家的研究报道中，温道斯找到了重要线索，最终在 1932

年确定了胆固醇的正确化学结构。

正所谓成功没有捷径，科学的探索过程总是充满反复与曲折，而需要的正是不断的修正和执著的态度。诺贝尔奖的获得并不意味着研究的终点，威兰也同样不断修正自己胆酸的研究结果，最终胆酸的正确结构得到确定。

胆酸和胆固醇结构的确定对于固醇类化合物的认识和发展奠定了重要基础。现在我们也就不难理解我国学者为什么要用“甾”字来命名固醇类化合物。由于这类化合物含有4个环和3个侧链，用了一个象形字“甾”正好可以形象地表述这样的结构特点。“甾”字的下半部是一个“田”字，代表四个环，上半部的3个“<”代表该类化合物经常含有2个角甲基和一个烃基。甾醇化合物广泛存在于生物界中，具有多种生理功能，对生命活动起着十分重要的作用。

探索胆固醇的代谢

要想更深入地理解胆固醇的生理功能，首先需要对其新陈代谢的主要过程有个系统的了解。胆固醇的新陈代谢主要包括两个方面，一是机体内的胆固醇从何而来，二是这些胆固醇又将向何处去。

对于胆固醇的来源，我们可能会立刻想到各种含胆固醇高的食物，如蛋黄、猪肝、黄油、奶油等。为了防止高胆固醇出现，许多人开始吃素食，努力和这些高胆固醇的美味说再见。正如温道斯所分类的，植物食物中含有β谷固醇、豆固醇、菜子固醇1和菜子固醇2，总称为植物固醇。这些与胆固醇相似的植物固醇对人体健康有很多益处。研究表明，植物固醇能够在一定程度上降低血液胆固醇水平，从而预防动脉粥样硬化、冠心病等心血管疾病。这是因为植物固醇与胆固醇结构相似，在肠道中能够与胆固醇竞争相关转运因子，减少胆固醇的吸收，同时还可以促进胆固醇的排泄。但是，有些人仍然会发现自从吃素以后，胆固醇水平并没有明显降低，这又是为什么呢？

其实，机体内的胆固醇并不主要依赖从食物中获取，大部分主要靠自身合成。因此，纵使植物固醇有许多益处，对胆固醇整体水平的影响还是有限的。机体许多组织细胞都能合成胆固醇，其中肝和肠黏膜是合成胆固醇的主要场所，70%～80%胆固醇由肝合成，10%由小肠合成。因此，了解胆固醇的主要来源，需要明确细胞合成胆固醇的主要过程。

美国生物化学家布洛赫在胆固醇的合成研究中做出了杰出贡献。在温道斯明确了胆固醇的化学结构之后，这种复杂分子的合成机制成为又一个研究热点。当时，种种研究迹象表明，合成胆固醇的原料其实比较简单，来自细胞代谢过程产生的唾手可得的小分子物质。从1937年开始，胆固醇合成机制的研究在美国两个独立研究机构的相互竞争中拉开了帷幕。两个研究机构相继在该领域取得一定的研究进展。布洛赫恰好毕业于其中一个研究机构，并有幸成为胆固醇合成研究带头人的研究助手。在强大的团队支撑下，布洛赫开始了他的学术生涯。

在前期研究的基础上，布洛赫锁定了胆固醇的原料应该是细胞代谢产生的乙酸。之后受到橡胶生物合成的启发，他的实验室推断胆固醇的合成应该沿着这样一个路线：乙酸→角鲨烯→胆固醇。其中，角鲨烯又称为鲨烯，最初从鲨鱼肝油中提炼得到，故此得名。后来发现，这种物质的分布比想象的更广，许多生命体内都存在这种物质，而且与胆固醇密切相关。

为了验证这一假设，布洛赫试图通过放射性物质标记的乙酸在鲨鱼体内进行研究，以确定是否会进一步生成角鲨烯。实验地点选在了位于百慕大的生物站进行。最终布洛赫得到了标记鲨鱼的肝，但是由于一些技术难题，他并没有从中得到期望的结果。幸运的是，应用大鼠肝研究角鲨烯的生物合成取得了成功。这是研究胆固醇生物合成的重要一步，在此基础上，从乙酸到角鲨烯，再到胆固醇的合成途径逐一得到了验证。随后，吕嫩发现的乙酰辅酶 A 给胆固醇的生物合成研究带来了新的动力。布洛赫与吕嫩合作证明，胆固醇的原料其实是活化的乙酸，即乙酰辅酶 A，这与脂肪酸的合成原料是一样的。他们进一步研究了从乙酰辅酶 A 到角鲨烯的中间合成过程，找到了角鲨烯的前体物质。于是，复杂的胆固醇生物合成过程就在布洛赫的努力下一点一点地建立起来。

机体合成的胆固醇及从食物吸收的胆固醇，在完成了自身使命后，会被运送到肝等待下一步的处理。由于胆固醇的母核不能被完全降解，因此胆固醇不能像脂肪酸、糖类、氨基酸那样彻底分解。在肝细胞中氧化生成胆汁酸，是胆固醇代谢的主要去路。每天约 2/5 的胆固醇在肝中合成胆汁酸，随着胆汁进入肠道。在小肠下段，大部分胆汁酸又吸收入血，随着血液循环进入门静脉再次到达肝，形成肝肠循环而被重复利用。剩下的小部分胆汁酸则从肠道排出体外。另外，肝细胞也会直接将胆固醇排入胆汁中，因此胆汁中也含有一定量的胆固醇。针对肝肠循环的特点，一些药物可以阻断胆汁酸的肝肠循环过程，减少其重吸收，进而降低血胆固醇水平。由此可见，血胆固醇水平是多方面的因素决定的，食物来源、机体合成及胆汁酸排出等都是需要考虑的影响因素。

当然，胆固醇的去路不只是用于合成胆汁酸，作为许多激素的原料，在肾上腺皮质、睾丸、卵巢中合成各种激素，也是胆固醇重要的使命所在。肾上腺皮质分为球状带、束状带和网状带，分别合成醛固酮、皮质醇和雌激素，而这些细胞合成激素所需的胆固醇 90% 都需要从血液中获取，仅 10% 由自身合成。睾丸能够利用胆固醇合成睾酮，而卵巢则利用胆固醇合成雌二醇和孕酮。这些激素都会对机体各项生理功能和新陈代谢产生多方面的影响，可以说，胆固醇在机体中的地位不容小觑。此外，胆固醇在皮肤可以氧化为 7– 脱氢胆固醇，在紫外线照射下合成维生素 D_3。维生素 D_3 能够促进机体对钙和磷的吸收，这便是晒太阳补钙的原理。

胆固醇的功与过

美国是较早启动胆固醇教育计划的国家，多年的宣传教育对民众认识胆固醇和心脑血管疾病起到了积极推动作用。我国也于2004年正式启动胆固醇教育计划，经过十几年的发展，也取得了令人瞩目的成绩。然而，随着民众对胆固醇的了解，“谈胆固醇色变”成为新的现象。许多中老年人认为，胆固醇是导致心脑血管疾病的元凶，甚至觉得胆固醇“有百害而无一利”。因此，绝大部分人对胆固醇采取宁“缺”勿“高”的饮食原则。其实，这是一种认识上的误区。对胆固醇的看法，无论是机体合成的胆固醇，还是来自膳食的胆固醇，均应持一分为二的态度，客观认识胆固醇的“功”与“过”。

通过前面对胆固醇代谢过程的认识，可以肯定胆固醇对于机体而言首先是位功臣。除了用于合成多种激素之外，胆固醇最重要的功能之一是维持细胞膜结构的稳定性，细胞膜的流动性、通透性和韧性受胆固醇的调节和影响。如果没有胆固醇，细胞膜将变得不堪一击。胆固醇还参与细胞膜蛋白的功能调节，对细胞膜完成物质转运、吞噬等功能至关重要。因此，就不难理解为什么机体大部分组织细胞都能合成胆固醇。

尽管全身各处都分布着胆固醇，但是不同组织间的胆固醇含量还是有很大差异的。胆固醇在神经组织中含量最高，约占总胆固醇的23%。为了神经信号的传递，神经纤维需要保证足够的绝缘性，神经元之间的连接突触需要保证足够的稳定性，因此这些位置的神经细胞膜中含有大量的胆固醇。在大脑发育过程中，还需要对神经进行不断的改造和重塑，这个过程更需要胆固醇的供应。但是由于血脑屏障的存在，大脑所需的胆固醇不能直接从血液中获取，而需要通过星形胶质细胞合成供应。因此，在儿童生长发育期不能因为关注胆固醇高低而挑选食物，正确做法是保证营养均衡，为大脑发育和代谢提供更全面的营养，特别是婴幼儿添加辅食时，蛋黄通常作为首选。

血液中的胆固醇正常情况下维持在一定的浓度范围内，低于这个范围会影响胆固醇发挥正常功能，而高于这个范围就是胆固醇带来的“过”了。高胆固醇最主要的危害之一就是大家所熟悉的动脉粥样硬化。动脉粥样硬化形成早期通常会有血管内皮细胞的损伤，此时血液中含量高的胆固醇等脂质容易通过这些破损沉积在内皮细胞中。沉积的脂质容易引起细胞炎症反应，导致破裂、出血、纤维化等一系列反应，进而形成粥样斑块。斑块越来越大就会堵塞血管腔，同时脱落的斑块随血液流动还容易造成栓塞。因此，动脉粥样硬化是冠心病、心肌梗死、脑卒中的主要危险因素。流行病学调查已经证实，血清胆固醇水平越高，冠心病发病越多、越早。高胆固醇与心脑血管疾病的关系是胆固醇宣传教育较多的内容，也是大众最为熟悉的。

近年来，高胆固醇与肿瘤的关系也得到越来越多的关注。研究发现，高胆固醇血症的乳腺癌患者更容易出现增殖快、易转移的特点，其原因可能是胆固醇能够促进雌激素的合成，进而影响乳腺癌细胞的代谢。类似地，由于胆固醇也能促进睾酮等雄性激素的合成，在前列腺癌患者中，高胆固醇也同样会带来更高的风险。此外，研究发现，高胆固醇水平能够增加直肠癌的患病风险。总之，胆固醇的监测在肿瘤患者中需要得到重视，对于降低胆固醇给肿瘤患者带来的获益仍需进一步的研究。

无论胆固醇的“功”与“过”，保持血胆固醇浓度在合理的范围内是很重要的。但是一般胆固醇过高开始时并没有症状，多数患者是在血液化验时才发现，这时冠心病、脑卒中等问题可能已经发生了。因此，及时了解自己血液中胆固醇的情况，对尽早预防动脉粥样硬化和心脑血管疾病的发生是很重要的。建议健康人定期体检化验，及时发现这些隐藏的问题，对于疾病的早期预防很有意义。而具有冠心病、高血压、糖尿病高风险因素，或者已经发现这些问题的人，更要定期监测胆固醇等血液化验指标。

要客观地看待高胆固醇带来的健康问题，其原因并不完全在于胆固醇本身，而是胆固醇代谢过程中多种参与因素的平衡失调而引起的。其中，负责运输胆固醇的脂蛋白在胆固醇升高问题中就负有一定责任。关于脂蛋白如何运输胆固醇将在后续的故事中讲解，希望通过对脂蛋白的了解使我们能更客观地看待胆固醇。

第二部分　医学生的见闻

师生对话

程：听完威兰和温道斯的故事，相信大家对胆固醇有了更形象而深入的认识。不过，温道斯不仅在胆固醇研究方面取得突破，对于佝偻病也有深入的研究，同学们再来聊聊佝偻病吧。

解：佝偻病现在可能见得比较少了，而在温道斯的时代，战争、饥荒经常导致孕妇和婴幼儿营养不良，佝偻病的发病率居高不下，关键是在温道斯之前导致疾病的原因也不清楚。因此，温道斯的研究对于佝偻病的防治有重要的意义。

张：据我了解，佝偻病是由于维生素D缺乏引起的，而温道斯恰恰发现了麦角固醇，这种甾体化合物能够在机体内转化为维生素D，从而可以治疗佝偻病。这一发现的确给广大新生儿带来了福音。

李：我再补充一下，温道斯还发现只有经过紫外线照射后，麦角固醇才能生成有活性的维生素D。而活化的维生素D可以促进骨骼的钙磷代谢，促进骨骼发育。因此，我们平常说的晒太阳补钙，原理就来自这里。

姜：说起补钙，现在人们还是挺重视的，药店里有各种钙制剂在宣传推荐，但是我在想，这样一味地补钙就好吗？

李：确实，凡事要讲个度，我见过一例因过量补钙诱发的高钙血症，和大家分享一下吧。

程：这是一个很好的案例，希望通过这个案例让大家知道，在临床工作一定要指导患者合理用药。另外，我们通过这些故事对胆固醇的结构和代谢已经有了更深入的认识，但是还有一部分重要内容没有涉及，胆固醇及其相关产物的化学合成对于药物生产和疾病治疗具有重要的意义，希望同学们也讨论一下。

张：我也发现咱们似乎还少个内容，因为在查阅资料中发现伍德沃德也在胆固醇研究的重要人物之中，他的工作重点正好是化学合成，而且除了胆固醇的合成，在许多药物的化学合成工作中贡献巨大。

姜：是的，除了胆固醇，伍德沃德在青霉素、奎宁、红霉素等药物的化学合成与结构鉴定中做了大量的工作，是不折不扣的“药物合成大师”。

解

不错，那么讲完高钙血症的案例之后，我们再来听听伍德沃德与药物合成的故事，从而体会一代大师为人类战胜疾病所做的贡献。

高钙血症

在急诊实习的时候，一位十几岁的男孩由父母领着匆匆赶来。他的主要症状是腹痛，伴有恶心呕吐，持续了一段时间仍不见好转，于是赶紧来到急诊。我们进一步询问病史了解到，患儿平素身体素质良好，且最近无新发疾病，无服药史，饮食没有变化。但是最近一段时间有些便秘，容易口渴，排尿次数增多。查体未见明显的阳性体征，于是带教老师安排先进行一些常规检查，包括心电图、血尿常规化验及部分影像学检查等。

检查结果显示，患儿血清钙水平中度升高，血肌酐也高于正常范围，心电图等其他检查都未见异常。我们初步分析认为，患儿的临床症状主要由高钙血症引起，先对症给予呋塞米及碱化尿液治疗措施，促进钙的排出。

接下来的主要任务就是进一步寻找诱发高钙血症的原因。引起高钙血症的原因有很多，最常见的是甲状旁腺功能亢进引起的钙磷代谢紊乱，其次甲状腺功能亢进也会引起高钙血症，还有一些肿瘤因骨质破坏也会导致血钙升高。进一步检查发现，患儿甲状腺和甲状旁腺的相关指标都在正常范围，因此可暂时排除甲状腺源性的高钙血症。腹部和骨盆CT扫描未见异常，骨骼检查阴性，骨髓活检正常，也初步排除恶性肿瘤。这些常见问题都排除了，还会是什么原因？

经过与主任的交流讨论，我们还需要进一步排查维生素D代谢异常引起的高钙血症。针对性的化验结果显示，25-羟基维生素D水平升高，1,25-二羟基维生素D水平在正常范围内。这两种维生素D_3的活性形式，以25-羟基维生素D占大多数。根据化验结果，初步可以判定患儿体内维生素D_3含量过高。

经过两天的观察治疗，患儿的症状明显改善，血钙水平也有所下降。我们再次询问是否有遗漏的特殊情况，患儿母亲突然提到为了避免患儿缺钙给他服用非处方维生素D补充剂。此时，终于找到了导致高钙血症的病因。

20世纪90年代以来，随着各种替代补充剂使用的日益增多，许多维生素D和钙补充剂在无医生的监督下使用。成年人和儿童中发现维生素D等非处方药补充剂中毒的病例不在少数。维生素D有多种类型，维生素D_3是其中的一种，也是胆固醇的代谢产物。皮肤中的胆固醇在紫外线作用下能够合成维生素D_3，所以在正常情况下，营养均衡、经常室外活动一般不会出现维生素D_3的缺乏，特别是对于本例这样年龄小、爱活动的男孩。过量的维生素D_3会引起中毒，导致高钙血症。

高钙血症对机体的影响是多方面的。对于消化道，高钙血症会引起胃肠动力失调，出现恶心、呕吐、腹痛、便秘等症状，严重者还会诱发肠梗阻。心脏的正常工作需要稳定的内环境，高钙血症很容易引起心律失常，这是非常危险的。高钙血症还会引起肾损害，本例患儿血肌酐水平升高提示已经出现了肾损害。幸运的是，本例患儿还算及时找到病因，避免了高钙血症对机体的进一步损害。

这个病例提示我们，日常生活中的三餐均衡营养已足够维持身体的正常运转，不需要过多摄入某种物质，更不能在不遵医嘱的情况下滥用营养制剂。

药物合成大师

当我们在临床一线救死扶伤时，是否想过这些救命良药是从何而来的。其实，我们口中所谓的“西药”大部分都是通过化学手段合成的。这里有太多化学家的辛苦和汗水，美国化学家伍德沃德就是其中最具影响力的代表人物。

许多药物最初是从动植物中提取出来的天然产物，明确其药用价值后，进而通过化学合成技术实现其批量生产。要想合成某种天然产物，首先要对其结构进行深入的研究。20 世纪早期，化学家们更多的是通过纯化学分析手段来研究天然产物的结构，胆酸和胆固醇结构的研究就是这一时期的代表。这样的方法既费时又低效。

直到 20 世纪 40 年代，伍德沃德开始引入物理学手段用于天然产物的结构鉴定，这大大提高了对化合物结构的研究水平。伍德沃德首先掌握了应用紫外光谱技术分析大分子化合物的结构。他先后发表多篇论文详细地描述了紫外光谱与分子结构之间的关系，证实利用物理方法比化学方法更为有效。进入 50 年代后，伍德沃德又在红外光谱技术上有所突破，拓展了红外光谱分析技术的应用范围。正所谓工欲善其事必先利其器，正是在这些先进技术的帮助下，伍德沃德先后鉴定了多种天然产物，并实现了工业化生产。

疟疾是疟原虫引起的以高热、寒战、惊厥等为表现的恶性传染病。奎宁的出现有力地帮助人类对抗疟疾的肆虐。奎宁最初是从茜草科植物金鸡纳树中提取的生物碱，又称金鸡纳碱。虽然早在 1907 年就有化学家明确了其化学结构，但是直到 1945 年，伍德沃德才开始化学合成奎宁的研究工作。而在此之前，还没有成功用化学方法合成复杂天然产物的先例，可见这个工作多么复杂。伍德沃德凭借自己在化学结构研究中的宝贵经验，创造性地实现了奎宁的人工合成。由此，奎宁也成为伍德沃德第一个实现人工合成的作品。

1951 年，伍德沃德又完成了胆固醇与可的松的全合成。可的松是一种肾上腺皮质类药物，也是一种甾醇化合物，具有抗炎症、抗过敏等多种疗效。在实现人工合成之前，可的松主要从肾上腺皮质提取，或从胆汁酸中制备，由于原料有限，很难满足实际需求。能够人工合成可的松，对患者及前线的战士，无疑是一大福音。伍德沃德提出的路线清晰、简洁、高效，因此成为他的又一经典代表作。

利血平是一种有效的降压药，最初从萝芙木属植物中获得，也是一种天然产物。1957 年，伍德沃德将还未发表的合成方法提供给瑞士公司，2 年后这种药物实现了商业化生产上市。虽然现在由于利血平的不良反应较多，已经不再作为一线用药，但是利血平的快速上市还是给那个时代的患者带来诸多益处。

红霉素是人类发现的第一个大环内酯类抗菌药物。红霉素相比上述药物复杂得多，就连伍德沃德本人也感慨红霉素的合成难度太大，以当时的技术几乎不可能完成。尽管如此，伍德沃德仍然迎难而上，带领研究团队开始了红霉素的合成工作。遗憾的是，他并没有亲眼看到人工合成的红霉素。在他逝世后，他的学生终于在 1981 年实现了红霉素的人工合成。红霉素至今仍然帮助人类对抗病原体，这一切都要感谢合成大师——伍德沃德。

第 13 期　生命的屏障

本期人物

泰奥多尔·尼古拉·高布利（Theodore Nicolas Gobley，1811—1876），法国生物化学家，首次发现了卵磷脂，并分析了其化学结构，开辟了磷脂的研究领域。

加思·尼克尔森（Garth L. Nicolson，1943—），美国生物化学家，提出了著名的"流动镶嵌细胞膜模型"，并成立了加州分子医学研究所。

彼得·阿格雷（Peter Agre，1949—），美国内科医生和分子生物学家，因发现了细胞膜的水通道蛋白，获得了 2003 年诺贝尔化学奖。

罗得里克·麦金农（Roderick MacKinnon，1956—），美国分子神经生物学与生物物理学教授，利用 X 射线晶体成像技术首次获得了钾离子通道的照片，并阐释了其工作原理，获得了 2003 年诺贝尔化学奖。

第一部分　科学家的故事

师生对话

本期成员为：解军教授（以下简称解），程景民教授（以下简称程），李琦同学（以下简称李），张升校同学（以下简称张），姜涛同学（以下简称姜）。

解　同学们，继脂肪酸和胆固醇之后，本期再来认识一种脂质——磷脂。大家对这类物质有什么印象和认识呢？

李　磷脂应该是这类物质的统称，根据结构不同，磷脂又分为几种类型，最令我印象深刻的是它们的命名，如卵磷脂、脑磷脂、心磷脂、鞘磷脂等。我在想，这种命名方式是不是也像一些氨基酸那样，根据发现的物质来源而命名呢？

张　的确如此，就拿第一个发现的卵磷脂来说，当时就是化学家高布利在鸡蛋黄中提取出来的，因此高布利可以说是这个领域的先驱。

姜　那我接着给大家介绍一下高布利吧。他最初是一名药房的小学徒，于 1835 年获得药剂师资格，2 年后结婚成家，并在巴黎成为一名药剂师。然而，高布利并不是一个喜欢安逸的人，在完成本职工作的同时，他在个人实验室里继续进行着他喜欢的研究课题。他选择了动物的脂质作为自己的研究方向，积极探索卵磷脂的结构组成，一晃就过了 30 年。另外，高布利还是一名社会慈善家，他一直尽其所能帮助穷人解决住房问题。

程　像高布利这种不仅热爱事业，而且关心社会的科学家值得称赞。相信他在卵磷脂的研究过程中有更精彩的故事。那么，我们接下来还能讲些什么故事呢？

随着对磷脂的认识越来越深入，科学家们发现，磷脂几乎存在于机体的所有细胞中，因为磷脂是细胞膜的重要组成成分。磷脂的研究促进了对细胞膜的认识，我们接下来的故事是不是围绕磷脂与细胞膜展开？

李

解

确实如此，磷脂的化学结构十分巧妙，一端疏水性，一端亲水性，满足了生物膜的苛刻要求。因此，可以说是一个个磷脂分子凝聚起来，为生命构筑了一道坚固的屏障，为细胞内各种新陈代谢等生命活动提供了一个安定的内部环境。所以，我们接下来聊聊科学家们是如何在磷脂的认识基础上来构建细胞膜模型的。

对于细胞膜组成结构的研究大致经历了两个阶段。最初科学家们通过一系列的理化试验对细胞膜的各种性质有了一定的了解，然后经过苦苦寻找，发现只有磷脂的特殊结构能够满足这样的理化条件。于是，接下来的任务就是探讨磷脂是如何构成细胞膜的。此时出现了两种观点，一种认为细胞膜是由一层磷脂分子层构成的，而另一种认为细胞膜需要双层磷脂分子层。直到电子显微镜的发明和应用，才结束了这场辩论，最终确认细胞膜是由磷脂双分子层形成的。

姜

但是，对于细胞膜的认识并未到此结束，在后续的研究中，科学家们发现了更精彩的内容。首先是以尼克尔森为代表提出了“流动镶嵌细胞膜模型”，也就是说，如果把细胞膜看做是细胞的城墙，这个城池是有生命的，可以根据细胞的需要进行运动变化，而且还有方便物质进出的“城门”。之后，阿格雷和麦金农分别发现的水通道和钾离子通道证实了“城门”的存在。

张

解

同学们总结概括得很到位，相信从磷脂的结构认识，到细胞膜结构的推断，再到细胞膜更复杂的模型构建，其中一定有许多有趣的故事和耐人寻味的细节，接下来就让我们在故事中一一体会。

我们的身体里包含着各种各样的细胞，它们的相互协作保证各项生命活动的正常进行。但这些细胞彼此之间又相互独立，因为它们本身就是一个生命体。维持生命需要各种养料，同时也需要避免各种有害物质的侵犯，为此每个细胞都为自身构建了一个屏障，让所需物质通行，又阻断有害物质。这就是我们所熟知的细胞膜，它默默地为生命保驾护航。

蛋黄里的奥秘

自光学显微镜问世以来，科学家们得以发现越来越多的细胞形态，但是，仅靠光学显微镜的放大能力，科学家们始终无法发现细胞膜的存在。直到1855年，有科学家声称发现色素透入已损伤和未损伤的植物细胞的情况并不相同，意识到细胞“边界”的存在。进而通过细胞的渗透特性去研究这种“边界”，首次把细胞“边界”称为“质膜”。

要想知道“质膜”的结构特点，首先需要了解其化学物质的组成。然而，在19世纪，许多生物大分子还未完全认识清楚，如磷脂、胆固醇、蛋白质等。因此对于“质膜”的结构认识直到19世纪末期才有了进一步突破。在此之前，许多科学家为探索这些生物大分子做出了巨大贡献，但是他们的初衷并不是为了探索细胞膜的结构。科学发现就是这样，往往一个领域的突破会给其他问题带来答案。

故事还要追溯到19世纪上半叶，面对神奇而又复杂的大脑，一些法国化学家通过多种尝试，试图分析脑组织中的化学成分，从而更深入地认识大脑的工作机制。对于解决问题的办法，当时的科学家们主要采用的是重量分析法，通过定量分析溶解于乙醇中的脑组织裂解化合物来寻找答案。但是，那个时代分析化学的技术手段才刚刚开始发展，无论是样品的制备还是不同化合物的分析鉴定，都缺乏较为精密的仪器设备和技术手段。因而科学家们无法精确控制组织的分解程度，构成组织的生物大分子就成为大小不一的片段，以这些片段来推测复杂的脑组织，就好比盲人摸象，一时间众说纷纭。

高布利作为研究大军中的一员，经过多次的研究尝试并总结前人的研究发现之后，他发现脑组织中可以分离出几种中性的脂类化合物，同时总是能够得到磷酸化合物。这几种脂类化合物是否来源于一种生物大分子，而且与磷酸有什么关系，这一问题引起了高布利的兴趣。

高布利率先认识到，沿着这样的方法继续下去很难找到问题的突破口。依据他已有的化学知识判断，不同生命物种之间在化学层面是高度一致的，如脂肪酸、胆固醇这些已经发现的生物大分子在生命体内是普遍一致的。基于这个道理，他想既然脑组织的复杂性使得样本制备困难重重，何不选择结构简单一些的生命体，如果能弄清楚研究的问题，再回到脑组织课题中验证，问题不就解决了吗。于是，在接下来30年的学术生涯中，他设计了一系列的实验，一步一步地解决他所关注的科学问题。

首先明确研究对象，他认为卵最终可以发育为完整个体，那么应该有许多脂质与脑组织是相同的，于是他选择了相对容易获取的鸡蛋。1845年，经过仔细分析蛋黄中的脂质成分，他首次在蛋黄中分离了十七酸，这种化学物质之前是科学家分析脑组织的时候发现的，大家都不会想到居然在蛋黄中也有类似的发现。而且，高布利证实这种化合物中还含有磷元素，这再次引起了他的兴趣，同时也更加坚定了他的猜想，通过研究蛋黄的化学成分必定能够解密构成脑组织的重要化学物质。

经过2年的不懈探索，高布利将蛋黄的脂质部分建立了由两个相互独立成分组成的化学模型，从而更准确地应用重量分析法对其中的化学成分进行分析。其中，第一部分的化学物质不含磷元素，为只含有氮元素的化合物，在全部物质中占很小的比例。通过对这部分物质的化学分析，他发现与一些科学家研究脑组织提取的一种物质“脑素”有着高度的相似性。第二部分的化学物质含磷元素，却不含氮元素，而这部分物质能够分解为十七酸、油酸和甘油磷酸，而且三者之间的比例是相对稳定的，于是高布利意识到这三种物质在蛋黄中不是单独存在的，磷元素部分可能是一种新的未被发现的化合物（图13–1）。

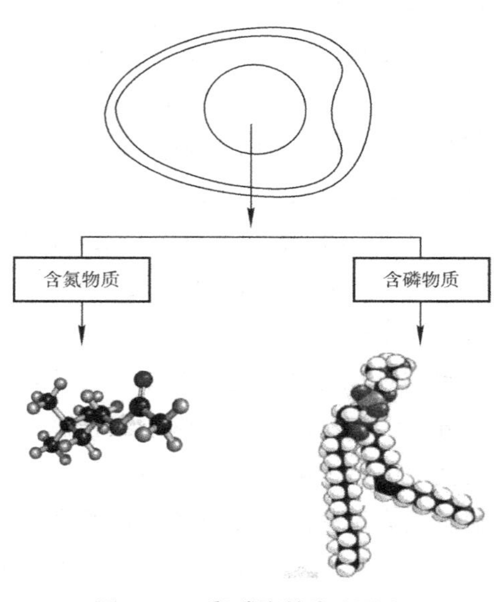

图13–1　卵磷脂的发现历程

由于这种新物质的发现源自鸡蛋黄，因此他命名为“卵磷脂”。之后，他很快在脑组织中证实存在相同的两种物质，脑素和卵磷脂。最终，通过高布利不懈的努力，用大量的实验结果证明了当初的猜想，意味着他以退为进的研究思路获得了巨大的成功。

然而，高布利并没有停止前进的脚步。按照他当初的猜想，同一种化学物质在不同物种之间是高度保守的，除了蛋黄和脑组织，其他组织中也应该存在。他开始在其他研究对象中提取卵磷脂。1950年，他在鱼卵中也发现了卵磷脂。1952年又证实血液中存在卵磷脂，4年之后在胆汁中也发现了卵磷脂。

但是在之后多年的研究中，含氮部分并没有引起高布利的注意。他似乎已经默认了脑素是属于脑组织特有的化合物。在不同组织的验证工作中，主要围绕含磷物质进行。直到1860年代，德国科学家解开了脑素的化学结构，命名为胆碱。这项工作的突破也给年岁已高的高布利很大触动，发现自己一直忽视的这部分物质与卵磷脂是不可分割的。终于，倾尽一生，高布利完成了对第一个磷脂结构的研究，确定了卵磷脂是由脂肪酸、甘油、磷酸基团和胆碱组成的一种磷脂。

高布利的研究发现为我们开启了新的大门，磷脂作为一种新的脂质存在形式得到更多的关注。之后，其他磷脂的结构相继被确定，这些复杂的化学分子推动着我们对于生命不断产生新的认识。

细胞的城墙

故事再次回到“质膜”的研究领域，前面提到在 19 世纪中叶这个概念已经诞生，此后很长时间再无突破，主要原因是一时无法确定“质膜”的化学成分。直到磷脂的发现，故事有了新的进展，而时间一晃就到了 19 世纪末期。

1899 年，一位英国科学家发表一系列关于化合物进入细胞的观察结果，他发现分子的极性越大，进入细胞的速度越小，当增加非极性基团（如烷基链）时，化合物进入细胞的速度便加快。得到的结论是，控制物质进入细胞的速度的细胞膜是脂质。

但是问题来了，如果“质膜”是非极性的，而细胞质内主要是以水为主的极性物质，那么“质膜”与细胞内容物之间的接触面就会产生疏水作用，此时非极性物质就会相互聚集以减少接触面积，这样细胞会变得很不稳定，容易破裂。因此，“质膜”应该是兼具极性和非极性的一种脂质，在已发现的脂肪酸、胆固醇和磷脂三大类物质中，只有磷脂能够兼顾这样苛刻的要求，磷脂有一个极性的头，还有一个疏水性的尾。

弄清楚“质膜”的主要化学成分后，研究进入第二阶段，明确“质膜”的化学结构。1917 年，有科学家将磷脂溶于苯和水中，当苯挥发完以后，磷脂分子分布散乱，经过推挤，磷脂分子排列成单层，而且每个分子的一端浸入水中，另一端浮于水面，成功将一层磷脂分子铺在水面上。在此基础上，有研究进一步提出，“质膜”是由一层很薄的脂质分子层组成的。该研究认为，“质膜”可以看做一个电容，因为“质膜”不容易导电，并且两侧具有电位差。应用惠斯通电桥实验方法对红细胞的电阻进行测量，成功地测量出红细胞膜的电阻，并推测出一般生物膜的电容大小，而这一成果目前已被作为常数。最后，通过膜电容和膜电阻这两个测量值，精确地计算出红细胞膜的厚度约 3.3 nm（通常细胞膜厚度为 7 nm 左右）。虽然测量是精确的，但是由于缺乏对“质膜”研究成果的全面认识，这项研究片面地认为“质膜”是一种单层磷脂分子组成的结构，只有“单层磷脂分子模型”才能够更好地解释膜两侧形成的电位差。

1924 年岁末，两位荷兰科学家发表了自己的不同观点，他们认为“质膜”是由双层的磷脂分子层组成的。他们采用了较为直接的研究方法，直接将红细胞膜上的脂质提取出来，通过离心技术尽可能将其他杂质除去，然后利用类似的方法，将得到的膜脂质直接在水面上摊开。由于脂质和水的疏水作用，脂质就会展开成薄薄的一层膜，可以认为形成一层分子层。然后计算得到细胞数量，平均后就可以得到每个红细胞的平均膜大小。他们将得到的膜面积与红细胞表面积相比，发现膜面积是红细胞表面积的接近 2 倍。于是，他们得出结论"质膜"的结构为双层分子层。

几乎是同时出现了两种不同的观点，给当时的学术界不少震动，一场长达 6 年多的争论开始了。主张双层结构的科学家们认为，直接测量膜表面积得到的结果是可靠的，结论更为直观，而通过膜电容得出的结论仅仅是推论。但是，另一边的科学家则认为，通过物理手段测定的膜电容电阻参数是准确的，如果膜是双分子层的，那么膜两侧都是极性的，如何解释膜两侧形成的电位差？

直到 1931 年，德国科学家发明了电子显微镜，通过其更高级别的放大倍数，科学家们可以直接观察到细胞膜的结构，证明了细胞膜是由双层分子层构成的。事实证明荷兰的两位科学家的结论是正确的。然而，这两位科学家当时的研究存在两个问题：第一，由于当时的化学提取技术有限，他们并没有完全把红细胞膜上的脂质提取出来；第二，他们在分析的过程中，将红细胞的体积按照球形计算而来，并没有考虑到红细胞的形状是双凹圆盘状的。有趣的是，两个参数同时减小，最终的结论却是正确的。

通过形态学的观察证明"磷脂双分子层模型"是正确的，并首次客观地描绘了细胞膜的基本化学结构，让我们看到了细胞外周这层城墙的主要轮廓（图 13–2）。但是这种理论模型对于细胞膜两侧的电位差并没有很好地解释，这说明理论模型还是存在缺陷的，因而许多科学家在之后的几十年时间里，尝试着对这个细胞膜模型进行补充和改造。

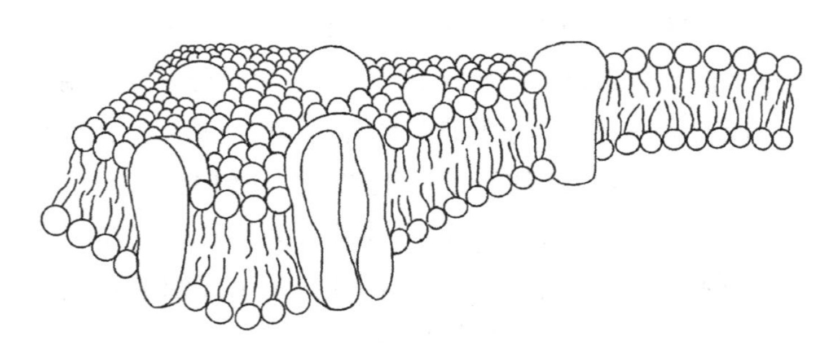

图 13–2　细胞的城墙

移动的城门

1972 年，*Science* 杂志发表了尼克尔森等提出的生物膜流动镶嵌模型，成为最为经典的细胞膜理论模型，他们的杰出工作不仅产生了巨大的影响，同时也开启了细胞膜研究的第三个阶段。

当时，尼克尔森还是一名助理研究员，而辛格在细胞膜研究领域已经做出不少成果。在辛格的指导下，尼克尔森首先对该研究领域近几十年的研究发现进行总结。经过查阅大量的文献，他发现当前的研究成果主要包括两个方面。一方面，对于细胞膜成分的研究有了进一步的突破，并提出了“镶嵌模型”；另一方面，辛格总结了几种已知的模型后，提出了“流动模型”。这两种模型分别从不同方面对“磷脂双分子层模型”进行了补充，而这些理论的背后是许多科学家不断地实验探索。

“镶嵌模型”主要依据细胞膜组成成分进行进一步研究，这些工作紧接着第二阶段的研究工作。首先，英国两位科学家发现质膜的表面张力比油－水界面的张力低得多，推测膜中含有蛋白质。之后，用锇酸处理了细胞膜（蛋白质经锇酸作用后形成高电子密度的锇黑，在电镜下呈黑色），用超薄切片技术获得了清晰的红细胞细胞膜照片，显示暗－明－暗三层结构，厚约 7.5 nm，这就是所谓的“单位膜”模型。它由厚约 3.5 nm 的双层脂分子和内外表面各厚约 2 nm 的蛋白质构成。20 世纪五六十年代，冷冻电镜技术应用于细胞膜的研究，它使人们能在三维空间更好地了解细胞膜的结构，从而认识到“单位膜”模型中脂质双层中含有蛋白质颗粒。此外，一些研究还报道了细胞膜含有聚糖类物质。

如果说“镶嵌模型”的提出经历了漫长的等待，那么“流动模型”的实验依据则显得有些偶然。1970 年，又有科学家用发绿色荧光的染料标记小鼠细胞表面的蛋白质分子，用红色荧光的染料标记人细胞表面的蛋白质分子，用灭活的仙台病毒促使两种细胞融合。刚刚融合的细胞 1 个半球带有红色荧光，另 1 个半球带有绿色荧光。如果把该细胞放在 37℃条件下培养 40 min，加上不同的滤光片观察显示红、绿荧光在细胞表面混合均匀，再把该细胞在 1℃条件下培养 40 min，加上不同的滤光片观察显示，细胞保持开始状态，即红、绿荧光没有混合。实验证明构成细胞膜的磷脂和蛋白质分子大多数不是静止的，而是可以运动的，即细胞膜具有一定的流动性。

尼克尔森将这两种不同的理论模型有机地结合起来，“流动镶嵌模型”就这样诞生了。这种新的理论模型并不是简单地将两个名字合在一起，而是通过总结分析，动态地体现了细胞膜的结构特点。“流动镶嵌模型”可以这么理解，细胞膜的骨架结构主要是磷脂双分子层，可以看做细胞的“城墙”。而在“城墙”中镶嵌着供各种物质通过的蛋白质通道，即“城门”，而且这些“城门”的位置是可以相对移动的，使得细胞膜物质转运更加灵活。

虽然在尼克尔森的工作之前，科学家们已经证实了细胞膜上“城门”的存在，但是要想观察到这些神秘的蛋白质通道需要更精密的实验技术，因而在“流动镶嵌模型”提出近 20 年之后，两位科学家才为大家呈现了这些蛋白质通道的真面目。

首先是阿格雷等人于 1988 年在分离纯化红细胞膜上的 Rh 多肽时，发现了一个 28×10^3 的疏水性跨膜蛋白，称为形成通道的整合膜蛋白 28（channel-forming integral membrane protein of 28 kDa，CHIP28）。他发现这种蛋白在肾小管细胞膜上也大量表达，但当时并不知道该蛋白的功能。研究蛋白质功能的主要思路就是人为地改变其表达量，观察过多或过少产生什么生物学效应。于是他的团队先是在1991年完成了该蛋白的cDNA克隆。之后，将体外转录合成的CHIP28mRNA注入非洲爪蟾的卵母细胞中，发现在低渗溶液中，卵母细胞迅速膨胀，并于5 min内破裂。为进一步确定其功能，又将其注入蛋白磷脂体内，通过活化能及渗透系数的测定及后来的抑制剂敏感性等研究，证实其为水通道蛋白。从此确定了细胞膜上存在转运水的特异性通道蛋白，并称CHIP28为水通道蛋白（aquaporin，AQP）。

与此同时，麦金农利用X射线衍射分析技术首次为世人展示了细胞膜钾离子通道的细微结构。他在链霉菌细胞膜中提取了钾离子通道，并获得其照片，轰动了整个世界。麦金农通过X射线衍射技术观察到，钾离子通道主要由内在膜蛋白构成，呈跨膜分布。其中4个亚单位相互围绕成一个圆锥形的跨膜通道，圆锥的底部位于膜外侧面，如同在细胞膜上放置了一个漏斗。4个亚单位的末端氨基酸残基在通道的膜外侧端形成了一个选择性的过滤嘴。钾离子半径为1.33Å，钠离子半径为0.95Å，但是为什么半径较大的钾离子却可以通过过滤嘴？这是因为过滤嘴主要识别两者的电性不同，因而可以敏锐地挑出钾离子。之后，钾离子进入一个半径仅有12Å、充满了液体的通道。为降低钾离子从水溶性环境进入膜脂质环境的阻力，钾离子在通道中被水化，同时每个亚单位还含有直接通向离子通道的碳氧基，形成的疏水螺旋降低钾离子的电荷阻力。这样钾离子就可以高速地通过离子通道，而钠离子被拒之门外。

第二部分　医学生的见闻

师生对话

程　同学们在听故事的过程中，有没有留意尼克尔森这位科学家？据了解他不仅在基础研究中取得重大突破，同时也是一名优秀的临床医学家。谁先来给大家详细地介绍一下他的学术生涯？

马　尼克尔森出生于美国洛杉矶。他于1965年毕业于加州大学洛杉矶分校化学专业，于1970年进入加利福尼亚大学圣地亚哥分校进行生物化学研究，并获得博士学位。博士毕业后，他主要从事癌症领域的基础研究，先后在拉霍亚索尔克生物研究所的阿尔芒哈默癌症研究中心担任高级研究员，在癌症委员会实验室及电子显微镜实验室担任主任，在癌症生物学系任主任，以及在加州大学尔湾分校发育与细胞生物系任教授。1980 年，他开始在休斯敦的德克萨斯大学安德森癌症中心开展癌症研究工作，并在那里工作了 7 年。从 1989 年开始，尼克尔森踏入临床医学研究，担任德克萨斯大学医学院内科学教授。在此期间，他于 1996 年在亨廷顿海滩创立了分子医学研究所，以期将基础研究与临床疾病更好地结合起来。

马

原来他近 20 多年的研究方向主要是癌症研究，难怪他能够针对癌症患者的“癌性疲乏”提出著名的脂质替代疗法，这与他在细胞膜和癌症研究中所做的工作是密不可分的。

李

解

很好，那就给大家仔细讲讲尼克尔森与他的脂质替代疗法，其他同学还有什么补充？

除此之外，尼克尔森对海湾战争综合征也有研究，并对其致病机制提出了自己的见解。

张

程

同学们可能对海湾战争不太了解，海湾战争是 1990 年美国领导的盟军对伊拉克发起的第一次战争，包括沙漠盾牌行动、沙漠风暴行动和海上拦截行动。海湾战争后，美国加强了对波斯湾地区的控制，对冷战后国际格局产生了深远的影响。

对了，所谓的海湾战争综合征主要见于参加过沙漠风暴行动的美军士兵。

张

解

海湾战争综合征至今未完全阐明病因，但是我们的目的是通过这个故事体会尼克尔森对问题的思考方式和实验设计，这对我们才是最有意义的。

脂质替代疗法

易疲劳是肿瘤患者化学治疗过程中常见的临床表现，约 75% 的患者有这样的感觉，但是仅仅有不到 32% 的医生会注意到这样的问题。而且由于大部分的医生和患者认为这种症状是无法治疗的，因而易疲劳症状往往成为患者终止或放弃治疗的主要原因。许多研究对此也有报道，但是解决问题的进展依旧非常缓慢。

尼克尔森意识到问题的严重性，做了不少探索。首先，经过查阅大量的文献，他分析易疲劳的原因主要是线粒体膜的破坏，特别是膜磷脂等脂质的过氧化和损害导致的。线粒体膜完整性的破坏导致线粒体氧化磷酸化效率下降，活性氧（ROS）生成增多。ROS 会进一步破坏线粒体膜结构。损坏的脂质严重影响膜的流动性、电生理活动、酶活性及物质转运。他的理论分析有不少研究证据的支持。研究发现，在易疲劳患者的血液样本中，检测到了 DNA 和脂质的损害，同时也检测到了自由基增多的标志物。此外，在肌肉组织样本中也检测到了 DNA 和膜磷脂的损害。作为机体的反馈调节，抗过氧化物酶的表达增加，过氧化亚硝酸的生成也增加。能够抑制自由基损害的物质，如谷胱甘肽、半胱氨酸，在患者中相应地减少。

自由基的主要损害对象就是基因和质膜。由于尼克尔森之前在细胞膜领域的工作基础，特别是流动镶嵌模型的提出，使得他更加关注于这类患者线粒体膜损害的修复。于是，他开始研究脂质替代疗法（LRT）治疗肿瘤患者易疲劳的症状。

脂质作为饮食补充和药物治疗已经有很长的历史，最初临床医生尝试用多种食用脂质的组合治疗心血管疾病等，但并不是都有效果，经过大量的筛选，只有特定的几种能发挥作用。进一步研究发现，并不是任何脂质的补充都能够修复损伤的质膜。脂质替代疗法并不是简单地对机体所需特定脂质的替代和补充，而是确保应用正常的脂质替代细胞中损坏的脂质，从而保证细胞功能和结构的正常，尤其是细胞膜和线粒体膜的完整性。

由于脂质替代疗法的初衷是确保应用正常的脂质替代损害的脂质，因而用于脂质替代疗法的脂质，在服用后机体的消化、吸收过程中需要保证不会被氧化和破坏，这对药物的研发也提出了巨大的挑战。这些脂质主要包括构成细胞膜及线粒体膜的磷脂、甘油磷脂等。此外，脂质替代疗法通常与抗自由基治疗一起用于取代衰老过程或疾病中积累的破坏的脂质，在抗衰老方面也取得了显著成果。

海湾战争综合征

1991 年爆发了海湾战争。战争结束后，由战争带来的影响并没有结束。一些参加过海湾战争的老兵在战后出现了精神压抑、疲劳、头痛、失眠、腹泻、记忆力衰退、注意力分散、肌肉和关节疼痛、呼吸障碍等各种身体不适的症状。据统计，曾参加过“沙漠风暴”行动的 70 万美军中大约有 16 万人自称患有此病。

最初，美国政府并不承认这些临床表现是战争后遗症。尼克尔森注意到这个问题后，开始了这方面的研究，并成为该领域的领军人物。他与妻子一起呼吁大家关注这个问题。

尼克尔森应用自己擅长的分子生物学技术开始寻找海湾战争综合征的病因。经过大量的工作，他收集了 8 名诊断为海湾战争综合征的退伍老兵的血样，通过聚合酶链反应（PCR）检测，发现可能存在一种发酵支原体的感染。这种支原体并不来自自然病原体，很可能来自人造的生化武器。于是，他认为海湾战争综合征的病因可能与士兵暴露于生化武器有关，并在 1998 年写给美国政府的证词中提到：“我们认为，许多遭受海湾战争综合征的沙漠风暴行动退伍军人很可能已经暴露于含有缓慢增殖的微生物（支原体、布鲁菌等）的化学 / 生物毒素，并且这种感染虽然通常不是致命的，但可以在暴露后长时间内引起各种慢性体征和症状。”

对于支原体的检测，尼克尔森采用 PCR 技术而不采用一般的微生物检测技术，主要是因为支原体有自身的独特之处。支原体是一种没有细胞壁的微生物，对青霉素耐药，在培养基上生长不会改变培养基的浊度。而培养基的浊度恰恰是一般微生物检测的主要指标。许多微生物的生长会引起培养基透光性的改变，有些让培养基变得更透明，有些则让培养基变得更加混浊，于是可利用分光光度计通过对浊度的分析来鉴定微生物。但是，支原体的生长特点无法使用常规流程，科学家们又提出使用特殊培养基来鉴定支原体。然而，这些特殊培养基的局限在于，并不是所有亚型的支原体都能够生长，而且培养周期长达 21 天，因而这种技术无法适用于临床样本中的支原体检测。针对这种棘手的问题，不依赖培养基的支原体检测技术开始得到研究者的关注，如免疫学技术、DNA 染色技术、PCR 技术等。在这些技术中，PCR 技术由于其灵敏度高、特异性强、快速的特点有效地解决了支原体检测的难题，受到广大研究者的青睐。

PCR 是一种能够将特定检测样品中 DNA 扩增放大的分子生物学技术。利用培养基检测微生物的主要原理是让微生物不断生长到一定规模后，该微生物的特点就变得显而易见。PCR 也是类似的原理，只不过是让微生物的 DNA 直接“生长”达到一定的规模，从而利于检测。在 PCR 的反应过程中，特定的酶参与 DNA 的“生长”过程，因此 PCR 也可以看做一种酶促反应。反应结束后进行琼脂凝胶电泳，电泳道上设置标记物、阳性对照和阴性对照，并出现不同的条带。若被检样品泳道出现明亮条带，且位置在阳性对照和阴性对照条带位置之间，即可认为该样品被支原体污染。有时还会发现一条泳道出现多条条带，可能是该样品感染两种以上支原体所致。如果泳道内条带隐约出现，则可怀疑有支原体污染，应重新对该样品进行检测。

但是，尼克尔森的研究样本量较小，一些学者对这种结论表示怀疑，并提出了其他观点。一些研究团队发现，士兵们所接种的疫苗中含有角鲨烯。这是一种无色不饱和的脂肪族碳氢化合物，主要用于生化研究。如果将角鲨烯加入疫苗，可以大大提高疫苗的作用，但角鲨烯也会产生很大的不良反应。另一些研究团队则认为，可能与贫铀、沙林毒气等化学物质有关，还有精神心理因素的作用。

尽管众说纷纭，许多观点都因证据不足而受到限制。但是在这些研究人员的努力下，美国国防部在 2001 年 12 月 10 日首次正式承认，参加过海湾战争的老兵确实患有海湾战争综合征。

第 14 期　机体的运油车

本期人物

阿奇博尔德·爱德华·加罗德（Archibald Edward Garrod，1857—1936），英国医生，开辟了先天性代谢缺陷疾病的研究领域，研究了黑尿症、胱氨酸尿症、戊糖尿症和白化病这 4 种代谢疾病的遗传特点，为“疾病－酶－基因”研究模式的形成奠定了重要基础。

迈克尔·斯图尔特·布朗（Michael Stuart Brown，1941—），美国生物化学家、医生，通过对家族性高胆固醇血症的研究，明确了低密度脂蛋白受体的作用，对认识脂质代谢意义重大，因此获得 1985 年的诺贝尔生理学或医学奖。

约瑟夫·里欧纳德·戈德斯坦（Joseph Leonard Goldstein，1940—），美国遗传学家、医生，他和布朗共同研究家族性高胆固醇血症，对认识低密度脂蛋白受体和胆固醇代谢规律做出了卓越贡献。为此和布朗分享了 1985 年的诺贝尔生理学或医学奖。

远藤章（Akira Endo，1933—），日本生物化学家，在探索真菌和胆固醇生物合成的关系过程中，首次发现了美伐他汀，促进了他汀类药物的研发和应用。

第一部分 科学家的故事

师生对话

本期成员为：解军教授（以下简称解），程景民教授（以下简称程），李琦同学（以下简称李），张升校同学（以下简称张），姜涛同学（以下简称姜）。

解

同学们，经过前面三期的内容，我们对脂肪和类脂（胆固醇和磷脂）这几种代表性的脂质有了深入的认识。虽然机体内几乎所有的细胞都离不开它们，但是不同器官的分工不同，因而各有侧重。例如，肝是脂质代谢的中心，许多器官利用和排出的脂质都需要经过肝的处理，而肝加工后的脂质也要送往全身各处发挥作用。这样就出现了一个问题，如何保证这些物质能够准确到达目的地？

张

这些脂质主要是以脂蛋白的形式在血液中运输的。脂蛋白的核心成分是三酰甘油（又称甘油三酯），外周是像细胞膜一样由磷脂、胆固醇、蛋白质分子形成的生物膜。由于包裹内容物的密度不同，脂蛋白可以分为乳糜微粒、极低密度脂蛋白、低密度脂蛋白和高密度脂蛋白，而不同密度的脂蛋白的功能和去向也各不相同。

解

很好，经过你这样简单的解释，相信大家看到化验单里的这些指标就没有那么陌生了。本期内容就以脂蛋白为主题，希望通过脂蛋白的相关故事，大家能够有更深入的认识。但是，回到最初的问题，如何保证脂质准确地运输到目的地，仅有脂蛋白似乎还不能完全解释，同学们有什么补充？

姜

是的，脂蛋白就像血液中的运油车，光载着货物跑也不行，还要知道目的地在哪儿。于是，进一步研究发现不同的脂蛋白在靶细胞上有对应的受体，当与匹配的受体结合后，运油车才会认为自己到达目的地并开始装卸。

程

这位同学的比喻很形象，这样解释理解起来就很容易了。关于受体介导的脂蛋白运输机制，我记得有一年的诺贝尔奖就专门表彰了在这方面有杰出贡献的科学家，同学们知道是谁吗？

李

据我了解，生物化学家布朗和遗传学家戈德斯坦共同合作研究，在低密度脂蛋白受体的研究中取得了重大突破，终于发现家族性高胆固醇血症是一种新的遗传性疾病，而造成此类疾病的原因是低密度脂蛋白受体。他们成功地阐明了一种特别的胆固醇代谢障碍的机制，因此而共同获得 1985 年诺贝尔生理学或医学奖。

程

对，就是这两位科学家，同学们再详细介绍一下他们吧。

李

我先介绍一下戈德斯坦，1940 年 4 月 8 日他出生于美国南卡罗来纳州。在弗吉尼亚大学化学系完成学业后，选择了医学专业，在达拉斯的德克萨斯大学西南医学院学习。由于成绩优秀，深受内科主任塞尔丁赏识，提前给他安排了内科医生的职位，但要求戈德斯坦毕业前到麻省总医院进修遗传病学，以便回来后为科室创建一个医学遗传学专业组。戈德斯坦就是在麻省总医院进修时认识了布朗，建立了深厚的友谊。进修结束后，戈德斯坦又被指派到美国国立卫生研究院（NIH）的国家心脏病研究所工作，该研究所拥有全国一流的基础医学实验室，戈德斯坦不仅学到了现代先进的研究技术，更重要的是明确了未来的研究思路和方向。这些学术经历成为他日后与布朗共同合作的基础。

张

布朗于 1941 年 4 月 13 日出生于美国纽约州的布鲁克林，从少年时代起，他就热爱科学。1962 年化学专业毕业后，他进入医学院学习，4 年后到麻省总医院当住院医生，开始了他的医生生涯。其间，他遇到了在那里进修的戈德斯坦，两人兴趣相投，建立了真诚的友谊，也因此成为他们二人长期科研合作的开端。1968 年至 1971 年，布朗在美国国立卫生研究院（NIH）著名的消化与遗传病专家斯塔特曼（Earl R. Stadtman，1919—2008）教授的实验室工作。斯塔特曼教授是酶与代谢机制研究的先驱。布朗在他的指导下，学到有关代谢调节的基本原理和酶学研究技术。1971 年，布朗结束了在 NIH 的进修，转到得克萨斯大学西南医学院的内科工作，1 年以后，戈德斯坦也完成了自己的进修任务回到该院。从此，这两位临床医学家开始了长期卓有成效的合作。

张

解

同学们讲解得很到位，伟大的科学发现离不开良好的科研合作，接下来就让我们走进他们的研究故事，并从中体会科学研究的团队精神。

对于心脑血管疾病患者而言，血脂是一项再熟悉不过的生化检查指标，它的高低与心脑血管疾病有着密切的联系，因此血脂的检测就显得尤为重要。血脂含量可以反映体内脂质代谢的情况，因为食物中吸收的、肝等合成的及各种细胞代谢产生的脂质都汇集于此。但是从细胞质到血液，所有溶质都是含水的液体，对于这些不溶于水的脂质，如何实现在血液中运输、利用和清除呢？

血液中的运油车

血脂是血浆中脂肪和类脂（固醇及其酯、磷脂和糖脂）的总称，其中三酰甘油参与人体内能量代谢，胆固醇则主要用于合成细胞质膜、类固醇激素和胆汁酸，磷脂是构成细胞膜的重要成分。虽然血脂含量只占全身脂质总量的极小部分，但是这小部分是机体食物摄入脂质、体内存储脂肪分解和各种代谢产生脂质经复杂的代谢调节后形成的动态平衡，是反映机体脂质代谢情况的重要“窗口”。正常情况下，血脂能够维持在一定范围内，例如食用高脂肪膳食后，血浆脂质含量大幅度上升，但这是暂时的，通常在 3 ~ 6 h 后可逐渐趋于正常。这就是为什么血脂化验需要禁食 12 h 后进行，此时血脂水平趋于稳定，能较为可靠地反映血脂水平的真实情况。

在这个动态平衡的背后，需要各种脂质不断进出于组织细胞之间、组织和血液之间，但是脂质不溶于水，在含水量很多的细胞液和血液中就需要运输工具，帮助脂质在溶液中快速往来。承担运输任务的就是脂蛋白，它们像一辆辆运油车，以脂质 – 脂蛋白复合物的形式将货物送往目的地。

在 20 世纪五六十年代，许多实验室做了大量的工作来描述血浆脂蛋白的主要类别。根据超高速离心和电泳的结果，产生了两种分类方法。经过超高速离心，根据密度不同将脂蛋白分为乳糜微粒、极低密度脂蛋白（VLOL）、低密度脂蛋白（LDL）、高密度脂蛋白（HDL）和中间密度脂蛋白（图 14–1）。电泳法可以将脂蛋白分为乳糜微粒、前β脂蛋白、β脂蛋白和α脂蛋白。

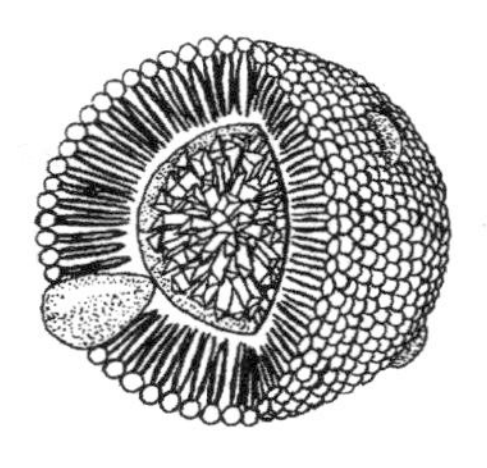

图 14–1　血液中的运油车

通常脂蛋白的密度分类更为常用。不同的脂蛋白有不同的功能。乳糜微粒是人血浆中最大的脂蛋白颗粒，乳糜微粒将多数膳食中的三酰甘油从小肠吸收部位输送至体循环。乳糜微粒清除速度快，半衰期约为 10 min，正常人空腹 12 h 后不能检出。极低密度脂蛋白是运输内源性三酰甘油的主要形式。这类脂蛋白由于携带胆固醇数量相对较少，且其颗粒相对较大，不易透过血管内膜，因此正常的极低密度脂蛋白没有致动脉粥样硬化作用，像乳糜微粒一样也不是冠心病的主要危险因素。低密度脂蛋白是由极低密度脂蛋白转变而来的。低密度脂蛋白的主要功能是把胆固醇运输到全身各处细胞。每种脂蛋白都携带有一定量的胆固醇，但体内携带胆固醇最多的脂蛋白是低密度脂蛋白。高密度脂蛋白是血清中颗粒密度最大的一种脂蛋白，富含磷脂。高密度脂蛋白的代谢是相当复杂的，涉及许多代谢通路。肝是合成、分泌高密度脂蛋白的主要部位，其次是小肠。其主要作用是将肝以外组织中的胆固醇转运到肝进行分解代谢。因此，高密度脂蛋白被认为是抗动脉粥样硬化因子。

认识了这几种脂蛋白之后，机体内脂质的运输方式和方向都变得一清二楚。然而，这些研究成果并不能够解决布朗和戈德斯坦遇到的问题。

代谢性遗传病的先驱

20 世纪 70 年代，生物化学家布朗和遗传学家戈德斯坦共同攻克家族性高胆固醇血症的发病机制。这项研究还要从戈德斯坦的进修经历说起。1970—1972 年，戈德斯坦在西雅图的华盛顿大学医学遗传学研究所做访问学者，完成了在心脏病发作的随机组群中确定各种类型遗传性脂质代谢紊乱发病率的遗传学人口调查。这项研究让他开始关注家族性高胆固醇血症。于是，回到得克萨斯大学西南医学院的戈德斯坦开始与布朗合作研究家族性高胆固醇血症。

戈德斯坦是受过极好训练的医学遗传学家，而布朗则是基础雄厚的生物化学家，更重要的是，他们又是医院里出色的内科医生，两人决定以此为线索追溯基因突变导致血脂升高的机制。他们在专业知识上各有侧重，刚好互补他们在研究家族性高胆固醇血症中的科研需要。

家族性高胆固醇血症患者血液中的胆固醇浓度高于正常数倍，在生命的早期就会发生心脏病。推测这种显性遗传病是由胆固醇代谢紊乱所致。当时脂蛋白的研究成果已经阐释了胆固醇的运输机制。机体吸收和合成的胆固醇由低密度脂蛋白运送到各组织细胞中被吸收利用，而细胞代谢产生和不需要的胆固醇则由高密度脂蛋白运送回肝进行转化和排出。但是，两位科学家分析认为，光有这些知识不足以解释家族性高胆固醇血症胆固醇如何升高，其中可能存在一些未知的调节机制，而这一机制最终受基因调控。

两位科学家之所以萌生这样的研究思路，是深受一位前辈的启发和影响，在他们的诺贝尔获奖感言中对其高度肯定，这位前辈就是加罗德。加罗德因他对先天性代谢缺陷的科学研究而成名。1897 年，一位母亲带着一个婴儿和一块染成棕黑色的尿布来到了大奥满德街医院。加罗德医生记录了婴儿的家族史并保存了这个新生儿的标签很多年。他很快就开始寻找其他患有同样病症的患者，并发现了 40 例患者，他也开始钻研这类疾病的发病原因。

1900 年，这位母亲又怀孕了。宝宝一出生，加罗德就让护士密切观察婴儿的尿布。果然，他们注意到婴儿出生 52 h 后黑尿出现。加罗德随后推断黑尿症这种情况是与生俱来的。加罗德翻阅他的记录发现，黑尿症更可能在第一代堂兄妹或表兄妹的孩子中发生。

黑尿症是一种罕见的家族性有机酸代谢障碍性疾病，它最出名的是能使暴露在空气中的尿液从黄色变成棕色再变成黑色。在随后的生活中，这种疾病的个体会出现关节软骨和结缔组织中褐色色素沉积的关节炎。加罗德研究了几个家庭的发病模式，终于明白了基于孟德尔定律的儿童黑尿症的遗传模式。

加罗德于 1902 年发表了一篇论文——《黑尿症的发病率：化学个体化的研究》，使用孟德尔的概念来解释黑尿症。在论文中，加罗德解释了他如何理解这种情况，并推测其原因。他引用了各种案例研究，并且在如何遗传方面，他将黑尿症和白化病进行了比较。在他的论文中，加罗德关注“化学个体化”的概念，而他之前对基因没有任何认识。他写道：“据我所知，由于他们的化学个体化，不同的人对个人疾病的倾向及他们所表现的症状有很大的不同。”。

在接下来的 10 年中，他逐渐了解了遗传性代谢疾病的可能性质。他描述了大多数有关酶缺陷的隐性遗传病的特性。1908 年，这项工作的核心成为克鲁尼安英国皇家医师学院的讲座，这类疾病被命名为“先天性代谢缺陷”并于次年发表。加罗德的代谢研究范围扩大到胱氨酸尿症、戊糖尿症、白化病。这三种先天性缺陷与黑尿症统称为加罗德的四大研究。1923 年，他在其最著名的作品的扩充版中总结了这些研究。

加罗德的杰出工作印证了 40 年后提出的“一个基因对应一个酶”的疾病模式，启发布朗和戈德斯坦沿着“疾病 – 酶 – 基因”的思路去探索家族性高胆固醇血症真正的“元凶”。

运油车的向导

在 20 世纪 60 年代中期和 70 年代初，研究已经证明家族性高胆固醇血症存在两种临床形式：不太严重的杂合子形式和更严重的纯合子形式。为了研究高脂血症的遗传性，戈德斯坦与布朗挑选出一些同源纯合子型高脂血症的患者，虽然病例数不多，但他们认为可以从这些病例中取得他们所需的遗传学信息。在实验中，他们发现此类患者的成纤维细胞（用细胞培养的方法使细胞在体外被培养成活）中有一种名为 HMG-CoA 还原酶的酶活性特别高，超过正常值达 40 倍之多（这是一种可以控制胆固醇合成速率的限速酶）。他们还观察到，患者的低密度脂蛋白（LDL）不能像正常人中那样与成纤维细胞结合，也不能抑制 HMG-CoA 还原酶的活性。这个发现启发这两位科学家提出了低密度脂蛋白受体的概念，并且以实验证明了它们存在于体细胞，尤其是肝细胞上。这是一种专一与 LDL 结合并将 LDL 摄入细胞内的特殊分子，它们位于细胞膜上，好似一个个“向导”，识别并帮助那些急于进入“部门”的 LDL 颗粒进入细胞内。

为了验证理论，他们用碘 -125（^{125}I）对低密度脂蛋白进行标记并与正常和家族性高胆固醇血症纯合子细胞培养，证明了低密度脂蛋白受体的存在。这些研究表明，正常细胞存在对 ^{125}I 标记的低密度脂蛋白有高亲和力的结合位点，而家族性高胆固醇血症纯合子细胞缺乏高亲和力受体。这似乎解释了家族性高胆固醇血症的遗传缺陷，但并没有揭示低密度脂蛋白是如何产生抑制 HMG-CoA 还原酶的信号的。答案还需要对表面结合的 ^{125}I 代谢去路予以进一步研究。

通过更先进的技术，他们能够分辨出细胞表面结合的及细胞内的 ^{125}I 低密度脂蛋白。与受体结合的低密度脂蛋白在细胞表面停留时间平均低于 10 min。在这段时间内，大部分表面结合的 LDL 颗粒进入细胞，之后的 60 min 内 ^{125}I-LDL 的蛋白质成分被完全消化为氨基酸和 ^{125}I。^{125}I 之前一直连接在低密度脂蛋白上的酪氨酸残基，然后以 ^{125}I- 一碘酪氨酸的形式释放到培养基中。同时，低密度脂蛋白的胆固醇酯水解，生成未酯化的胆固醇保留在细胞内。

受体结合 LDL 的快速内化和 LDL 水解蛋白的完整性意味着成纤维细胞具有从细胞表面向溶酶体转运脂蛋白的特殊机制。可能的机制是内吞作用，即表面膜内陷并收缩形成囊泡，最终与溶酶体融合的过程（图 14-2）。为了确定内吞作用是否参与 LDL 的摄取，他们于 1975 年通过使用 LDL 与电子致密铁蛋白结合，发现受体结合的低密度脂蛋白被内吞作用内化。同时，内化的效率取决于“内陷小窝”中 LDL 受体的聚集。LDL 受体聚集在内陷小窝中，决定了 LDL 被迅速内吞，而其他细胞表面的蛋白质，被排除在外，不能迅速进入细胞。家族性高胆固醇血症纯合子成纤维细胞的研究加强了对内陷小窝功能的解释。大多数受试者的

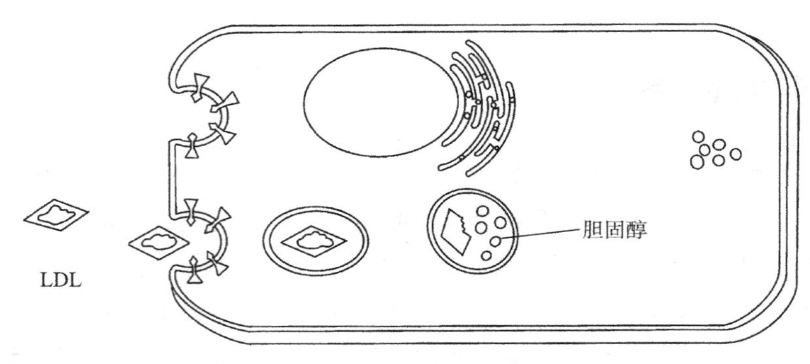

图 14-2　胆固醇的运输

细胞根本无法结合低密度脂蛋白。来自一个家族性高胆固醇血症患者的细胞能结合 LDL，但未能将其内化。他们发现，这些突变细胞中的受体被排出到内陷小窝外。这是一个重要的发现，因为它确立了内陷小窝在受体结合分子的高效吸收中的基本作用。

明确了 LDL 受体的作用之后，两人继续沿着“疾病 – 酶 – 基因”的思路研究家族性高胆固醇血症的基因改变。他们研究了来自 110 例具有临床表型的家族性高胆固醇血症纯合子患者的成纤维细胞，所有细胞都显示 LDL 受体缺陷的证据，但并不是所有的缺陷都是相同的。至少有 10 种不同的突变可以通过结构标准来区分。这些突变分为四类，Ⅰ类突变：没有受体合成；Ⅱ类突变：受体合成，但从内质网向高尔基体转运缓慢；Ⅲ类突变：受体加工后到达细胞表面，但不能正常结合 LDL；Ⅳ类突变：受体到达细胞表面并结合 LDL，但不能在内陷小窝中聚集。

布朗和戈德斯坦关于低密度脂蛋白受体理论的创立对于临床工作有什么实际意义呢？科学界认为，LDL 受体的发现及对其分子水平的作用及其基因突变的了解，使人们在开发治疗家族性高脂血症的药物时，考虑可增加 LDL 受体的新药。当然，对于那些根本不能制造 LDL 受体的病例，增加受体的药物是不能奏效的，研究小组建议对此类患者施行肝移植术，让新的肝为患者生产 LDL 受体（因为 LDL 受体是一种具有特殊功能的蛋白质，可由正常的肝合成）。有病例报道，一名年轻患者做了肝移植后，效果明显。动物实验表明，如果给实验动物喂以高脂饮食，可以明显地抑制 LDL 受体生成。LDL 受体活性高的人，患动脉硬化症的较少，其血中胆固醇含量也不会很高，因此，布朗和戈德斯坦建议人们不要过多摄入高脂饮食，因为血中胆固醇过高，细胞内水平也会很高，这样往往会抑制 LDL 受体生成，而使血中胆固醇沉积在血管壁内。

第二部分　医学生的见闻

师生对话

解

如今，高脂血症越来越普遍，由于许多心脑血管疾病与其密切相关，因而日益受到重视。根据血脂化验结果，高脂血症可以分为高胆固醇血症、高甘油三酯血症、低高密度脂蛋白血症和混合型高脂血症。针对高血脂问题，目前有一些针对性的药物，还有市面上琳琅满目的保健品，如何安全有效地降低血脂，同学们了解多少？

李

我在临床实践中，学习到对于合理运动和饮食调整无法奏效的高脂血症患者，一般建议正确服用降血脂药，保健产品并不在指南推荐的措施之内。他汀类降血脂药是最为常用的，对于降低血胆固醇和低密度脂蛋白有很好的效果。除此之外，还有贝特类，亦称苯氧芳酸类药物，此类药物对高甘油三酯血症效果较好。

张

我再补充一下，还有烟酸类药物、胆酸螯合剂类药物（如考来烯胺）、胆固醇吸收抑制剂类（如依折麦布）等，都是临床上用到的降血脂药。

程

虽然降血脂药种类繁多，但是他汀类药物的地位是无法撼动的。那么，同学们知道他汀类药物的研究历程吗？

姜

我觉得日本科学家远藤章，应该算是他汀类药物研究的代表人物。他提取了第一个他汀类药物——美伐他汀，被誉为继青霉素之后的第二个发明。有趣的是，远藤章并不是一名药学专家。1957年，他在日本仙台获得了东北大学农学院的学士学位，1966年获得生物化学博士学位。1957—1978年，他在日本三共化学公

姜：司当研究员。最初他的研究方向是加工果汁的真菌酶，后来开始关注真菌胞外分泌物及其对胆固醇合成的影响。就是在这项研究中，他无意间发现了降血脂药。

程：科学发现有时就是这样充满巧合，同学们在临床实践中对他汀类药物有什么体会，也讲一讲。

李：在临床实习中，我发现他汀类药物确实是最常用的降血脂药，但是对于其降胆固醇的机制许多人并不是很清楚，我觉得我们正好可以讲讲他汀类药物的故事，帮助大家从应用到机制全面认识这种药物。

解：很好，充分理解药物机制对于大家在临床实践中更好地应用药物大有帮助，下面就讲讲这个故事吧。大家还有什么问题？

张：老师，我有个问题，咱们聊了这么多脂蛋白，还有个名词是载脂蛋白，这两个名词特别容易混淆，怎么区分呢？

解：前面的内容对脂蛋白的结构和功能都做了大量讲解，这样载脂蛋白就好理解了。载脂蛋白其实就是脂蛋白外周那层包膜中的蛋白质成分，分为A、B、C、D和E五大类。说起载脂蛋白，它们与疾病也有密切的关系，同学们能举个例子吗？

李：阿尔茨海默病大家应该都很熟悉，对于其发病机制，一些研究认为，载脂蛋白E与疾病的发生有密切的关系。

解：很好的例子，现在这种疾病是世界级难题，希望同学们通过载脂蛋白E对阿尔茨海默病有个初步的认识。好，接下来就让我们一起听听这两个故事。

他汀类药物的前世今生

我在心内科、神经内科、老年科等科室轮转实习时，通常对于高胆固醇血症和动脉粥样硬化的患者，都要嘱其服用他汀类药物，从而实现降脂稳斑、降低心脑血管疾病发病风险及预防复发的目标。可能见得比较多了，就自以为对他汀类药物比较了解。直到有一次科室文献阅读活动安排我讲讲他汀类药物相关文献，我才发现自己并不是很了解这类药物，这里面大有学问。于是我查阅了不少文献，系统地学习了他汀类药物的前世今生。

早在 20 世纪 60 年代，世界卫生组织第一次开展缺血性心脏病的前瞻性临床研究，经过对 1 万 5 千多例研究对象长达 5 年多的观察和随访，结果发现，高胆固醇血症人群的冠心病发病率显著提高。由此，寻找相关药物降低血胆固醇水平成为疾病防治工作的重点。此时，与医学领域毫不相干的日本化学家远藤章在研究真菌代谢时，注意到一些代谢产物能够抑制胆固醇的合成。于是在日本三共制药公司的支持下，远藤章筛选了 6 000 多种真菌，最终于 1976 年宣布从橘青霉中分离得到了代号为 ML-236B 的产物，其降胆固醇效果最好。ML-236B 就是第一种他汀类药物——美伐他汀。

美伐他汀只在 11 位原发性高胆固醇血症患者进行了临床试验，并没有最终上市。紧接着在美伐他汀之后，美国研究人员又在土曲霉中提取了新的降胆固醇药物，命名为洛伐他汀。动物实验表明洛伐他汀比美伐他汀具有更强的降胆固醇作用。随后经过临床试验的验证，洛伐他汀最终于 1987 年上市。洛伐他汀的上市使广大患者真正能够从中获益，因而被誉为治疗心血管疾病的里程碑。鉴于他汀类药物的市场前景，越来越多的制药公司投入到他汀类药物的研究中，因而继洛伐他汀之后涌现了更多的药物品种，如辛伐他汀、普伐他汀、氟伐他汀、阿托伐他汀和瑞舒伐他汀等。

虽然他汀类药物种类繁多，但是这些药物的作用机制基本一致，只在代谢速率、药效水平等方面有一定差别。他汀类药物通过竞争性抑制胆固醇合成途径中的关键酶 HMG-CoA 还原酶来发挥作用。在胆固醇的生物合成过程中，有几种主要的中间代谢产物，依次为 β- 羟基 -β- 甲基戊二酸单酰 CoA（HMG-CoA）、甲羟戊酸和鲨烯。HMG-CoA 还原酶就是将 HMG- CoA 转化为甲羟戊酸的关键酶。由于他汀类化合物在分子水平上结构类似于 HMG-CoA，它们与 HMG-CoA 竞争酶的活性结合位点。这种竞争降低了 HMG-CoA 还原酶催化合成甲羟戊酸的速率，最终降低了胆固醇的合成速率。由于机体中大多数的胆固醇来自自身合成而不是饮食吸收，因此，当细胞合成胆固醇速率下降时，血液中的胆固醇水平就会下降。细胞合成胆固醇主要发生在夜间，所以短半衰期的他汀类药物通常在夜间服用，以最大限度地发挥其作用。

当细胞合成胆固醇水平下降时，会反馈性地调节细胞膜表面LDL受体的表达，这是他汀类药物降低胆固醇的又一机制。胆固醇含量降低时，细胞通过上调基因表达，从而促进LDL受体的合成。LDL受体的增多有助于细胞从血液中摄取更多的胆固醇，特别是肝细胞通过LDL受体摄取的胆固醇增多，有助于胆固醇转化为胆酸等其他代谢产物。这样，他汀类药物不仅能够减少胆固醇的来源，还可以增加胆固醇的消耗，从而有效地降低血胆固醇水平。

除了经典的降胆固醇作用，我在阅读文献过程中还了解到，他汀类药物的非降脂作用也得到越来越多的研究关注。他汀类药物在心脑血管疾病中的作用早已得到肯定，其中除了降低胆固醇带来的益处之外，研究发现，还与他汀类药物能够改善血管内皮功能、抑制炎症反应、抗血小板聚集、稳定斑块的作用机制密切相关。此外，他汀类药物对糖尿病肾病的肾功能有一定的保护作用，对心绞痛、心肌梗死、慢性心力衰竭也有一定的治疗作用，而在阿尔茨海默病、肿瘤、器官移植中的潜在价值也值得深入探索。总之，虽然他汀类药物已经诞生了几十年，但我们对其的认识和研究还远远不够，还需要更多、更严谨的临床试验去发现和验证他汀类药物的潜在应用价值。

通过这次文献阅读活动的准备，我觉得自己才真正对他汀类药物有所了解，所以即使进入临床实习阶段也不能放松理论学习。如果能够针对临床遇到的问题去加强相关理论知识，就能够很好地提高自己的专业水平。

老年痴呆与载脂蛋白E

说起老年痴呆大家都不陌生，这是一种老年期以记忆减退为主要表现的中枢神经退行性病变，从专业角度上讲，我们所说的老年痴呆主要是指阿尔茨海默病（AD）。我在神经内科随导师出门诊时就见过一例典型的阿尔茨海默病患者，这也是我第一次专业地了解这种疾病表现，印象非常深刻。

来就诊的患者是一位七十多岁的老太太，主要就诊原因就是记忆力减退。一同而来的儿子讲到，他母亲是一位人民教师，退休后身体状况一直很好，生活习惯也很规律。但是近2年来，患者经常出现落东西、丢东西的情况，也容易忘记之前做过的事情，在进行简单计算时会忘记前面算出来的结果，而且学习新事物的能力下降，如智能手机的新功能教多次也学不会。在询问过程中，我们还了解到患者对年轻时候的事情仍然记忆犹新，一说起人民公社、上山下乡的经历就滔滔不绝。另外，患者亲属中并没有类似的情况。导师有些疑问，为什么症状出现2年后才来就诊。儿子解释说，刚开始出现记忆减退家里人觉得问题不大，认为年龄大了在所难免。最近患者出现了明显的情绪低落、兴趣减退，才来到医院检查。先是在精神科门诊评估后，不考虑典型的抑郁障碍，更符合阿尔茨海默病的表现，于是来到导师门诊挂号，因为阿尔茨海默病正是导师的研究方向。接下来，导师给患者进行了仔细的神经系统体格检查，未发现阳性体征。

根据患者及家属描述的情况，导师分析认为阿尔茨海默病的诊断是成立的。同时给我们讲到，阿尔茨海默病目前还缺乏有效的诊断措施和治疗手段。在诊断方面，现有的磁共振成像、正电子发射体层成像（PET）等脑影像学检查及脑脊液化验、基因检测仅能提供一些参考信息，尚无特异性的评价指标。本例患者的头颅磁共振成像检查结果中，只能看到有较明显的脑萎缩，这些信息并不能作为诊断的金标准。在治疗方面，阿尔茨海默病可以说是世界难题，目前仅有的一种经食品药品监督管理局（FDA）批准的药物多奈哌齐，也不能取得令人满意的疗效，其余药物在研发过程中纷纷宣告失败。因此，导师建议我们学习这种疾病时，还是侧重致病机制的学习，这方面内容较为丰富。

在导师建议下，我进一步查阅文献学习了阿尔茨海默病的致病机制。对于阿尔茨海默病的认识主要来源于尸检的脑病理结果。研究发现，阿尔茨海默病的主要病理表现为，脑内大量 β 类淀粉样蛋白（Aβ）沉积形成老年斑，细胞内 tau 蛋白异常磷酸化形成神经原纤维缠结，大脑皮质及海马神经元变性及丢失等病理改变。虽然在病理改变方面有一定的共性，但是患者发病过程中的痴呆出现时间和进展速度有一定的区别。因此，根据临床观察又将阿尔茨海默病分为年龄 <65 岁的早发型和年龄 >65 岁的迟发型，其中迟发型占 90% 以上，与多个基因的共同作用及环境因素相关。这些基因被称为迟发型 AD 易感基因，载脂蛋白 E（ApoE）基因是目前公认的迟发型 AD 最强风险基因。

ApoE 是富含精氨酸的碱性蛋白，是脂蛋白的载脂蛋白成分。ApoE 主要存在于极低密度脂蛋白（VLDL）、中间密度脂蛋白（IDL）、乳糜微粒（CM）及乳糜微粒残骸中，在体内起到运输脂质及胆固醇的作用。ApoE 可与脂质及其受体结合，通过低密度脂蛋白受体、低密度脂蛋白受体相关蛋白 1 介导脂质转运、代谢。中枢神经系统中，ApoE 主要由星形胶质细胞和小胶质细胞合成和分泌，通过低密度脂蛋白家族受体介导脂质运输。ApoE 是脑中最重要的胆固醇运输载体，是中枢神经系统重要的载脂蛋白，以及突触形成过程中胆固醇和脂质转运的调节因子，并通过介导脂质运输参与大脑的损伤及修复。

研究发现，迟发型阿尔茨海默病患者中 19 号染色体基因连锁高峰，后被证实为 ApoE 基因，并通过病例对照研究证实，ApoE 基因与迟发型阿尔茨海默病具有相关性。ApoE 在 Aβ 代谢中起着重要作用。Aβ 在体内各种组织广泛存在，在脑内表达最高，代谢产生的 Aβ 需要及时清除，否则就会产生神经毒性。脑内 Aβ 的降解有多种途径，可进入脑脊液中降解，也可以通过血脑屏障、血脑脊液屏障等转运出中枢系统，经血液和外周组织降解。ApoE 在 Aβ 的转运过程中发挥着重要作用，两者能够结合形成 ApoE/Aβ 复合体，并通过细胞表面的 ApoE 受体促进复合体的摄取和降解。由于 ApoE 有三种亚型（ApoE2、ApoE3 和 ApoE4），不同亚型形成的 ApoE/Aβ 复合体溶解性不同。当基因表达改变时，就会引起不同亚型 ApoE/Aβ 复合体比例改变，在患者和动物模型中均发现溶解性高的 ApoE/Aβ 复合体亚型减少，而溶解性低的 ApoE4/Aβ 复合体比例增高。

同时，ApoE 被认为与 tau 蛋白的异常磷酸化有关。tau 蛋白在正常细胞内参与微管的组装并保持其稳定性，但当 tau 蛋白异常磷酸化后，微管的组装能力降低，从而导致神经细胞破坏。ApoE 的不同亚型与 tau 蛋白的结合能力也存在差异，ApoE4 与 tau 蛋白的结合能力弱。ApoE3 和 ApoE2 与 tau 蛋白结合形成稳定复合物，保护 tau 蛋白结构，防止其异常磷酸化。因此，ApoE4 的表达增高降低了对 tau 蛋白的保护。此外，突触可塑性、神经炎症免疫等病理机制中，均提示 ApoE4 的表达增高是阿尔茨海默病的危险因素。

对 ApoE 的认识也给了药物研发一些启发，相关治疗靶点正在筛选和探讨中。由于大脑是个“脂质大户”，因此脂质代谢的稳定和平衡对于脑功能的正常运转意义重大，希望脂质代谢的研究和突破能够为阿尔茨海默病患者带来希望和福音。

05

第五站

细胞的发电厂

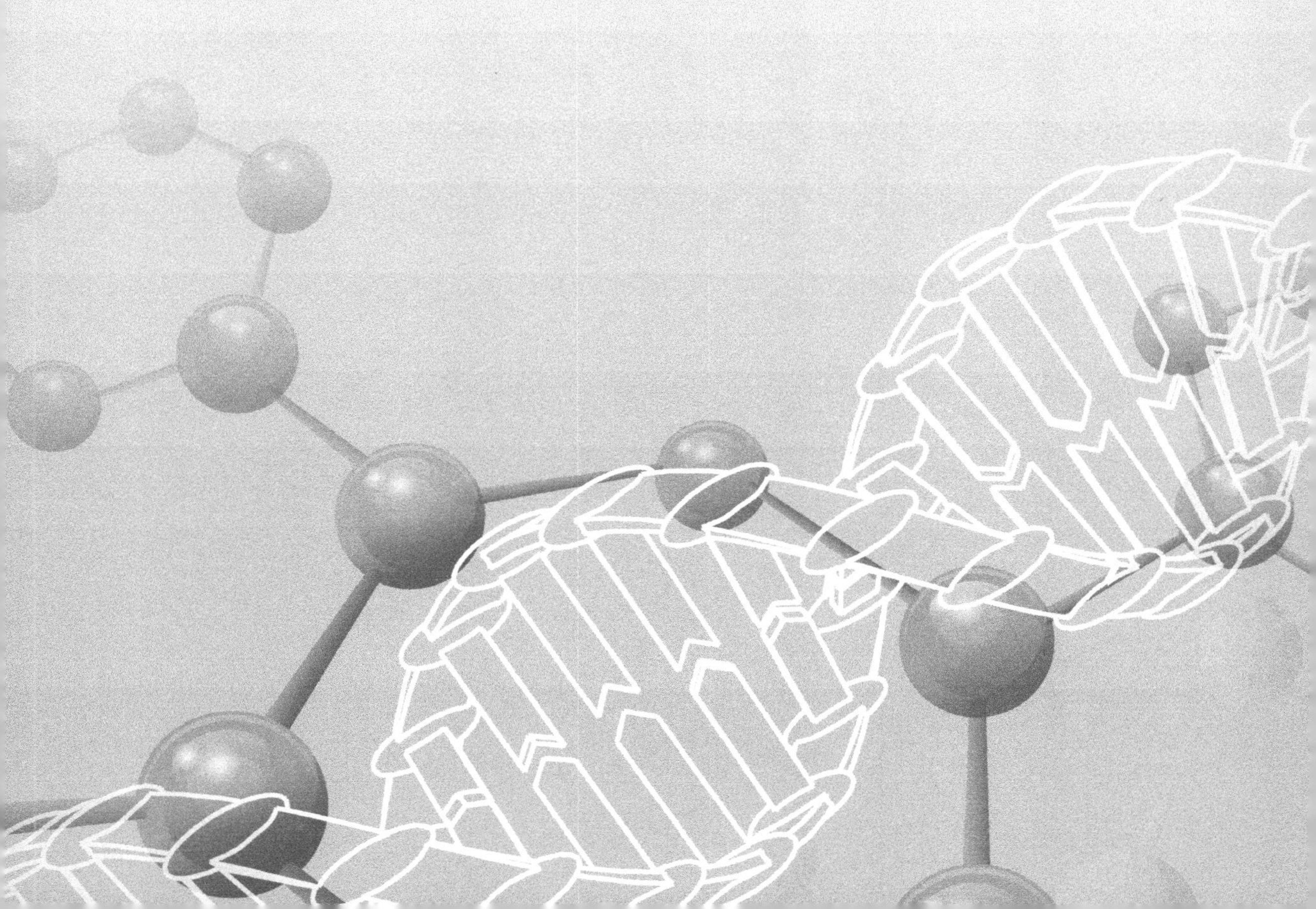

第 15 期　来自远古的合作

本期人物

卡尔·本达（Carl Benda，1857—1932），德国生物学家、医学家，是较早对细胞亚显微结构进行研究的科学家之一。“线粒体”这个名词正是由他提出的，意指细胞中时而呈线状，时而呈颗粒状的细胞器。

阿尔伯特·克劳德（Albert Claude，1898—1983），美国生理学家、医生，他发展了细胞分离技术，在这种技术的支持下成功分离了线粒体等细胞器，为进一步研究线粒体的功能奠定了基础。同时他还首次将电子显微镜引入细胞生物学研究中。由于其杰出贡献，他获得了 1974 年诺贝尔生理学或医学奖。

林恩·马古利斯（Lynn Margulis，1938—2011），美国进化理论家、生物学家，在对共生现象的研究过程中，她提出了真核细胞是由无核细菌共生进化而来的观点，奠定了“内共生理论”的核心框架，并得到普遍认同。

艾伦·查尔斯·威尔逊（Allan Charles Wilson，1934—1991），美国加州大学伯克利分校的生物化学教授，他是利用分子生物学方法研究物种进化和系统发育的先驱，也是人类进化研究的革命性贡献者。

第一部分　科学家的故事

师生对话

本期成员为：解军教授（以下简称解），程景民教授（以下简称程），李琦同学（以下简称李），韩婧同学（以下简称韩），王国珍同学（以下简称王），郭彩艳同学（以下简称郭），张帆同学（以下简称张）。

解　同学们，我们的新陈代谢之旅已经参观了4个站点。通过这些内容，我们对糖类、脂质和蛋白质的新陈代谢有了更形象和更深入的理解。尽管在酶的作用下，这些物质在机体内可以千变万化，但是如果缺乏能量的驱动，生命物质的变化就会戛然而止。因此，我们第五站的内容将围绕能量代谢展开。

李　在许多课程的学习中，都将细胞内的线粒体比作“能量工厂”，那么我们这一站要讲能量代谢，是不是先从线粒体讲起呢？

解　这个问题好，关于能量代谢不同学科有不同的认识角度，我们需要一个合适的切入点。鉴于前面的内容都是从亚细胞层面切入的，因此，以线粒体作为切入点是一个很好的选择。

郭　根据我对线粒体的认识，三大营养物质蕴含的能量经过一系列新陈代谢后，最终通过线粒体的电子传递系统形成内膜两侧的电位差，那么，将线粒体称为“发电厂”是不是更形象一些？

程　这个提议好。我们能有今天的认识要归功于科学家们长达一个多世纪的研究。而且这是一个庞大的系统工程，涉及对线粒体结构的研究、起源的研究、功能的研究及能量储存机制的研究等。本期内容我们先从线粒体的观察和认识讲起。同学们聊聊在这部分研究中有哪些代表人物？

“线粒体”这个名词最初是由德国生物学家和医学家本达提出来的。之所以能够观察并命名线粒体，这与他的经历密切相关。本达曾在柏林、海德堡、维也纳和巴黎辗转学习医学，并于 1881 年获得医学博士学位。之后，他一直从事解剖学和病理学的研究，因此，形态学观察也就成为他日常的研究手段。而本达从学生时代就喜欢利用显微镜观察一切，他可以在光学显微镜下花费数个小时，目不转睛地凝视着生命的微观世界。因此，像酵母菌的发现者列文虎克一样，显微镜让本达步入了科学殿堂。

韩

虽然线粒体是本达命名的，但是想要进一步研究这么微小的细胞器还是很困难的，直到克劳德的一系列工作才使之成为现实。克劳德成功地将差速离心、酶标法、电子显微镜等技术应用于分子和细胞领域，为细胞亚显微结构的研究开辟了道路，而这一切源于他对医学的热爱。在他 3 岁的时候，母亲查出了乳腺癌，被病痛无情折磨的情景深深烙在了他幼小的心灵上。从此，他决心从事医学研究，特别是如何攻克癌症。在母亲去世后，他努力学习去追求心中的理想。但是现实很骨感，几年后他被迫中断学业，去照顾瘫痪的叔叔。接着第一次世界大战爆发，为了生计他开始各种打工。他追求理想的计划就这么一次一次地被打破，但是他始终没有忘记自己学习医学的目标。当生活稳定一些后，他立即去申请医学院。由于没有高中文凭，他四处碰壁，好在功夫不负有心人，终于如愿进入了一所医学院，开始了他的医学生涯。他倍加珍惜学习机会，终于在 1928 年 30 岁那年获得了医学博士学位。

郭

解

同学们讲到的这两个人物都很重要。本达凭借光学显微镜对线粒体进行准确观察实属不易，克劳德将电子显微镜引入细胞生物学研究，使我们对线粒体的结构有了更详尽的观察和了解。在清楚了结构的基础上，科学家才开始对线粒体的功能进行研究，正所谓“结构决定功能”，这也是生命科学研究的一般思路。线粒体虽小却大有来头，它独特的结构使得科学家越来越觉得这种细胞器更像独立的生物个体，于是对线粒体的起源也进行了大胆的探索。所以，在本期内容中我们了解了线粒体的结构后，先听听

解

其起源的故事。相信了解了线粒体的起源，大家对后续的线粒体功能就更容易掌握了。

李

说起线粒体的起源，确实很神奇。因为综合线粒体形态、化学组成、物理性质、活动状态、遗传特征等方面特点之后，科学家们发现线粒体越来越像远古细菌，高度怀疑线粒体是细胞中的“外来物”。于是，年轻的马古利斯率先提出了线粒体“内共生理论”，一时间引起了很大的反响。

王

马古利斯可以说是一名天才。她15岁就被芝加哥大学实验学校录取，19岁获得芝加哥大学人文学士学位，22岁获得芝加哥大学遗传学和动物学硕士学位，27岁获得加州大学伯克利分校遗传学博士学位。她最感兴趣的就是进化论，而“内共生理论”恰恰反映了她对于生物进化的深刻认识。

程

线粒体的内共生理论是关于线粒体起源的重要学说，至今仍然占据主导地位。可以说，线粒体是我们探索生命起源的一个重要窗口。

张

程老师的话让我想起了“夏娃理论”，这个学说的创立正是源自美国生物化学家威尔逊通过人类线粒体基因对人类起源问题的探索。线粒体的确已经成为研究进化的重要窗口。

解

同学们查找的关键人物很到位，涵盖了线粒体结构的研究、线粒体的起源和人类的起源，由浅入深，环环相扣。那么接下来，我们就通过这些人物，去一步一步认识线粒体通过内共生方式与细胞达成的“合作”。

线粒体作为真核细胞的细胞器之一，其受关注的程度远远高于其他细胞器。每年在*Nature*、*Science*、*Cell*等顶级杂志上都会看到有关线粒体的研究报道。线粒体之所以从发现以来就热度不减，原因在于进化、代谢、衰老、肿瘤等生命过程都与其密切相关。这么多的角色让线粒体看起来有些扑朔迷离。为了更深入地认识线粒体，让我们首先来了解线粒体的发现和起源。

线粒体的发现

1898 年，德国科学家本达命名了一种细胞器，称之为“线粒体”，用于描述他在显微镜下观察到的一种细胞亚显微结构。这种细胞的结构非常有趣，因为本达看到它们时而呈线状排列，时而呈颗粒状排列。于是，他取希腊语中“线状”和“颗粒”两个词汇组成了线粒体（mitochondrion）。在此之后，“线粒体”这个名称一直被沿用至今。

虽然线粒体是本达命名的，但他并不是第一个发现“线粒体”的人。早在 1850 年，就有德国生物学家发现在肌细胞的细胞质中存在着一种规则排列的颗粒。分离得到这些颗粒后，将其放置于水中能够膨胀，因此推测这种颗粒是由半透性的膜包被的。之后陆续有科学家证实这一发现，但是并未进行系统的研究和报道。直到 1886 年，德国病理学家及组织学家阿尔特曼（Richard Altmann，1852—1900）发明了一种鉴别这些颗粒的染色法，并将这些颗粒命名为“原生粒”。阿尔特曼可以说是“线粒体”系统研究的先驱，美中不足的是，他对“线粒体”的命名不及本达生动形象。

“线粒体”自命名后的很长一段时间里，科学家们对它的认识并没有较大的突破，原因在于当时的技术手段不能从细胞中分离获得线粒体，也不能有效保存这种细胞器，因为这些小颗粒往往在分离过程或保存液中很快就被破坏了。直到 20 世纪 30 年代，克劳德开始着手解决这些问题。

克劳德对线粒体的分离、鉴定和保存等一系列过程进行了系统的研究和探索。首先，他建立了差速离心法用于亚细胞结构的分离。所谓差速离心法，就是利用不同的离心速度使得不同大小的细胞裂解产物分离出来。开始时使用较低的离心速度，较大、较重的细胞裂解产物就沉淀下来；然后取第一次分离的上清液，再用较高的离心速度继续分离，这样上清液中较小的裂解产物就再次沉淀下来（图 15–1）。

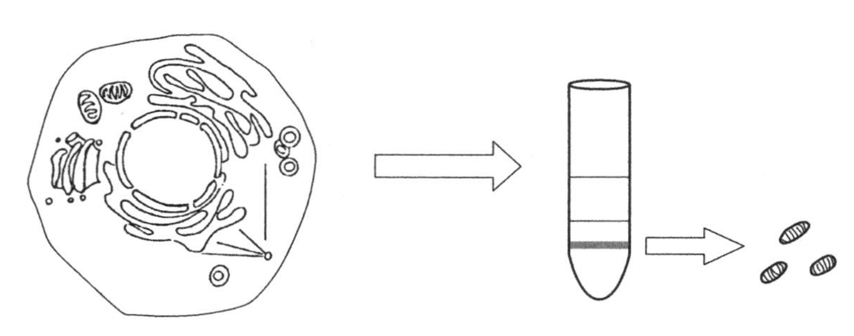

图 15–1　细胞器的分离过程

以此类推，每次都取前一次的上清液用更高的离心速度去分离。最终，不同大小和质量的细胞裂解产物就被一点一点地分离出来。可以说，克劳德的研究设计非常巧妙，在当时的实验条件下很容易实现。应用差速离心法，克劳德从细胞裂解液分离出 4 种成分，密度由大到小依次为：由细胞核和细胞碎片组成的重组分，含有线粒体的中间组分，被克劳德称为“微粒体”的轻组分（后来被确定为主要由内质网碎片组成），可溶性部分（主要包括细胞液）。

接着，克劳德需要想办法鉴定差速离心得到的不同组分。以往对亚细胞结构的研究主要是通过显微镜来观察，但现在这些结构都被分解并分离出来，就不可能再用之前的方法去研究。于是，克劳德与同事想到了应用多种化学手段来标记细胞的不同成分，并且对完整细胞和裂解成分进行仔细对比，从而明确差速离心成分的来源。经过不懈努力，他们最终成功地建立了一套研究方法，称为“生化标记法”。

最后，克劳德面临的问题就是细胞成分的保存了。之前的许多研究都是因为无法保存细胞成分而失败的，因此克劳德特别重视保存液的制备和应用。经过不断摸索，他提出了使用等渗溶液作为均质介质的重要性，这样可以防止细胞器结构因渗透变化而破坏。特别是对于线粒体的保存，他在前人的研究基础上，进一步改进了保存方法，采用高张糖溶液来保存线粒体成分。这种保存方法一直沿用到现在，为线粒体的研究提供了重要的技术基础。

在突破线粒体的分离、鉴别和保存之后，从 1945 年开始，克劳德引入电子显微镜用于线粒体的研究。到 1952 年，第一张高分辨率的线粒体电子显微镜照片终于面世了。在电子显微镜下，线粒体的细微结构能更完美地展现出来。线粒体不仅是一种膜结构细胞器，还具有较为复杂的双层膜结构。线粒体的外膜与细胞膜类似，发挥典型的屏障作用。而内膜则向内皱褶形成线粒体嵴，面积增大的内膜与线粒体的功能活动密不可分。外膜和内膜之间还形成了膜间隙，同时内膜还包绕着线粒体基质。总之，线粒体结构的主要特点是具有内外双层膜，并形成两个功能区间（图 15–2）。

典型的线粒体显微照片一般呈椭圆形或短棒状，但是随着进一步的观察，发现线粒体的形态其实是多种多样的。正如本达当初所描述的，线粒体形态不一，还可以呈环状、线状、哑铃状、分杈状、扁盘状或其他形状。此外，线粒体的大小也各异，在不同组织中线粒体体积差异较大，甚至还可能形成体积异常膨大的“巨线粒体”。如胰外分泌细胞中可见长达 10 ~ 20 μm 的线粒体；成纤维细胞的线粒体则更长，可达 40 μm。

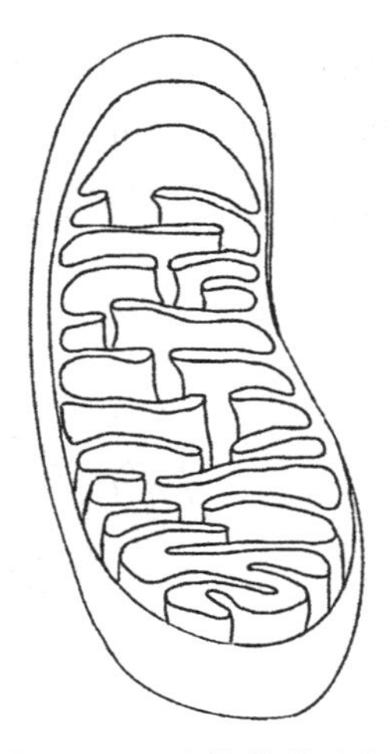

图 15–2　线粒体的结构

线粒体形态和大小的特点让这种微小的细胞器变得越来越扑朔迷离，它究竟有什么功能？这些结构与功能又有什么联系？这些问题吸引着越来越多的科学家投身到线粒体的探索中。

线粒体与细胞的合作

在探索线粒体的功能之前，科学家们需要在结构的基础上进一步明确线粒体的组成成分。通过对线粒体的化学分析，首先明确了线粒体是由脂质和蛋白质组成的。脂质主要分布在线粒体膜上，而蛋白质一部分镶嵌在线粒体膜上，另一部分分布在基质中。结合线粒体的双层膜结构，也就不难理解线粒体具有这样的成分特点。

但是，线粒体并不是“平庸”的细胞器。在 1963 年分析线粒体成分时，就有科学家发现线粒体居然含有遗传物质 DNA。经确认后，在线粒体内还发现了 RNA、DNA 聚合酶、RNA 聚合酶、核糖体、氨酰 tRNA 合成酶等复制、转录和翻译的全套装备，一时间，线粒体再次成为热门话题。因为之前经过对细胞近百年的研究，科学家们刚刚建立了共识：细胞核含有遗传物质，是细胞的司令部，各种细胞器是细胞的功能单位，受司令部的指挥执行功能。但是，线粒体这个细胞器却偏偏打破了这种体系，拥有完整的遗传体系，意味着线粒体可以不完全听从司令部的指挥。这个发现不禁令人疑问，这种细胞器究竟是什么来头。

经过仔细对比，科学家们发现线粒体与真核细胞的细胞核有诸多不同，却与许多原核生物有着相似之处。如 DNA 都为环形分子，无内含子，核糖体为 70S，蛋白质合成的起始氨酰 tRNA 都是属于原核生物的 *N*– 甲酰甲硫氨酰 tRNA 等。种种迹象表明，线粒体似乎是细胞中相对独立的群体，不完全受司令部控制。那么，如果说线粒体是独立的生命个体，它又是如何进入细胞，并与之和谐相处的？

1966 年，年轻的马古利斯关注到这个问题，并产生了浓厚的兴趣。结合对生物共生现象的研究和思考，她撰写了题为《有丝分裂细胞的起源》的论文，成为揭示线粒体起源的里程碑。然而，这篇论文当时却被拒稿多达 15 次。直到 80 年代，马古利斯提出的线粒体内共生理论才被广为接受。

马古利斯推测，在原始地球的还原性大气层时代，原核细胞诞生了。这些原核细胞含有 DNA，在核糖体上合成蛋白质，利用信使核糖核酸作为 DNA 和蛋白质之间的中间物，是所有现存细胞生命的祖先。而这些原核细胞不断在自然选择下形成不同的种群。

在前文中，我们已经通过化学进化论对原始地球有所了解。在硫元素时代，原核生物进化出化能营养型和光能营养型的供能方式。此时的光合作用，严格地讲主要利用的是太阳光中的紫外线，而且并不产生氧气。然而，马古利斯推测此时的一些原核生物仍然会受到空气中氧气的威胁。因为，上层大气中的水蒸气发生光解离释放了游离氢，从而导致分子氧的产生。而此时的原核生物中，核酸等重要的生命物质都是高度还原性的，微量的氧气就能轻而易举将其氧化失活。受到威胁的种群逐渐进化出能够合成卟啉的基因，因为有金属螯合的卟啉能够保护这些系统免受氧化。而这种卟啉物质正是叶绿素的核心部件。

由此，细胞最终演变为利用叶绿素（含卟啉）吸收太阳能来生产能量。这种新的光合作用体系不直接利用紫外线吸收生产能量，而是利用可见光进行反应，而这种光合作用能够更好地利用原始大气中的二氧化碳和水蒸气作为反应原料，于是原始生命逐渐迎来了“碳时代”。

随着大气氧分压的进一步增加，至少在一些地区，自由氧促使无氧代谢的细胞进化出有氧代谢途径，使碳水化合物完全氧化生成二氧化碳和水，获得比无氧酵解更多的能量。这一功能还要归功于卟啉，这些细胞再次利用卟啉，进化出细胞色素介导的电子传递链能量产生机制。现存的蓝绿藻可能就是这种条件下的产物，它们同时存在光合作用和细胞呼吸作用。

然而，故事才刚刚开始。马古利斯注意到，能够进行光合作用和有氧呼吸的细胞是这个时代的佼佼者，它们拥有更先进的生存机制。但是不要忘了，当时仍然是无氧代谢细菌的天下，对于上述的进化马古利斯推测只能是局部的，毕竟进化不是一蹴而就的过程。于是，落后的细菌面临一场危机，它们必须适应一个含氧逐渐增高的大气环境，除非能够找到特殊的厌氧环境赖以生存。地质学方面的证据表明，大气中的氧早在 2.7×10^9 年前就存在，并在 1.2×10^9 年前相对增加了 1 倍。这个时候，所有之前依赖天然化合物提供能量的“落后细菌”受到了威胁，因为这些原料会被迅速氧化。因此，从 1.2×10^9 年前开始，所有地球上的生命都要直接或间接依赖细胞的光合作用。所谓间接依赖，就是落后的细菌为了确保它们的核酸复制，被迫吞并自养细菌获得能量。于是，原核生物之间的捕食开始了。

一个有氧代谢原核微生物被吸入一个异养厌氧菌细胞质中，这些寄养的细菌于是成为线粒体或叶绿体。此时，真核细胞诞生了（图 15–3）。而且，从原核生

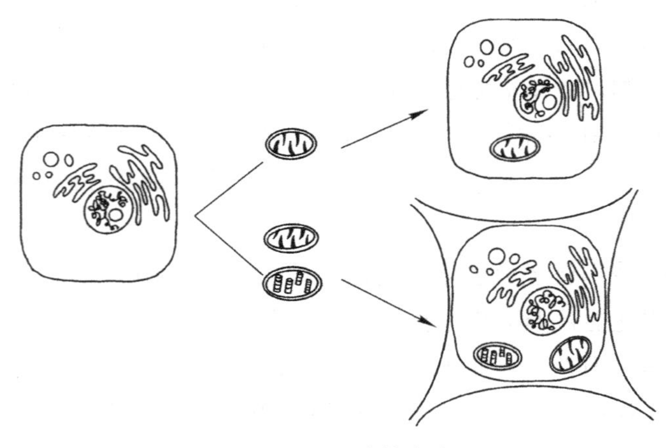

图 15–3 远古的合作

物向真核生物进化的第一步是在新的含氧的大气中实现的，因为所有真核生物都含有线粒体，基本上都可以进行有氧代谢。

线粒体的出现在地球生命的进化史上似乎只发生过一次，这是生命起源中非常具有挑战性的一步。面对环境压力，两个生命体不得不以合作的状态共存，共享资源，而不是相互竞争，杀死对方。在这样的合作中，两个生命共同进化了。有了外部细胞的保护，这个内部细胞可以更专注于一件事情，那就是给细胞提供能量，而且它变得越来越小，逐渐遗弃了不必要的遗传物质。

夏娃理论

自真核生物诞生之后，人类的起源与进化可以说是地球生命历史上又一个里程碑。科学家们迫切希望明白人类从哪儿来，也期望找到不同种族共同的祖先。

在人类进化的研究领域，威尔逊的研究功不可没。他首先选择了分子生物学技术作为研究的主要工具。因为他认为分子生物学是研究人类起源与进化的有效手段，通过选择合适的分子标志物可以对人类的进化史进行定性和定量的描述。

如何选择合适的分子标志物对威尔逊而言又是一个难题。人体的每个细胞都有上万种核酸和蛋白质，从如此浩瀚的信息中去寻找进化的轨迹十分困难。威尔逊首先明确了一个思路，遗传物质可以分为两大类，核基因与线粒体基因。核基因来自父母双方，因此亲代与子代之间的变异程度比较大，而合适的标志物必须具有一定的保守性，在这一前提下，才能根据一定的变异程度推断进化关系。与核基因不同的是，线粒体基因只来自卵细胞，即只有母亲的线粒体基因才能传递给子代，并且线粒体起源上就是一个相对独立的个体，受核基因的影响较小，这些因素都使得线粒体基因更加保守，突变程度和速度相对缓慢。

于是，在 20 世纪 80 年代早期，威尔逊与同事合作，以胞质中的线粒体 DNA（mtDNA）作为研究人类进化的时间尺度。经过漫长的搜集工作，威尔逊团队从 145 名女性的两种细胞系（HeLa 和 GM 3043）中获得了 mtDNA 数据。这些数据大部分来自美国的医院，其余部分来自澳大利亚和新几内亚。经过威尔逊筛选过的数据能够充分代表五大洲的不同人种，包括 20 例非洲人群（代表撒哈拉地区），34 例亚洲人群（代表中国、越南、老挝、菲律宾、印度和汤加地区），46 例高加索人群（代表欧洲、北美、中东地区），21 例澳大利亚土著和 26 例新几内亚土著（图 15–4）。之后，威尔逊利用 12 种限制性核酸内切酶将这些 mtDNA 分解为许多小片段，再进行基因测序和反复比对。威尔逊认为，mtDNA 随着时间的推移在缓慢地积累突变。前期研究指出，基因突变的速度可能是每百万年 2%～4%，依据这样的假设，越古老的人群，其 mtDNA 产生的突变越多。通过序列比对，威尔逊证实来自非洲的人群表现出最大的个体间差异，也就是说，非洲人群的 mtDNA 最为古老。

接着，威尔逊基于这些突变数据绘制了五大人种的进化树，结果显示，所有现代人类都有一个共同的母系祖先，可能来自几十万年前的非洲。经过 40 多次修订后，威尔逊终于在 1985 年底将所得结果投向 *Nature* 杂志，并于 1987 年 1 月 1 日发表。威尔逊的最终结论是，目前所有人类 mtDNA 都起源于非洲的一个单一人群，时间可追溯至 14 万 ~ 20 万年前。

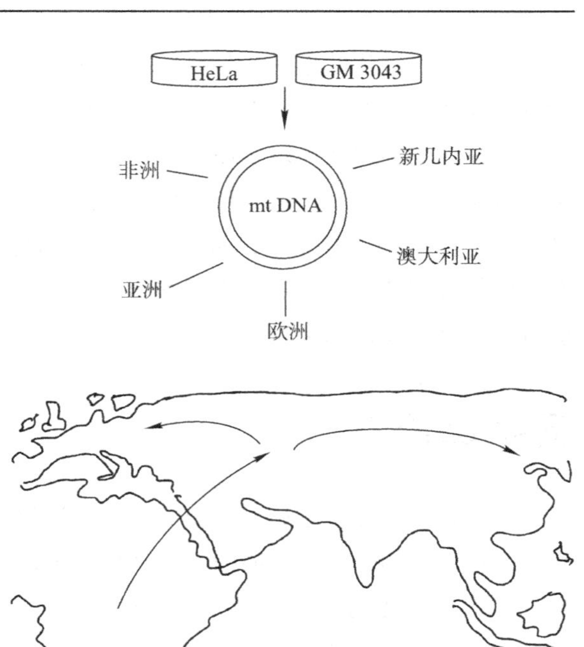

图 15–4　线粒体与人类进化

威尔逊在他的原始论文中没有使用"线粒体夏娃"这个词，甚至没有使用"Eve"的名字。夏娃的说法似乎是出现在另一位科学家 1987 年发表的一篇题为"线粒体夏娃揭秘"的文章里。威尔逊自己更喜欢"幸运的母亲"一词，并认为使用夏娃的名字"令人遗憾"。但是，夏娃的概念却受到了公众的关注，引起了巨大的轰动。

"夏娃理论"的提出对当时正在热议的多起源假说是一个挑战，也是对最近起源模式理论的一种推动。在威尔逊的论文出版后不久，对其研究的批评和质疑随之而来。不可否认，对于人类起源与进化的研究，分子生物学的结果只是其中的一个侧面，还需要更多学科的介入和发现。但无论如何，"夏娃理论"的提出还要归功于线粒体。

第二部分　医学生的见闻

师生对话

解

听了这些故事，毋庸置疑的是，线粒体虽小，但是在其诞生之日就注定了它在细胞中的地位举足轻重。那么，如果线粒体出现问题，会对机体产生什么影响呢？

韩：我们之前说线粒体更像一座发电厂，将各种营养物质所储存的能量最终转化为能够供细胞直接使用的能量。因此，当线粒体出现问题时，最容易波及的自然是能量需求大的器官组织，如骨骼肌。

李：是的，线粒体肌病就是神经内科研究的肌肉疾病之一。而且，我们之前提到线粒体有自身独立的遗传物质，同时又在细胞质中，因此线粒体问题只能由母亲传递给子代，线粒体肌病就表现为母系遗传。

程：分析得不错，下面结合临床案例给大家进行分析就更到位了。其他同学还有补充吗?

郭：心肌同样也是高耗能的组织，因此线粒体的问题也会累及心肌出现心肌病。在心内科，克山病也被称为“心肌线粒体病”，虽然克山病的致病因素与线粒体的遗传改变无直接关系，但是研究发现，多种因素作用的最终结果会导致线粒体损害。

解：很好，接下来我们就来听听这两个临床案例，一起体会线粒体的作用。

线粒体肌病

在住院医师规范化培训期间，我收治过一例患者，至今记忆犹新。患者是一位老年女性，由于眼肌麻痹、上睑下垂、四肢无力前来就诊。这些症状乍一听比较符合重症肌无力的特点，但是仔细询问发病过程，患者没有“朝轻暮重”，休息后缓解的特点。进一步了解病史，患者在 10 年前就出现了驼背（脊柱过弯），步态异常。其母亲由于“帕金森病”病故（未得到证实）。但是患者的症状也不具备典型帕金森病的特点。查体除了轻度的肌无力表现，未见其他阳性体征。患者的整体情况告诉我，这应该不是常见疾病。

向带教老师汇报情况后，决定让患者留院观察。先给患者做了一些常规检查，心电图未见异常，血生化检查提示乳酸明显增高。进一步检查排除了神经病变（帕金森病）、神经肌肉接头疾病（重症肌无力）。按照神经系统定位诊断顺序，接下来就考虑肌肉疾病。通过肌电图、肌肉活检和基因检测，患者最终确诊为线粒体肌病。患者住院期间出现了呼吸困难症状，经过积极的呼吸机支持和营养支持，患者挺过了危险期，症状好转出院。

线粒体肌病是一种母系遗传肌病，由于线粒体的基因缺陷各不相同，引起能量代谢过程的受损也就有一定差异，因而这类疾病的临床表现有较大的差别。通常情况下，遗传类代谢疾病在婴幼儿时期就会有所表现，最迟也会在成年早期发病。而本例患者则在中老年时期才开始发病，这与其线粒体基因的突变情况有一定的关系。患者基因检测结果显示，线粒体基因为点突变，而且该位点的突变对线粒体的功能影响较小，因而在青壮年时期线粒体功能能够代偿，故不表现出疾病症状。

本例患者最突出的表现就是骨骼肌无力和乳酸增高，这是线粒体肌病的典型临床表现。当线粒体能量代谢过程受损时，营养物质无法通过线粒体充分进行有氧代谢产生能量。作为代偿，无氧代谢过程则被上调。在糖代谢的故事中，我们已经知道动物体内无氧代谢的主要产物就是乳酸。而肌肉产生的多余乳酸需要通过乳酸循环回收利用。当线粒体的有氧代谢下降时，乳酸循环也不能顺利完成，因此最终导致血液乳酸水平的增高。

线粒体肌病的最终确诊还要依赖肌肉活检和基因检测。本例中当初步怀疑肌肉疾病时，能够及时采取肌肉活检，对于快速明确诊断具有重要的意义。正所谓“病理是医生的医生”，通过病理检查，线粒体的形态结构能够为疾病的诊断提供许多重要的信息。

线粒体肌病的另外一些亚型还会有脑损害的表现，因为大脑也是高能耗的组织。这类疾病又称为线粒体脑肌病，通常表现为脑和肌肉的同时受累。除了骨骼肌系统的症状之外，还会表现出卒中、癫痫、认知障碍、视神经病变等神经系统改变，其他系统也会有一定的受累，如心脏病、糖尿病、肾功能不全等。由此可见，线粒体作为细胞内的“发电厂”，一旦发生病变，就会影响整个机体的生理功能。

从克山病看线粒体疾病

我实习时遇到一位来自东北地区的农村家庭妇女，几天前曾患“感冒”，开始仅仅是头晕、头痛、流涕、肌肉酸痛，自己服用感冒药后，效果不好。1 周后患者开始觉得胸憋、气短，呼吸困难，120 急诊送入医院时，患者已出现血压下降、脉搏细微无力、体温下降等休克表现。查体发现心尖区Ⅲ级收缩期杂音及心界扩大。当时经过积极抢救很快好转。之后详细询问病史了解到患者 5 岁时曾患过克山病。

经上级医生讨论后，诊断为慢型克山病急性心力衰竭。在随后的病例讨论中我了解到，除了克山病的地方性、好发于农村的特点之外，该患者有幼年的亚急型克山病病史。研究报道，90% 以上的亚急型克山病病例都可能转变为慢型克山病，在寒冷、劳累、感冒后往往会加重，就诊时多已出现休克，必须及时处理。

此外，病例讨论中老师还讲到，在一次下乡义诊的时候，见过一名 27 岁的小伙子，平时没有任何不适，仅在体检的时候通过胸部 B 超发现心脏扩大，排除其他疾病后，最终诊断为潜在型克山病。

之所以称克山病，与该病的历史有关。在 20 世纪 30 年代，黑龙江省的克山县有一年暴发了一种疾病，当地人形象地称之为“攻心翻”（以心脏损害为主）、“窝子病”（一个家庭都会受累）、“快当病”（疾病进展迅速，危及生命）。起初以为是传染病流行，但是调查许久之后并未找到传染源和病原体，一时无措，后来干脆就以地名命名了这类疾病——克山病。克山病可以说是一种地域性疾病，后续的流行病学研究发现，克山病全部发生在低硒地带，提示与缺硒有关。而且通过补充硒元素之后，克山病的发病率和病死率都有所下降，进一步证实了硒元素与克山病的关系。那么，硒是如何影响心脏功能的？

要了解硒元素的作用，还要从谷胱甘肽过氧化物酶（GPX）说起。这种酶能够还原脂质过氧化物，从而减少过氧化物对生物膜的损害。而这种过氧化物酶是机体唯一含有硒元素的生物大分子。当缺硒时，就会影响过氧化物酶的功能。线粒体作为有氧氧化的核心地带，产生的过氧化物自然较多。因而缺硒会使线粒体的结构发生明显改变，进而影响线粒体的正常功能。心肌细胞因缺乏能量物质就会引起急性或慢性心功能不全。因此，不少学者都认为克山病是一种“心肌线粒体病”。

对于克山病患者，除了补充硒元素之外，维生素 E 也是一种强的抗氧化剂，可抑制脂肪酸的氧化，保护细胞免受过氧化物损伤。此外，研究表明硒元素缺乏并不是克山病的唯一病因，克山病在疾病发展过程中可能受到综合效应的影响。例如，高锰膳食会导致硒排出加剧，低钙膳食可加重低硒导致的心肌破坏。除此之外，一些病毒、细菌感染也可使心肌细胞破坏加重。因此，对于克山病患者或高危人群一定要合理膳食，保证营养均衡，同时应积极预防和治疗上呼吸道感染、胃肠炎等使心功能恶化的危险因素。

第 16 期　呼吸的秘密 上

本期人物

安托万·洛朗·德·拉瓦锡（Antoine Laurent de Lavoisier，1743—1794），法国著名化学家，18 世纪化学革命的核心人物，对化学和生物学都有很大影响，被尊称为“现代化学之父”。

霍普·塞勒（Hoppe Seyler，1825—1895），德国生理学家和化学家，在研究过程中成功地将生理学与化学结合起来，因此是生物化学和分子生物学学科的主要创始人。

汉斯·阿道夫·克雷布斯（Hans Adolf Krebs，1900—1981），英国医生和生物化学家，研究细胞呼吸的先驱，除了鸟氨酸循环，还提出柠檬酸循环，这是细胞进行有氧代谢的重要途径，也称为“克雷布斯循环”。

尤金·肯尼迪（Eugene P. Kennedy，1919—2011），美国生物化学家，主要从事脂质代谢和生物膜的研究，同时建立了线粒体的离体分析方法，对研究线粒体的功能具有重要的贡献。

第一部分　科学家的故事

师生对话

本期成员为：解军教授（以下简称解），程景民教授（以下简称程），李琦同学（以下简称李），韩婧同学（以下简称韩），王国珍同学（以下简称王），郭彩艳同学（以下简称郭），张帆同学（以下简称张）。

解

同学们，我们在上一期讲解了线粒体的结构和起源的故事，目的是为充分认识线粒体的功能奠定基础。所以，从本期内容开始，我们正式学习线粒体的功能。大家先来谈谈对线粒体功能的认识和理解吧。

王

线粒体是三大营养物质最终氧化产生能量的场所，通过三羧酸循环和氧化磷酸化生成细胞直接可以利用的 ATP，这两个反应过程是细胞呼吸的主要环节，因此线粒体最重要的功能就是参与细胞呼吸。

张

除了这些功能之外，线粒体还是细胞内钙的储存场所，参与一些细胞信号的传递；同时在细胞凋亡的过程中具有重要作用；还有研究发现线粒体参与细胞的增殖过程。相信随着研究的深入，我们会认识到线粒体更多的功能。我感觉通过内共生关系，细胞和线粒体的合作越来越密切，许多重要的细胞活动已经离不开线粒体了。

程

说得很好，线粒体的功能确实非常强大，而细胞呼吸是线粒体功能的重中之重，我们不如抓住这个重点，通过细胞有氧代谢机制来深入认识线粒体的功能。

在探讨具体内容之前，我建议大家先来明确呼吸相关的几个概念，特别是区别呼吸和细胞呼吸的定义，因为感觉许多同学在学习中并未完全理解。

李

很好，这两个概念确实需要推敲，不然会影响后续故事的理解。大家首先要明白，机体的呼吸过程可以发生在不同的层面上。在生理学中，我们知道肺的主要功能是完成氧气和二氧化碳的气体交换，这个过程又称为外呼吸，发生在器官层面；血液携带氧气到达不同组织，实现与局部二氧化碳的交换，这个过程称为内呼吸，发生在组织层面；细胞摄取组织液中的氧气，通过线粒体的代谢作用产生水和二氧化碳，通常称为细胞呼吸，发生在细胞层面。由此可见，我们一呼一吸间，氧气已经走了一大圈去完成其使命。所以，我们不如将氧气作为向导，从器官到组织再到细胞探寻氧分子走过的路，从而更全面而又立体地揭开呼吸的奥秘。相比直接以线粒体作为认识呼吸的切入点，更容易理解。

解

通过对资料的整理，我们发现，人类对呼吸奥秘的解读过程恰恰与解老师指出的路线是一致的，最初通过对外呼吸作用的相关实验，拉瓦锡认识到氧气的作用。之后，塞勒通过对血红素的研究解决了氧气的运输问题。接着，通过对组织进行有氧代谢的气体变化的研究，克雷布斯提出了三羧酸循环。最后，肯尼迪确定了三羧酸循环发生在线粒体之中。由此，线粒体相关的呼吸作用正式拉开帷幕。

李

这些内容都很精彩，但是只通过一期内容来探讨，篇幅远远不够。我们就以呼吸的奥秘为主题，分上、下两篇内容来讨论吧。同学刚才对资料的简介给了我们一个很好的分界线。从化学家对氧气的认识到线粒体的粉墨登场，这是人类对呼吸机制步步深入的过程。而讲到线粒体时，我们才算回归正题。那么，这些内容就安排在上篇，作为我们认识线粒体有氧呼吸功能的前奏。而下一期，我们再深入围绕线粒体的有氧呼吸作用来展开。

程

解

同学们就按照程老师的划分办法来讨论吧，大家先来介绍一下上篇内容中的代表人物。

韩

拉瓦锡应该是开启我们旅程的科学家了，就由我来介绍吧。拉瓦锡出生在巴黎的一个贵族家庭，5 岁时母亲去世并继承了一大笔财产，可以说是一个地道的“富二代”。但是物质财富并没有让他颓废，相反在巴黎大学的学习中，他的科学兴趣被唤起，他学习了化学、植物学、天文学和数学。虽然他后来获得了法学学位，进入律师界，但从未真正做过一名律师，而是在业余时间继续他的科学探索。也正是这份执著，使他最终成为著名的化学家。另外，他还一直致力于公益事业。他非常关心国家和人民，专注于提高农业、工业和人民的生活水平，为改善城市道路、生活用水、居住环境都做了不少工作。

郭

我接着介绍一下塞勒。他原先的专业方向是生理学。1862 年，他制备了结晶形式的血红素，从此他的兴趣转向了化学。1872 年，他成功地将生理学和化学两门学科结合起来，并被斯特劳斯贝格大学任命为生理化学（后成为生物化学）教授。他建立了第一个专供生物化学研究使用的实验室，1877 年又出版了第一部生物化学专刊。因此，塞勒可以说是生物化学这门学科的奠基人之一。

王

克雷布斯是第二次出现了，他的生平经历已经在第 8 期氨基酸的故事中介绍过了，所以我就来介绍一下肯尼迪吧。肯尼迪在美国芝加哥德保罗大学学习化学专业，然后在芝加哥大学获得化学博士学位。他在博士后的研究工作中先后得到了两位著名生物化学教授的指导，因此他后期的研究主要围绕脂质代谢和生物膜展开，并取得了不错的研究成果。除了科研工作，肯尼迪还是一位和蔼可亲的老师，他先后指导了 40 多名学生，都学业有成。在诸多荣誉面前，肯尼迪认为最令他引以为傲的是他的家庭，他有一个善良的妻子和三个可爱的女儿。他多次强调事业的发展离不开家庭的支持。

解

听了这么多伟大事迹，大家对这些人物都有了一定了解。接下来，让我们在故事中具体体会他们是如何发现问题、解决问题的。

我们一刻也不能停止呼吸，通过呼吸我们不断摄入氧气，排出二氧化碳。然而，机体内从氧气到二氧化碳的转变并不像中学化学课本中仅用几个化学方程式就可以解释，看似很平常的气体交换过程实则隐藏着诸多奥秘。从氧气的摄入到二氧化碳的排出，这些小分子在机体中经历了漫长的旅途，接下来让我们追随这两种小分子的脚步，探寻呼吸的奥秘。

氧气的运输

呼吸从表面上看是机体一刻也不能停歇的运动过程，实质上是氧气和二氧化碳两种气体分子发生的气体交换。根据气体交换的不同部位，呼吸过程大致可以分为三个阶段。呼吸的第一阶段发生在肺，通过肺的通气功能和换气功能，实现空气中新鲜氧气和血液中二氧化碳的气体交换，从而使得血液中氧含量升高，二氧化碳含量降低，这个过程也称为外呼吸。呼吸的第二阶段发生在毛细血管与组织之间，机体各种组织从血液中摄取氧气，同时排出代谢产生的二氧化碳，实现两者的气体交换，这个过程也称为内呼吸。呼吸的第三阶段便是氧气的最终去路和二氧化碳的源头，两者的变化与细胞新陈代谢息息相关，即氧气被消耗，同时产生二氧化碳，从严格意义上来讲更是气体的转化，这个过程也称为细胞呼吸（图 16–1）。在这三个阶段的呼吸过程研究中，凝聚了诸多科学家的辛勤与汗水，下面我们就沿着这个路线依次去探寻其中鲜为人知的故事。

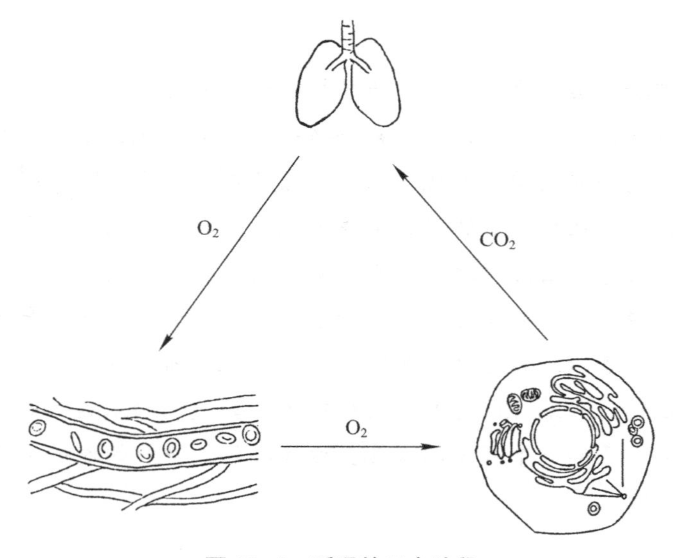

图 16–1 呼吸的三个阶段

呼吸的第一阶段即外呼吸，是我们能够主观感知的过程。但是，如果没有化学家的研究贡献，我们都不知道吸入和呼出的气体是什么。谈到对氧气的认识，首先要提法国化学家拉瓦锡所做出的贡献。他在前人的启发下通过实验证实了氧气的存在，并首次用希腊文命名了氧气。因此，恩格斯评价拉瓦锡是“真正发现氧气的人”。另外，拉瓦锡还在氧气的燃烧实验中，明确了碳和氧气燃烧产生的气体由碳和氧两种成分组成，并命名为“碳酸气”，可以说，拉瓦锡对二氧化碳的研究也有重要的贡献。

拉瓦锡在化学燃烧实验的基础上，提出了自己对呼吸的理解。他认为，生命的呼吸过程实则是一种缓慢的“燃烧”过程，机体内的物质与氧气“燃烧”产生二氧化碳，同时产生热量供机体使用。虽然只是理论猜想，但是拉瓦锡凭借自己的化学天赋和理论实践已经肯定了氧气对生命的意义，对后世进一步研究呼吸的奥秘产生了深远影响。

在明确了氧气对生命的意义之后，接下来的问题就是进一步了解肺如何有效地保证氧气的摄入和二氧化碳的排出，因为只有这样才能实现呼吸过程。解剖学的研究已经发现肺有着特殊的血液循环，肺动、静脉的血液与机体其他动、静脉的血液刚好相反，即肺动脉流着静脉血，肺静脉流着动脉血。这一特点正好与外呼吸、内呼吸的气体交换特点相符，由此可见，血液循环对于实现外呼吸和内呼吸的气体交换具有重要的意义。

血液是氧气和二氧化碳的运输载体，明确其运输机制对于理解呼吸的气体交换过程具有重要的意义。在化学研究中，科学家们已经发现二氧化碳具有较强的水溶性，并且容易形成 CO_3^{2-} 和 HCO_3^-，因此血液中的二氧化碳基本上是以物理溶解和化学离子形式存在的。在肺部血液浓度较高，则释放出二氧化碳气体；在组织毛细血管中浓度较低，则将代谢产生的二氧化碳吸收入血。

相比二氧化碳，氧气的运输则有些复杂。因为氧气的溶解度远远比二氧化碳小，也不容易形成水溶性化合物。但是呼吸过程又要求血液能够容纳足够的氧气，并且能够灵活地结合和释放氧气，这就对血液提出了较高的要求。血液通过什么方式满足这样苛刻的要求？德国化学家塞勒对这个问题产生了浓厚的兴趣，并努力探索其中的奥秘。

塞勒结合自己在生理学和化学两方面的专业特长，试图通过化学手段研究血液运输氧气的生理特性。血液主要包括血浆和血细胞两种成分，既然氧气与二氧化碳的物理化学特性不同，那么就首先排除了血浆在氧气运输中的作用。塞勒主要关注红细胞对氧气的运输机制。通过对红细胞的化学分析，塞勒发现了一个明确的化合物并命名为血红蛋白。他推断血红蛋白具有携带氧气的能力，所以接下来的问题就是如何证明血红蛋白能够运输氧气及其相关机制。

在第 3 站蛋白质的故事中，我们知道蛋白质的分离方法，如电泳技术是在 20 世纪初建立起来的，血红蛋白的结构和工作机制更是在之后的五六十年代才阐明的。因此，对于19世纪的塞勒而言，要想证明血红蛋白的携氧机制并不容易。结合当时的实验条件，塞勒率先引入光谱分析技术用于血红蛋白的研究。光谱分析法就是利用各种分子和原子都有其特殊的光学特征谱线，如同指纹，通过检测物质的吸收或发射光谱就可以鉴定物质。利用光谱分析技术，塞勒鉴定出携带氧和不携氧的血红蛋白光谱特征是有区别的，由此他提出了氧化血红蛋白和还原血红蛋白。此外，塞勒还发现血红蛋白与氧的结合是以分子形式而不是原子形式进行的。他的这些发现都是在未完全提纯血红蛋白，未认识血红蛋白结构之前完成的，可见选择合适的研究方法对于科研问题多么重要。

塞勒对一氧化碳与血红蛋白的结合也进行了研究，他通过光谱分析法发现，一氧化碳能够与血红蛋白结合形成更稳定的化学结构，从而影响血红蛋白对氧气的运输和释放，造成机体缺氧。此外，他还分析了血红蛋白的降解产物血色素，而且明确了血红蛋白中含有铁元素。他在血红蛋白研究方面发表了不少于30篇学术论文，可以说，塞勒是血红蛋白研究方面的大专家。

血红蛋白是氧气的主要运输工具，在肺部氧气含量较高，能够与氧气结合形成氧化血红蛋白，而到了需氧组织则释放氧气，形成还原血红蛋白。机体通过特殊的肺循环和特定的血液成分共同保证了呼吸第一阶段肺气体交换的顺利进行。

克雷布斯与三羧酸循环

呼吸的第二阶段内呼吸是发生在组织与毛细血管之间的气体交换，有了外呼吸的研究基础，内呼吸的机制也就不难理解了。对于氧气如何从血液进入组织，同时二氧化碳从组织进入血液，这个问题实质上已经涉及有氧代谢的机制了。因此，科学家们更关心的问题是各种组织在代谢中是如何利用氧气，并产生二氧化碳的。

事实上，有氧代谢的研究要比无氧代谢困难得多。在20世纪30年代，无氧代谢的过程已经基本上有了定论，特别是糖酵解途径的研究已经取得了重要成果。而此时，有氧代谢的研究才刚刚开始。原因在于，要想研究代谢过程，就需要分离中间代谢产物及相关酶。但应用同样的分离方法，无氧代谢相关酶在离体环境下仍然保持一定的活性，而有氧代谢相关的酶却遭到了破坏。当时尚未建立快速冷冻离心技术，因此对这些脆弱的酶是束手无策的。

克雷布斯继阐明尿素循环之后，一直在思考糖类的有氧代谢过程是否也存在一些有趣的代谢途径或循环。因此他决心挑战糖类的有氧代谢研究这一难题。在他之前有科学家应用一些间接手段，如气体测量法，研究物质的有氧代谢变化。气体测量法实际上是沿用拉瓦锡等人的研究思路，通过无机物与氧气燃烧后的气体变化，对反应过程进行定量的研究。应用气体测量法研究组织代谢，主要是通过组织中特定有机物在氧化反应过程中消耗氧气和释放二氧化碳的变化，来间接了解这些有机物的氧化反应速率。

克雷布斯了解到，前人主要应用肌肉组织作为研究材料，测定了大约60种有机物的氧化反应速率，其中乳酸、琥珀酸、顺乌头酸、延胡索酸、苹果酸和柠檬酸等能够迅速地被氧化释放二氧化碳，因此推测这几种有机酸很可能是糖类有氧氧化的中间产物。但是克雷布斯认为这些研究结果比较凌乱，并未与糖类的有氧代谢建立直接联系。他进一步查阅文献发现，1935年的文献进一步明确了琥珀酸、延胡索酸、苹果酸和草酰乙酸等四碳有机酸与糖类有氧代谢过程密切相关。这一特点更加引起克雷布斯的兴趣，他推测有氧代谢过程肯定存在着某种规律，于是他沿着这些研究线索开展了进一步的实验。

通过对多种肝、肾、肌肉等组织的研究比较，克雷布斯最终选择利用鸽子胸肌作为研究材料，因为这块肌肉在鸽子飞行中有相当高的呼吸频率，特别适合有氧代谢过程的研究。他将肌肉组织制备成悬浮液，从而保证反应体系中含有有氧代谢所需的各种酶类。然后，克雷布斯利用这个反应体系系统地研究了上述几种四碳有机酸对丙酮酸氧化过程耗氧率的影响。他发现，这些物质都能够增强氧的消耗，同时加速丙酮酸的氧化速率。

在此基础上，克雷布斯进一步发现肌肉中丙酮酸氧化还可被六碳三羧酸，如柠檬酸、顺乌头酸和异柠檬酸及五碳的α-酮戊二酸激活。虽然发现了8种能够加速丙酮酸氧化的有机物，它们都可能是有氧代谢过程中的中间产物。但是反应速度非常快，克雷布斯一时无法确定这些物质反应的先后顺序。

就在一筹莫展时，克雷布斯观察到丙二酸对丙酮酸有氧氧化有抑制作用。丙二酸是琥珀酸的类似物，是琥珀酸脱氢酶的竞争性抑制剂。应用丙二酸抑制琥珀酸脱氢酶后，丙酮酸的有氧氧化就会被抑制。这表明，在涉及丙酮酸氧化的酶促反应中，琥珀酸脱氢酶是很关键的酶。克雷布斯还进一步发现，在肌肉组织悬浮液中加入丙二酸后，就会有柠檬酸、α-酮戊二酸和琥珀酸的积累，这表明柠檬酸和α-酮戊二酸为琥珀酸的前体。此时，酶再次体现了其独特魅力，如同一把钥匙，打开了有氧代谢的黑匣子，顺着线索继续探索就变得容易起来。

克雷布斯以琥珀酸脱氢酶催化的反应步骤为核心，进一步探讨前后的物质关系。经过仔细研究和推理，他提出了具有重大意义的环式代谢途径的概念，并试图将这些四碳和六碳化合物串联起来。在系统整理实验结果的过程中，他认为，从四碳的草酰乙酸到五碳的酮戊二酸之间还缺一种中间代谢产物。经过进一步实验，他终于找到了这个中间物质就是柠檬酸。四碳的草酰乙酸首先会和一种二碳物质形成六碳的柠檬酸，然后柠檬酸经过一系列反应再次形成草酰乙酸，这样这条代谢循环反应链就完整了。而这个二碳物质就是乙酰CoA，也是这个代谢循环的起始燃料。终于，克雷布斯于1937年提出了完整的代谢循环途径，并命名为柠檬酸循环。

由于这一发现使得 8 个有机酸的代谢呈一个环状的关系，由此便可以完全解释体内有机化合物的氧化机制。在此同时，克雷布斯又证明体内糖类、脂质及蛋白质等经氧化分解，在生成 CO_2 及水的同时可释放出能量。

柠檬酸循环最初只是建立在实验基础上的假说，后期通过同位素标记的代谢物研究得到了证实。柠檬酸循环确实以很高的效率在活细胞中存在，而且该循环不仅在肌肉组织中起作用，而且在需氧动物和植物的所有组织中，以及许多需氧微生物中均发挥着功能。由于这个循环反应开始于乙酰 CoA 与草酰乙酸缩合生成含有 3 个羧基的柠檬酸，因此又称为三羧酸循环（图 16–2）。

至此，一个完整的三羧酸循环途径诞生，而至今尚无人能推翻和改变这一代谢过程。人们在感叹之余，不由得由衷地被克雷布斯的洞察力所折服。柠檬酸循环不仅是葡萄糖在体内彻底氧化供能的途径，也是脂肪、氨基酸在体内氧化的共同途径，还是三大营养素在代谢上相互联系、相互转变的途径。为此，克雷布斯在 1953 年荣获诺贝尔生理学或医学奖。

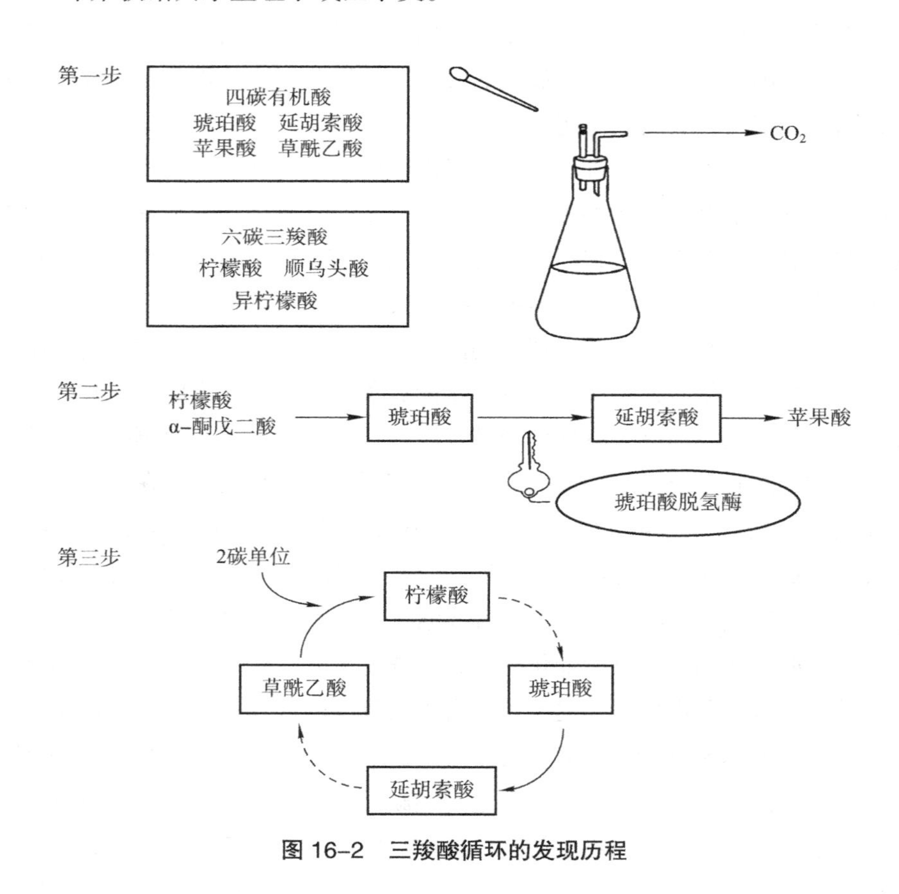

图 16–2 三羧酸循环的发现历程

细胞的发电厂

呼吸的第三阶段主要关注氧气在细胞内是如何被消耗的，二氧化碳是如何产生的。对于细胞呼吸关注的问题，克雷布斯的研究主要是通过组织悬液进行的，虽然阐明了代谢途径，但尚无法确定反应发生的细胞内定位。因此，接下来的工作就是要进一步研究柠檬酸循环发生的细胞内定位。

时间到了 20 世纪 40 年代，差速离心法已经建立和应用，研究细胞不同结构（如细胞核、线粒体、内质网等）的代谢功能成为可能。此时，美国生物化学家肯尼迪正在芝加哥大学生物化学系从事科研工作，导师希望他能够纯化脂肪酸有氧代谢所涉及的酶。

肯尼迪对这方面的研究工作进行了总结后发现，已经有不少研究工作对差速离心后四层细胞成分的代谢功能进行了研究，包括细胞核层、线粒体等“大颗粒”层、内质网碎片等“微颗粒”层和细胞质层。这些研究初步认为，有氧代谢相关的酶类位于线粒体等“大颗粒”层。于是，肯尼迪打算先从线粒体入手，通过分离线粒体，从中寻找脂肪酸有氧代谢相关的酶类。

肯尼迪认为，实验最关键的一步就是有效地分离线粒体，同时还要保证相关酶类不被破坏。对于线粒体的分离和保存，前人已经建立了相对稳定可靠的方法，在第 15 期中我们已经讲过克劳德在这方面所做的工作。为了避免线粒体中相关酶的活性遭到破坏，肯尼迪认为，整个线粒体分离提取的过程都应在低温下进行。他选择大鼠肝作为提取线粒体的材料，所有的手术操作在一间 2℃的实验室中进行，同时所有用于灌注、分离和保存的试剂都保持低温冷藏。获取到肝组织后，接下来的工作就是进行差速离心分离。肯尼迪尝试在低温条件下进行离心。当时冷冻离心机并不普及，他们就将离心机放入冰箱中进行操作。然后再将离心后的线粒体层使用低温试剂反复冲洗，去除其他细胞碎片。最后，他在显微镜下观察，发现经过这样千锤百炼之后得到的线粒体纯度大大提高，避免了其他杂质的干扰，同时最大限度地保存了酶的活性。

接下来的工作就进入正题了，肯尼迪将线粒体进一步分解成碎片以暴露其中的代谢酶。然后加入脂肪酸有氧代谢的中间产物，探索这些酶是否能够催化这类底物进行反应。与此同时，他还选择了柠檬酸循环中的三种中间代谢产物——草酰乙酸、柠檬酸和 α－酮戊二酸加入反应体系中。当与其他细胞离心成分进行对照时，线粒体成分能够显著催化这些底物进行氧化反应。

经过肯尼迪的实验证明，脂肪酸的氧化和三羧酸循环主要位于线粒体中。他的论文一经发表，便得到了强烈反响，单篇引用率高达几百次以上，充分体现出学界对他工作的认可。肯尼迪的开拓性工作让后人认识到线粒体在细胞呼吸中的重要作用，因而线粒体被形象地称为“细胞的发电厂”。我们接下来对细胞呼吸的探索，就要再次聚焦线粒体，从中获取更多的答案。

第二部分 医学生的见闻

师生对话

李：塞勒对血红素的研究促使他对血红素代谢异常相关的卟啉病也有了一定的认识，这种疾病的生化机制正是塞勒描述的，我们要不要先聊聊这个话题？

程：不错，说起卟啉病大家可能比较陌生，但是《暮光之城》大家肯定比较熟悉。现在比较公认的关于吸血鬼的解释，就是卟啉病。所以，我们不妨了解一下卟啉病，这里肯定有不少有趣的故事。

韩：那就由我给大家讲讲吧，通过卟啉病让大家认识“吸血鬼”的真面目。

解：另外，我们再来聊聊三羧酸循环。在第二站糖代谢的内容中，我们重点讲解了无氧代谢的内容，这次学习了三羧酸循环后，糖代谢供能的两种反应过程基本完整了。同学们来聊一聊对无氧代谢和有氧氧化两个过程的理解。

张：从反应过程来看，两者都有一段共同的反应经历，那就是糖酵解途径。经过这一途径产生丙酮酸后，就分道扬镳了。丙酮酸如果被转运到线粒体中就通过三羧酸循环彻底氧化，如果继续留在细胞质中则生成乳酸。

郭：另外，令我印象深刻的是三羧酸循环研究过程中，琥珀酸脱氢酶的发现起到了重要作用。于是我想到了一次病例讨论中琥珀酸脱氢酶异常相关的肾癌，我给大家讲讲这个案例吧，希望大家对这个酶有进一步的了解。

很好，同学们准备的这两个临床故事不仅贴合主题，而且非常新颖，接下来就让我们一起听听你们的故事吧。

吸血鬼之谜

有一次同学跟我分享了一个临床病例报道，是非常少见的一个案例。一位年轻女性，产后2个月出现了双手背水疱，光照后加重，避光后就会减轻。她的手背上可以看到凹陷性瘢痕，因为水疱伴有瘙痒，抓破后愈合缓慢。而且反反复复2年，尝试了许多办法，就是不见起色。

在一次诊疗过程中，医师询问病史了解到，患者水疱加重期伴有尿色发红，而在缓解期则恢复正常。医师抓住这个现象，进一步对患者尿液进行了全面检查。结果发现，尿液曝光后颜色变深，尿卟啉阳性。于是诊断为卟啉病，这种疾病有个俗称——“吸血鬼病”。

著名的电影《暮光之城》讲述了一群吸血鬼的故事。除此之外，欧洲国家还流传着许多关于吸血鬼的故事，然而吸血鬼并非空穴来风，其原型其实是一种疾病。卟啉病又称“血紫质病”，学名 porphyria 源自希腊语的 porphura，意思就是“紫色的色素”。由于血红素的合成过程受阻，导致卟啉代谢障碍。这种病症的详细生化解释是由塞勒在1874年发表的。

卟啉病的症状起初表现为脸部、颈部和手背等暴露在光线下的部位轻度多毛，色素沉着。待病情加重后，患者会呈现出恐怖的外貌特征。患者暴露在光线下会产生一系列的过敏反应，如皮肤起水疱、疹子，甚至会出现脓包、溃烂。这主要是由于卟啉这种物质引起的。这是一种光敏感色素，大多集中在人的皮肤、骨骼和牙齿上。阳光会引起卟啉的化学反应，进而转化为有毒物质，引起组织损害。所以，卟啉病患者好像传说中的吸血鬼一样生活在黑暗中。一些严重的患者，牙齿和骨骼会呈红褐色，鼻子和耳朵会被侵蚀掉，嘴唇和牙床被腐蚀后，露出红褐色的牙根。为了缓解症状，大多数卟啉病患者不得不输血和补充血红素。所以，当一个皮肤被腐蚀掉、露出尖利红色牙齿的卟啉病患者，还不得不靠补充鲜血来缓解病情时，人们自然会把他（她）与月夜里杀人如麻、嗜血成性的“吸血鬼”联系在一起。

卟啉病是一种罕见疾病，临床统计其发生概率约1/30万。这种疾病有先天性遗传也有后天性因素，可广义地分为急性或缓发性两大类。急性间歇性卟啉病是最常见的遗传性卟啉病，好发于青春期后，女性比男性常见，属于常染色体显性遗传。有研究显示，该疾病与1号染色体异常有关。在北欧、英国流行率最高，流行率在欧洲为（1～2）/10万，在芬兰为2.4/10万。该病的流行病学特征解释了吸血鬼的故事为什么盛行于欧洲。卟啉病目前仍无治愈方法，只能针对卟啉病的病症进行对症治疗。

琥珀酸脱氢酶缺陷型肾癌

有次参加病例讨论，我听到了这样一个病例。一位女性患者，患有白塞病（又称贝赫切特综合征），在进行相关检查的过程中，查出了右侧肾癌。于是进一步通过 CT 扫描确定了病灶，而且病灶在增强 CT 中呈现增强反应。临床初步诊断肾癌，紧接着进行了肿瘤切除术。患者手术比较成功，术后 15 个月随访未发现新的肿瘤病灶。

我们都知道病理检查是肿瘤诊断的金标准，因此患者术中切除的肿瘤组织很快送往病理科进行病理检查。除了常规的组织化学切片观察，还对组织进行了特异性的免疫组织化学染色。正是通过免疫组织化学染色分析，本例肾癌有了新的发现。病理检查发现，肿瘤组织中琥珀酸脱氢酶亚单位 A 表达阳性，但是琥珀酸脱氢酶亚单位 B 却表达缺失。因此，本例肾癌进一步被诊断为琥珀酸脱氢酶（succinate dehydrogenase，SDH）缺陷型肾癌。

虽然 SDH 缺陷型肾癌在肾癌亚型中所占比例很小，同时也是 2016 年 WHO 新提出的肾癌诊断分型，但是 SDH 与肿瘤的关系已经有不少研究报道。研究发现，30% 的嗜铬细胞瘤、副神经纤维瘤具有遗传性，经过基因分析发现，SDH 的基因突变与该类型肿瘤的发生有一定的相关性。之后在胃肠道间质瘤中，也发现了与本例类似的 SDH 亚单位 B 缺失。此外，在垂体瘤中也发现了 SDH 缺陷型垂体腺瘤。

SDH 由 4 个亚单位组成，分别是 SDHA、SDHB、SDHC 和 SDHD，对应有 4 个基因分别控制这些蛋白质的表达合成。通过这 4 个亚单位，SDH 镶嵌于线粒体内膜上，不仅参与三羧酸循环，而且在线粒体氧化磷酸化反应中发挥重要的作用。当任意一个基因突变时，如本例中 *SDHB* 基因的突变，均会导致 SDH 的稳定性被破坏，容易导致整个酶的降解，从而严重影响线粒体的功能。有趣的是，4 个基因任一个突变，都会引起 SDHB 免疫组织化学表达阴性。因此，SDHB 也越来越得到重视。

虽然 SDH 的突变会影响线粒体的功能，但是这一过程如何参与肿瘤的发生发展，目前的研究报道尚不充分。不过本案例让我们再次认识到病理检查对于临床工作的重要性，因此临床病理检查又被称为“医生的医生”。同时，随着特异性生物标志物的研究和发展，病理检查不单单从形态学展示疾病的发生发展，更能够体现代谢、免疫、基因表达等多个维度的信息。

第 17 期　呼吸的秘密 下

本期人物

汉斯·冯·奥伊勒·切尔平（Hans von Euler-Chelpin，1873—1964），瑞典生物化学家，因在酵母菌的乙醇发酵和辅酶研究中的突出贡献，与阿瑟·哈登共同获得 1929 年的诺贝尔化学奖。

艾伯特·莱斯特·莱宁格（Albert Lester Lehninger，1917—1986），美国生物化学家。他在线粒体代谢的研究方面做出了巨大贡献，出版了《莱宁格生物化学原理》一书，至今被认为是生物化学领域的“圣经”。

奥托·海因里希·瓦尔堡（Otto Heinrich Warburg，1883—1970），德国生理学家、医生、生物化学家，在物质代谢和肿瘤机制领域都做出了巨大贡献。

戴维·凯林（David Keilin，1887—1963），俄罗斯生物化学家，最著名的研究工作是 1920 年左右重新发现和命名了细胞色素，这种物质虽然在 1884 年就有报道，但是存在错误，而且也逐渐被人遗忘。

第一部分 科学家的故事

师生对话

本期成员为：解军教授（以下简称解），程景民教授（以下简称程），李琦同学（以下简称李），韩婧同学（以下简称韩），王国珍同学（以下简称王），郭彩艳同学（以下简称郭），张帆同学（以下简称张）。

解：通过上一期的内容，我们最终锁定呼吸的终极奥秘就在线粒体中。而柠檬酸循环的故事告诉我们，线粒体内不断发生着氧化还原反应，因此线粒体内部可以看做是一座温和燃烧着的“火力发电厂”。

程：所以我们接下来的工作就是去了解这个发电厂是如何工作的？这其中有哪些机制？

张：根据我之前学到的知识，线粒体膜上的电子传递链应该是线粒体发电的主要机制。但是这些内容学习起来有些难度。

解：这部分内容确实很抽象，但是同学们前期已经对线粒体有了非常形象的比喻，那么这些内容是否也能够通过比喻来形象地理解呢？

李：既然我们将线粒体比作“发电厂”，那发电厂要工作首先就需要动力来源，然后还需要发电装置。我们是不是可以分为这两个问题去探讨？

程：这个比喻很贴切，接下来我们就去找找线粒体的“燃料”，然后再来认识一下“发电机”是什么样的。

据我了解，糖类、脂质、蛋白质这三大营养物质不能被线粒体膜上的电子传递链直接利用，需要通过细胞质的无氧酵解等途径和线粒体内的三羧酸循环之后才能用于实现能量转化。线粒体的“发电”过程是一个氧化还原反应过程，氧气作为氧化剂，那还原剂是什么？“发电”所需的“燃料”正是无氧酵解和三羧酸循环提供的还原剂。

王

你说的还原剂是不是还原型烟酰胺腺嘌呤二核苷酸（NADH）？

韩

解

NADH 确实是一种还原剂，为线粒体的电子传递链提供电子，那么，这种物质是不是线粒体的直接燃料？同学们不如通过 NADH 的发现历程去寻找关键人物，通过他们的研究故事，或许就可以找到答案。

NADH 是一种辅酶，瑞典生物化学家切尔平可以说是辅酶研究领域的先驱。虽然他并没有鉴定出 NADH 的化学结构，但是他的工作对后续研究产生了积极的影响。切尔平及其家人的经历向世人证明了“老子英雄儿好汉”。切尔平的父亲是一位将军，他的儿子乌尔夫·冯·奥伊勒（Ulf S. von Euler，1905—1983）获得了 1970 年的诺贝尔生理学或医学奖。

郭

切尔平祖孙三代的成就真令人羡慕。在切尔平之后，NADH 的结构得到解析，而其代谢功能则是由美国生物化学家莱宁格研究证实的。莱宁格证明了 NADH 与线粒体有氧代谢直接相关，因此可以理解为线粒体的直接燃料。

韩

以切尔平和莱宁格两位大师的经历作为主线，我们就可以深入认识 NADH，理解其如何成为线粒体的“燃料”。对于莱宁格我补充一点，他除了在生物化学研究中取得了重要成果，还是一位优秀的教育工作者，他编写的《莱宁格生物化学原理》至今被认为是生物化学的“圣经”。

李

程

同学们梳理得很棒，接下来，线粒体的“发电机”该如何理解？

郭

线粒体的“发电机”应该就是位于内膜上的电子传递链了，由复合体Ⅰ、复合体Ⅱ、复合体Ⅲ和复合体Ⅳ组成。这些复合体能够将能量转化为线粒体膜两侧的电位差，确实是一种“发电机”。最早研究的是复合体Ⅳ，即细胞色素c氧化酶，也被瓦尔堡称为呼吸酶。

韩

那我正好给大家讲讲瓦尔堡吧。说起瓦尔堡的学术生涯还是非常坎坷的。他一生的黄金时间正处于纳粹德国执政时期，由于他有一个新教母亲和一个继承犹太人遗产的父亲，因而被纳粹认为是半个犹太人，这给他的学术研究带来不少麻烦。但是，瓦尔堡仍然是勇敢的抗争者。他向德国人发出了要与他们享受平等对待的正式要求，并且被通过了。但之后，因为他发表了对纳粹的批评性言论，随即失去了职位。不过在几周后，希特勒总理府下令恢复了他研究癌症的工作。由于战火不断，瓦尔堡为了避免空袭，将他的实验室搬迁到柏林郊区的利本堡村。就是在这样艰苦的环境下，瓦尔堡仍然坚持不懈，对呼吸和癌症机制的研究取得了举世瞩目的成就。

王

与瓦尔堡同样重要的人物还有凯林，他系统地研究了细胞色素，并提出了电子传递链的概念，所以说对于线粒体“发电机”的认识，凯林同样功不可没。我觉得对于线粒体“发电机”的认识，以瓦尔堡和凯林作为主线应该也是很精彩的故事。

解

很好，虽然这部分内容确实有一定的难度，但同学们的分析很到位，准备的资料也很充分，希望通过接下来的故事能够帮助大家更好地学习这部分内容。

探寻呼吸奥秘的脚步再次走向了线粒体。作为细胞中的发电厂，相比人类社会中庞大的发电机组，线粒体显得尤为小巧和精致。线粒体是如何利用它微小的空间实现无比强大的功能呢？这着实令人惊叹。为了探索其中的奥秘，科学家们也是举步维艰。在经历了长达半个多世纪的研究后，终于对线粒体的工作原理有了初步的了解，确立了线粒体在新陈代谢中的核心地位。接下来，我们就跟随科学家的脚步，一起去了解细胞中这一座座精密的“发电厂”吧。

线粒体的直接燃料

随着工业技术的发展，人类可以利用多种能源物质产生的动力带动发电机发电，如风能、煤炭、水力、核能等。同样，作为细胞的发电厂，线粒体也需要能源来驱动。因此，在认识这座精密“发电厂”前，第一步就要先了解其燃料。

我们都知道，机体的三大能源物质是糖类、脂质和蛋白质，但是经过前面几站故事的学习，我们认识到这些物质并不能直接提供能量，因此也不能成为线粒体的直接燃料。从总体上来看，这三大能源物质都要先在体内经过不断的分解和转化，最终进入柠檬酸循环途径才能产生能量。那么，问题的答案就要从柠檬酸循环途径去寻找了。

故事再次回到20世纪初有关发酵机制的研究。在第5期哈登和杨的故事中，我们讲到他们在研究糖酵解葡萄糖磷酸化时，发现酶促反应离不开“辅酶”的存在。但是，哈登和杨并没有继续研究这些辅酶。

对辅酶进行深入研究的是与哈登同年获得诺贝尔奖的瑞典生物化学家切尔平。切尔平对辅酶非常感兴趣，因为他发现几乎所有的生命体内都含有辅酶，研究这么重要的生命物质具有非常大的科学价值。他研究的第一步，是要分离提纯这些辅酶，但这一步也恰恰是最难的。因为辅酶在整个细胞中所占的比例非常小，以酵母菌为例，通常1 kg酵母菌中辅酶的含量还不到2 g。但是经过长时间的艰辛摸索后，切尔平终于得到了较为满意的辅酶提取物。

接下来，他开始对这些化合物进行鉴定，对辅酶的成分和结构进行分析鉴定正是切尔平的重要科学贡献之一。他发现辅酶中含有核苷酸、磷酸等组分，他还提出辅酶与生物氧化、细胞呼吸有密切的关系。切尔平的研究似乎给我们提供了一些线索，糖酵解途径或柠檬酸循环途径中是不是由辅酶将能量传递给线粒体的呢？

切尔平在酵母菌乙醇发酵过程中提取出来的辅酶后被称为辅酶Ⅰ，是最早被研究的辅酶。直到1939年，美国生物化学家埃尔维耶姆（Conrad Elvehjem，1901—1962）通过烟酸饲养实验犬和猪，才发现烟酸能够被用来合成辅酶Ⅰ，从而进一步明确了其化学成分。之后，这种辅酶的化学结构被确定为烟酰胺腺嘌呤二核苷酸，其氧化态缩写为NAD^+，被还原后缩写为NADH。

那么，NAD^+/NADH与线粒体能量产生有没有直接关系呢？只有证实了这一点，我们才能验证上述猜想，找到线粒体真正的“燃料”。这部分工作主要是美国生物化学家莱宁格完成的。在第16期的故事中，他的学生肯尼迪经过实验证明柠檬酸循环是在线粒体进行的，确立了线粒体作为“发电厂”的身份。而这些成果也离不开莱宁格在线粒体代谢研究中做出的长期努力。莱宁格与同事通过离体线粒体实验证明，NADH可以将糖酵解途径和柠檬酸循环与线粒体ATP的合成联系起来。NADH是NAD^+在糖酵解途径和柠檬酸循环过程中得到电子后还原形成的。之后NADH在线粒体中又将电子传递给氧气，氧化为NAD^+。这个过程可以理解为糖酵解途径和柠檬酸循环产生的能量用于合成NADH，而后NADH在线粒体中与氧气“燃烧”，进而将释放的能量用于ATP的合成。这样看来，NADH就成为线粒体真正的“燃料”。

与此同时，莱宁格还发现线粒体膜并不允许外界的NADH直接进入，这就意味着细胞质中糖酵解等代谢途径产生的NADH不能直接进入线粒体内使用。不过细胞也进化出应对措施，这就是苹果酸－天冬氨酸穿梭途径。首先，细胞质中的苹果酸脱氢酶利用NADH携带的能量将草酰乙酸转化成苹果酸。由于苹果酸可以通过线粒体膜，于是就携带着能量进入了线粒体。进入线粒体的苹果酸通过相反的反应过程生成NADH和草酰乙酸，这样NADH就进入线粒体内部。此时，线粒体中的草酰乙酸还需要进入细胞质继续完成使命，但是草酰乙酸也不能自由穿过线粒体膜，于是又找了天冬氨酸作为中介，帮助草酰乙酸再次回到细胞质（图17–1）。苹果酸－天冬氨酸穿梭途径的存在，可能与细胞和线粒体之间的远古合作有关，因为两者本为独立的生命个体，在物质代谢方面自然就会存在差异。这个穿梭途径也能让我们体会出NADH对于线粒体的重要性，不然也不需要为了NADH能进入线粒体而这么大费周折。

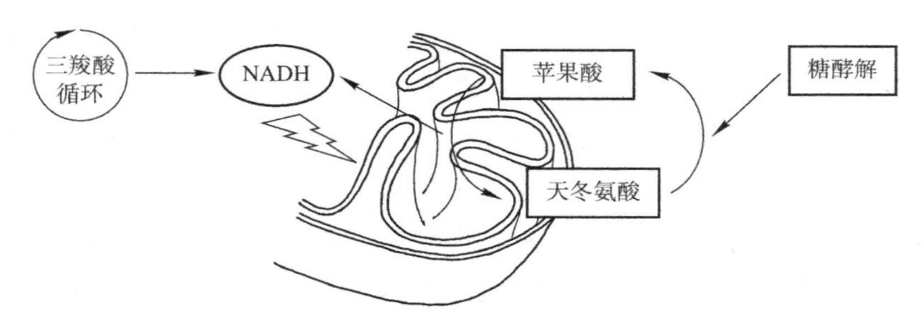

图17–1 线粒体的直接燃料

无论是细胞质中的糖酵解途径，还是线粒体基质中的柠檬酸循环，都在源源不断地生成NADH。有了燃料，线粒体才能够进入发电阶段。

线粒体的发电机组

人类建造的发电厂是利用电磁感应原理最终将动能转化为电能的，但是线粒体显然不具有这样的钢性结构。所以我们认识线粒体这座“发电厂”的第二步，就是去探秘线粒体究竟如何将 NADH 携带的能量转化为膜两侧的电位差，也就是要认识线粒体的“发电机”。

科学家们认为，既然线粒体不使用电磁感应的物理原理“发电”，那这个过程有可能仍然是一个化学过程，特别是一个与有氧代谢和细胞呼吸密切相关的过程。在第 16 期的故事中，以克雷布斯为代表的科学家构建了柠檬酸循环的反应过程，并证明了柠檬酸循环是线粒体有氧代谢的重要途径。但是柠檬酸循环是为线粒体产生直接燃料 NADH 的代谢途径，与线粒体的“发电机”并没有直接关系。与此同时，另一批科学家则以氧气作为出发点，不断追踪氧气从血液再到细胞内的传递和代谢过程，试图阐明有氧代谢和细胞呼吸的奥秘。下面就让我们了解一下沿着这个思路，科学家们有什么发现。

在氧气的传递和代谢研究领域，瓦尔堡可以说是重量级的代表人物。他是在 20 世纪 20 年代开始这方面探索的。当时，人们已经知道氧气在血液中是主要依靠血红蛋白运输的，而血红蛋白的携氧机制一方面与其结构有关，另一方面也与含铁血红素的代谢有关。瓦尔堡进一步了解到，除了红细胞中的含铁血红素，机体内几乎所有组织细胞中都存在含铁化合物，对于机体功能至关重要。但是这些含铁化合物与含铁血红素之间存在什么关系还不得而知。瓦尔堡计划以这些含铁化合物作为突破点来研究有氧代谢和细胞呼吸。但是他面临的首要问题在于，这些含铁化合物在细胞中的含量比红细胞中的血红素要低得多，无法获得足够的材料用于研究。

瓦尔堡认为，既然采用常规的分析化学方法无法开展研究，那么是不是可以尝试阻断呢？如果能够找到一些特异性的阻断剂，阻断细胞呼吸过程，就可以通过这些阻断剂的化学特点间接了解细胞呼吸过程中反应物质的特点，进而有可能揭示这些含铁化合物在细胞呼吸中的作用。

按照这个思路去搜集信息，瓦尔堡发现，CO、氰化物等不仅对红细胞中含铁血红素的亲和力较高，对其他细胞中的含铁化合物也有很高的亲和力，因而可以阻断活细胞的呼吸作用。但是他还发现另有研究报道说，当活细胞遇到 CO 时，呼吸就会停止；当再次遇到光时，细胞呼吸竟然又恢复了。说明光可以促进 CO 与细胞中含铁化合物的分离。而且，光对于 CO 与血红素的解离一样有效。

这些实验现象帮助瓦尔堡找到了新的研究方法，既然血红素和含铁化合物都能够吸收光，那么通过光谱分析就可以比较两者的化学特点。瓦尔堡应用光谱分析法，分别仔细地记录了含铁化合物和血红素结合 CO 在光解离过程中的变化，发现两者惊人的相似。于是瓦尔堡认为，细胞中的含铁化合物可以借助血红素的化学特点去分离鉴定。最终，他分离出了催化细胞呼吸的含铁蛋白质，称之为呼吸酶。呼吸酶与血红素在成分和结构上有一定的相似性，但是分工不同，血红素主要用于携带氧气，而呼吸酶则催化氧气最终生成水。因此，瓦尔堡以氧气作为出发点，分离出了呼吸酶，找到了氧气的最终归宿，而呼吸酶也就是现在所说的细胞色素 c 氧化酶。

与此同时，凯林也对血红素这类对光敏感的化学物质产生了兴趣。他应用动物细胞、植物细胞和细菌进行了系统的研究，发现与血红素类似的一类化合物都具有特定的吸收光谱。于是在 1925 年正式将这类物质命名为细胞色素，并根据光带分为 a、b、c 三类。随后，凯林开始着手研究细胞色素在细胞中的分布及其在细胞呼吸中的作用。他在线粒体中分离出了大量的细胞色素，并且证明这些细胞色素参与细胞呼吸过程，在氧化还原反应中传递电子。凯林结合瓦尔堡发现的呼吸酶，提出了电子传递链的概念，初步建立了“发电厂”模型：线粒体将 NADH 等直接燃料中的电子，经过细胞色素的一系列传递，最终在瓦尔堡的呼吸酶中与氧气结合形成水，完成氧化反应。

虽然凯林提出的模型非常简单，而且存在诸多漏洞，但是电子传递链的概念对日后研究线粒体的“发电机”产生了深远的影响。自 20 世纪 40—60 年代，经过一系列的研究，这个电子传递链最终得以完善。首先，科学家们在瓦尔堡研究的基础上进一步分离和提取了呼吸酶，发现细胞呼吸并非单一酶的结果，而是一系列酶共同合作的成果。这些酶包括 NADH 脱氢酶复合体、琥珀酸脱氢酶复合体、细胞色素还原酶复合体和细胞色素 c 氧化酶复合体。根据电子传递的顺序，这些酶复合体依次被命名为复合体Ⅰ、复合体Ⅱ、复合体Ⅲ和复合体Ⅳ（图 17–2）。接着，科学家们对这四种酶进行了精确定位。虽然早已知道线粒体膜分为内、外两层，但是直到 20 世纪 60 年代才创建了内外膜的分离方法。分离后的内膜含有较多的蛋白质，这四种酶全部位于内膜上。最后，综合所有这些信息，我们终于认识了线粒体“发电机”的工作原理。

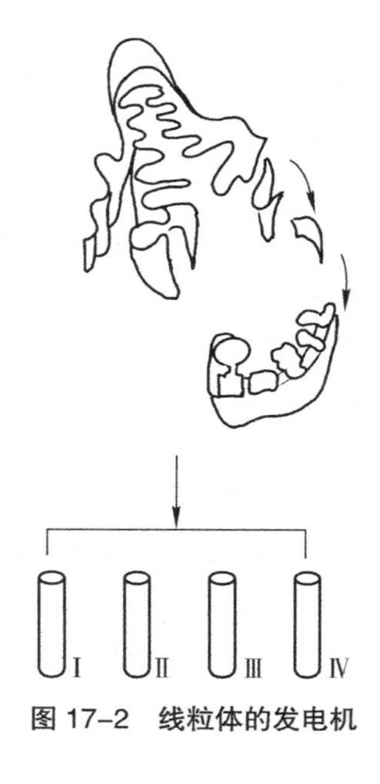

图 17–2　线粒体的发电机

复合体Ⅰ、复合体Ⅲ和复合体Ⅳ都属于质子泵，能够将线粒体基质中的质子泵入内膜和外膜之间的膜间隙，这样内膜两侧就会形成电位差，于是线粒体就产生了电能。这些质子泵的功能需要依靠分子间不断的化学反应才能完成，而这些反应只有在电子传递链的驱动下才能不断进行。巧妙的是，这四种酶同时也是电子传递链的执行者，在辅酶和细胞色素的辅助下，能够高效地实现电子传递并完成氧化还原反应。这样，四种酶复合体搭配在一起实现了化学能量到物理电能的高效转化，而这些复杂的过程竟然发生在显微镜都看不到的生物大分子水平上，自然的鬼斧神工着实令人惊叹。

氧气的最终归宿

我们对呼吸奥秘的探索，跟随着氧气被摄入机体到最终消耗的路线，跨越了器官、组织、细胞、线粒体多个层面，认识了机体为实现氧气运输和氧化产能而设计的各种精妙之处，最终到达了线粒体的电子传递链。至此，氧气完成了自己的使命，而我们的探秘之旅也即将画上句号。旅途的终点就是位于电子传递链末端的复合体Ⅳ，即细胞色素 c 氧化酶。

细胞色素 c 氧化酶就是瓦尔堡当年分离出来称为呼吸酶的含铁化合物。这种酶是线粒体内膜上一种结构非常复杂的酶复合体，在哺乳动物中由多达 13 个亚基组合而成，其中包括细胞色素 aa3，这也就容易解释为什么瓦尔堡当年发现细胞色素 c 氧化酶与血红素在光谱学上有一定的相似性。然而，在 20 世纪 60 年代的研究基础上，我们尚不能完全理解细胞色素 c 氧化酶如何将电子传递给氧气生成水，同时还要兼顾质子泵的功能。接下来我们不妨在旅途的终点站，继续追踪细胞色素 c 氧化酶的研究，进一步认识该复合体的功能机制，从而理解氧气的最终归宿。

想要了解细胞色素 c 氧化酶的复杂功能，明确其组成成分是不够的，只有认识了它的三维结构才能解读其中的奥秘。解析蛋白质的三维结构最常用的是 X 射线衍射分析法，这种方法在第 3 站蛋白质的故事中，我们已经有所了解。但是与血红蛋白、肌红蛋白不同的是，细胞色素 c 氧化酶的三维重建直到 20 世纪 90 年代才有突破，整整晚了近半个世纪，这是为什么呢？

原因在于样本的纯化和结晶困难重重。科学家们发现，牛的心肌线粒体细胞色素 c 氧化酶是较为合适的研究材料，并且在 1941 年就提取出了这种酶。但是经过 X 射线衍射分析法获得的图像分辨率很低。因此，进一步获得高纯度的酶结晶体是研究的关键所在。而研究人员面临的首要问题依然是细胞色素 c 氧化酶在心肌中的含量很低，1 kg 的牛心肌中仅含有 0.6 ~ 0.7g 酶。为了纯化样本，需要在提取过程中使用大量的洗脱剂。最初的洗脱剂会破坏酶的活性，1941 年提取出的酶是失活的。经过不断的改进，终于找到了合适的剂型，极大地保护了酶的完整性。另一个难题是，在 X 射线衍射分析过程中需要将样本保持在零下一百多摄氏度以防止射线破坏酶的结构，但是此时水分子结冰又会破坏分子结构，这就需要合适的防冻剂。选择合适的防冻剂就成为又一个难题。

转眼半个世纪过去了，终于在克服重重困难后，日本科学家于 1995 年首次报道了细胞色素 c 氧化酶的三维结构，这被认为是电子传递链研究的里程碑。获得了较清晰的细胞色素 c 氧化酶三维结构之后，科学家对其主要工作原理初步有了了解。通过结构分析首先定位了氧气的反应位置，该位点处于酶的核心区域。接着，我们通过酶的底物和产物来理解其工作过程。细胞色素 c 氧化酶的工作需要三种底物，即机体摄入的氧气、线粒体基质中的质子和细胞色素 c 从复合体Ⅲ中携带的电子。反应起始主要是围绕着核心区域开始的一系列氧化还原反应，并最后形成一个循环。一个循环结束后，1 分子氧气与 4 个质子结合并消耗电子形成 2 分子的水，与此同时，参与反应的化学基团将另外 4 个同时进入酶中的质子接力“泵入”线粒体膜间隙。这样细胞色素 c 氧化酶通过循环反应既实现了氧气的最终归宿，又实现了质子泵功能（图 17–3）。

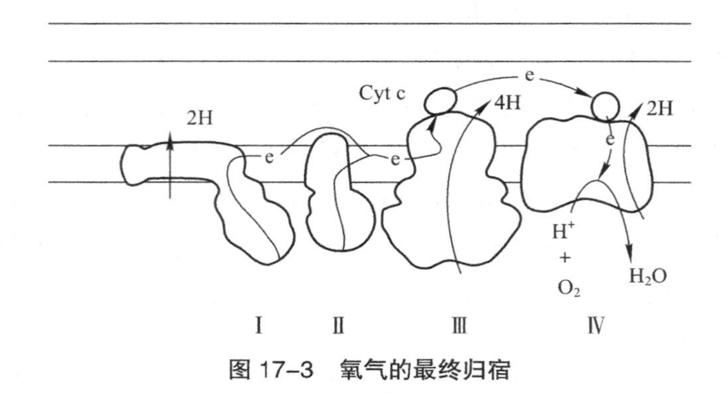

图 17–3 氧气的最终归宿

细胞色素 c 氧化酶的三维结构为深入认识电子传递链提供了一个良好的开端，之后，科学家们陆续报道了复合体Ⅲ、复合体Ⅱ和复合体Ⅰ的三维结构。从 20 世纪 90 年代开始的复合体结构解析，标志着对呼吸奥秘的探索进入了一个新的时代。虽然精妙的化学结构带给我们更多精彩的故事，然而这些复杂生物大分子的来龙去脉仍然是疑云重重，探索呼吸的奥秘还有更长的路要走。

第二部分 医学生的见闻

师生对话

解：听了这些故事，我想大家对于线粒体在有氧代谢和细胞呼吸中的作用有了更深入的认识，特别是对于电子传递链这个非常复杂的代谢机制有了新的体会。那么，同学们接下来谈谈这些对自己的临床工作有没有启发？

郭：瓦尔堡研究的呼吸酶让我再次认识到酶的重要性，线粒体中的这四种酶复合体也常常被作为药物、毒物作用的靶点。

是的，常见的 CO 中毒就会对呼吸酶，即细胞色素 c 氧化酶产生直接影响，阻断生物氧化过程，使细胞能量产生减少或停止，就这样悄无声息地影响着人体代谢，是一个可能夺人性命的“无形杀手”。我曾经在急诊室遇到一例这样的患者，至今让我记忆犹新。

李

程

好，那你给大家介绍一下 CO 中毒。同学们还有没有其他感悟？

前面的故事我们只提到了瓦尔堡的部分工作，除了呼吸酶的研究，他还有一个重要的理论就是以他命名的“瓦尔堡效应”。这个理论学说至今仍然是肿瘤代谢研究领域的热点问题。我想起了之前实习见到过的一个案例，下面就结合这个案例从临床表现到代谢机制给大家介绍一下吧。

韩

程

看来瓦尔堡的研究工作意义重大，同学们提到的两个临床经历都受到了瓦尔堡的影响和启发，那么接下来我们就通过这两个临床故事，进一步去体会瓦尔堡的重要影响吧。

一氧化碳中毒

这天是我在急诊室实习的第 4 天，早上 7：30 左右一名中年男子带着其父亲慌慌张张地走进急诊室。这位男子讲到，半个小时前他发现父亲昏迷不醒，未见呕吐。我们让他进一步描述一下当时的情景。平日父亲单独一个人在市郊居住，每天早晨都有晨练的习惯。但是这天邻居发现老人一早没有开门，敲门也无人答应，于是赶紧通知了他儿子。因为正值冬季，市郊的居民多以火炉取暖。

听完他的描述，我们就大致心里有数了。在未集体供暖的市郊，每年冬天都有不少这样的案例出现。进一步询问病史得知，父亲平日身体健康，有高血压且规律服药。带教老师一边听家属描述，一边嘱咐给患者进行吸氧，同时对患者进行了全面、细致的体格检查。患者最明显的特点就是口唇呈樱桃红色，神经系统查体发现双侧巴宾斯基征阳性，其余未发现阳性体征。这个案例诊断 CO 中毒比较容易，进一步化验血液碳氧血红蛋白明确了诊断，且患者呈中度中毒。给患者补液的同时，送往高压氧舱进行治疗。

CO之所以会引起中毒，最主要的原因是与血红蛋白的亲和力比氧气要高出200～300倍。因此，CO非常容易结合血红蛋白，形成碳氧血红蛋白。同时，碳氧血红蛋白的解离能力比氧合血红蛋白小3 600倍，所以碳氧血红蛋白非常稳定。由于这两方面的原因，CO牢牢占据了血红蛋白，使得血红蛋白不能正常携带氧气并向组织释放氧气。另外，CO对线粒体的功能也会产生严重影响，一方面碳氧血红蛋白妨碍氧向线粒体弥散，使线粒体缺氧而能量代谢受阻，能量产生减少；另一方面CO还会影响细胞色素c氧化酶的电子传递，抑制该复合体的正常功能，阻碍电子传递链的工作。总之，CO就是氧气的克星，无论是在运输过程还是在最后代谢阶段，都不给氧气任何机会。

CO的直接效应就是造成组织缺氧，而大脑是耗氧量最高的组织，因此当缺氧时最先出现的就是神经症状，轻者会出现短暂昏厥，重者则会昏迷，甚至反射消失、血压下降、呼吸停止。对于较严重的脑组织缺氧，通常在CO中毒24～48 h出现脑水肿，是比较严重的临床表现，因此要积极预防和治疗。此外，CO中毒后还会出现一种现象，有些患者几天后就完全恢复，但是2～3周后却出现了一系列精神和神经症状，如记忆减退，大、小便失禁，幻觉，肢体震颤等。此时，就要考虑急性CO中毒迟发脑病。

目前认为，急性CO中毒的最有效治疗手段是高压氧治疗，因为当气压升高时，能够提高氧气在血液和组织中的溶解度，改善组织缺氧问题。另外，对CO中毒的患者还应该积极预防脑水肿，给予脱水治疗。此外，支持疗法也有助于改善患者症状，如补充三磷腺苷、辅酶A、细胞色素c、维生素C等，改善线粒体的有氧代谢过程，改善细胞呼吸。

瓦尔堡效应

在肿瘤科实习的时候见过这样一例女性患者，由于呼吸困难、肢体疼痛前来就诊。患者之前查出淋巴肿瘤，经化学治疗后近1年内病情比较稳定，于是未定期复查。但是3周前开始出现肌肉酸痛、易疲劳，并且症状越来越严重，她甚至无法从床上坐起，胸闷、气短的症状也逐渐加重。进一步检查后，发现在其左侧腹膜后出现了新的肿瘤灶。同时血液化验显示，该患者乳酸显著升高。

本例患者的乳酸中毒考虑为瓦尔堡效应。这个现象是由瓦尔堡于1924年提出的，他发现肿瘤细胞更偏向于应用无氧代谢取代正常细胞的有氧代谢。相比于正常细胞，大多数肿瘤细胞在葡萄糖代谢方面表现出明显的变化。肿瘤细胞葡萄糖摄取和糖酵解速率明显增加，大量的葡萄糖消耗会产生更多的糖酵解代谢产物和ATP。糖酵解生成的大多数丙酮酸通过乳酸脱氢酶（LDH）在细胞质中转化为乳酸，而不是通过线粒体被氧化代谢。甚至即使在有足够氧气的情况下也会发生这种情况。

虽然不同的肿瘤显示出多种不同的代谢特征，但瓦尔堡效应是一种广泛的肿瘤相关特征。由于肿瘤细胞能够快速摄取葡萄糖并使葡萄糖优先在肿瘤细胞累积，目前常常利用 18- 氟脱氧葡萄糖（FDG）与正电子发射断层扫描（PET）技术相结合，作为一种临床成像技术来检测肿瘤患者并用来监测治疗反应。

瓦尔堡观察到，大多数肿瘤细胞的线粒体功能是完整的，肿瘤细胞线粒体呼吸的绝对速率与正常细胞相当。线粒体中的氧化代谢仍然是产生 ATP 的主要来源。葡萄糖在肿瘤细胞中的摄入量显著增加，主要是用于无氧代谢，有氧代谢并不按比例增加。事实上，由于肿瘤细胞中存在下调有氧代谢的调节机制，相当多的氧气消耗用于诸如谷氨酰胺等的氧化，实际的葡萄糖氧化可能会更低。

瓦尔堡效应的机制一直是肿瘤代谢研究的热点问题。肿瘤是由原癌基因和抑癌基因的失调和表观遗传变异产生的疾病，其中许多基因与新陈代谢相关，可导致代谢失调。研究人员已经认识到由于细胞快速增殖的需要，肿瘤细胞必须加速产生用于组装新细胞的基本物质，以最大限度地保障肿瘤的生长。糖酵解分解产生的各种中间产物可以作为前体用于合成代谢途径，包括磷酸戊糖途径、丝氨酸和三酰甘油合成途径，用于合成核苷酸、氨基酸和脂质等。因此，正常细胞代谢葡萄糖主要是获得能量，癌细胞则主要是通过增加葡萄糖的消耗维持糖酵解中间产物的持续供应，以满足细胞分裂合成代谢的需要。癌细胞通过抑制丙酮酸激酶，进而抑制糖酵解的最后一步反应，使糖酵解中间产物积累从而用于生物合成，维持肿瘤的高增殖性。总之，葡萄糖代谢的瓦尔堡效应为肿瘤细胞快速的细胞分裂提供了大量生物合成的原料，是肿瘤增殖的重要保障。

第 18 期　新陈代谢的蓄电池

本期人物

卡尔·洛曼（Karl Lohmann，1898—1978），德国生物化学家，在迈耶霍夫实验室工作期间，主要从事 ATP 的研究，被公认为首位发现 ATP 的科学家。

弗里茨·阿尔贝特·李普曼（Fritz Albert Lipmann，1899—1986），德裔美国生物化学家，1945 年辅酶 A 的共同发现者。为此，他被授予 1953 年诺贝尔生理学或医学奖。同时他还提出了“高能磷酸键”的概念，沿用至今。

彼得·丹尼斯·米切尔（Peter Dennis Mitchell，1920—1992），英国生物化学家，因在线粒体氧化磷酸化机制的研究中取得巨大成就，荣获 1978 年诺贝尔化学奖。

保罗·德罗斯·博耶（Paul Delos Boyer，1918—2018），美国生物化学家，他将毕生的精力献给了 ATP 的相关研究，在 ATP 生物合成的酶促机制（ATP 合酶）研究领域硕果累累，为此获得了 1997 年的诺贝尔化学奖。

约翰·欧内斯特·沃克（John Ernest Walker，1941— ），英国化学家，绘制了 ATP 合酶的三维结构，有力地支持了博耶提出的 ATP 合酶工作机制，于 1997 年获得诺贝尔化学奖。

第一部分　科学家的故事

师生对话

本期成员为：解军教授（以下简称解），程景民教授（以下简称程），李琦同学（以下简称李），韩婧同学（以下简称韩），王国珍同学（以下简称王），郭彩艳同学（以下简称郭），张帆同学（以下简称张）。

解　通过前面两期呼吸的故事，我们充分认识了线粒体的功能。线粒体可以说是细胞内的微型“发电厂”，通过电子传递链产生电能。这些电能能够为细胞内许多新陈代谢活动提供能量，但是这些微弱的电能并不适合远距离输送，对此细胞是通过什么办法解决的呢？

王　线粒体的主要产物是腺苷三磷酸（ATP），这个角色应该就是 ATP 吧。

李　各位老师、同学，我突然有个想法，既然线粒体是“发电厂”，而 ATP 又是其主要产物，那么 ATP 可不可以看做“蓄电池”呢？

程　这个比喻很好，ATP 是不是符合“蓄电池”这个身份，我觉得了解 ATP 的发现历程之后，自然就会有答案。所以，接下来同学们先聊一聊 ATP 发现过程中的关键人物吧。

韩　现在学界公认的第一位发现 ATP 的科学家是德国生物化学家卡尔·洛曼。他是一位非常低调而谦和的科学家，在 ATP 的分离和鉴定工作中做出了突出贡献，但是他很少在公众场合大肆吹捧自己的学术成果。洛曼和迈尔霍夫来自同一个实验室，许多人认为以洛曼的学术成果理应像迈尔霍夫一样被授予诺贝尔奖，但是洛曼最终还是与诺贝尔奖擦肩而过，令人惋惜。

在ATP的发现历程中，李普曼也是一位重要人物。他提出了高能磷酸键，帮助我们认识ATP的储能机制。李普曼最初学习的是药学专业。后来，他在柏林学习了生物化学的初级课程，并于1923年进入生物化学专业。在博士研究期间，他有幸进入迈尔霍夫的实验室，毕业后他追随迈尔霍夫对肌肉发生的生化反应做了进一步研究，为他日后研究高能磷酸键奠定了基础。

张

在洛曼和李普曼两位科学家的经历中，我们不难发现他们都与迈尔霍夫有着密切的联系。在我们查阅资料的过程中，也充分体会到了这一点。由于糖类的无氧代谢和有氧代谢主要是提供能量合成ATP，因此糖代谢领域和能量代谢领域有着较为密切的联系，许多糖代谢研究的关键人物将会在本期中再次出现。

李

解

这一点提得很好，同学们可以将本期故事与第2站的故事联系起来，相信会更容易理解。根据ATP的功能和代谢过程，我比较赞同将ATP比作“蓄电池”。既然说ATP是蓄电池，线粒体是发电厂，那么从电能到蓄电池之间就应该有一种“充电器”来实现电能的转换。对于这个“充电器”又有哪些科学家有重大发现呢？

这个“充电”过程应该说的就是ATP的合成机制了。这一部分确实难倒了诸多学者。不过，来自英国的米切尔率先通过理论研究有所突破，我先给大家介绍一下米切尔吧。米切尔自幼体弱多病，性格内向。大学毕业后，由于身体的原因，他选择留校。1942年，他申请了剑桥大学生物化学系的研究助理。在此期间，他做了一些关于青霉素的研究，并于1951年获得博士学位。1955年，他应邀去爱丁堡大学动物学系的生物化学研究所担任高级讲师。在每天给同学们上课的同时，他也在思考自己该做些什么研究工作。他认为，如果要研究，最好选择一个生命科学中最重要的课题。例如，大脑是如何工作的？受精卵如何发育成一个复杂的生命个体？癌症是一种很难治愈的疾病，那么癌症是如何产生和发展的？我们时刻在呼吸，每天都要吃饭，那么吸进去的氧气是如何将食物氧化而生成能量的？这些问题都非常神秘，而且都

王

非常重要。他想，我能解决什么呢？大脑的工作机制，胚胎发育和癌症，这些问题都要求有一定的医学基础，同时还要有临床医生进行合作，否则不太容易找到有价值的突破点。结合自己的学术背景，他最终选择了能量生成机制的研究。别人都觉得他做出了一个疯狂的决定，但是执著的米切尔最终在能量代谢领域功成名就。

王

如果说米切尔是理论派，那么博耶则是实践派，两人通过不同的研究策略为探索 ATP 合酶做出了巨大贡献。我来介绍一下博耶吧。博耶 1939 年进入威斯康星大学生物化学系攻读博士学位，那里杰出的教学和科研工作激起了他对代谢研究的热情。博耶所在的实验室主要方向是研究营养素及其代谢机制，在维生素 C、维生素 E 等研究方面有不少重要发现。但是博耶并没有延续这些研究，而是在其中体会到了 ATP 的重要性，因此开始研究 ATP 相关酶的催化机制。进一步了解了迈尔霍夫、洛曼、李普曼等人的前期研究后，他更加受到鼓舞，从此开始了长达一生的 ATP 之旅。

郭

解

同学们找到的这些人物都非常具有代表性，希望通过他们的研究故事让这部分抽象的内容变得形象而有趣。接下来就让我们一起听听这些故事。

通过呼吸作用，物质代谢产生的“燃料”和吸入的氧气最终进入线粒体中完全“燃烧”，并通过一系列精密的电子传递链装置转化为电能。但是，线粒体不可能像人造发电厂一样通过架设的电线去输送电能。为了保证能量供应，机体需要寻找一种能量载体，既可以高效地实现“充放电”，又可以安全地将电能运送到所需位置，这个任务主要是由一类高能磷酸化合物来完成的。

ATP 的发现历程

我们都知道蓄电池是一种能够实现电能和化学能双向转换的电气化学设备，在充电时将电能转化为化学能，放电时将化学能转化为电能。其实，在机体各种组织细胞中也有一类具有相似功能的化合物，为新陈代谢高效地提供能量，可谓新陈代谢的“蓄电池”。其中最具代表性的就是腺苷三磷酸（ATP）。

由于糖代谢的主要功能之一就是提供能量，因此，ATP 这类化合物的发现历程与糖代谢的研究是相伴相随的。早在哈登和杨研究酵母发酵机制时，他们就发现磷酸在乙醇发酵过程中具有重要的作用。这是第三次提到他们的研究了，可见二人在代谢研究领域是多么重要。他们研究发现，无机磷酸盐加入溶液中能够加速发酵反应，原因是无机磷酸被用于合成果糖 –1,6– 二磷酸。虽然哈登和杨较早地揭示了糖代谢中的磷酸化反应，然而磷酸化合物的重要性并没有立即得到关注。

继哈登和杨之后，迈尔霍夫研究了肌肉中的乳酸代谢与肌肉产热方面的问题，并提出了乳酸循环，为此荣获了 1922 年的诺贝尔奖。然而，迈尔霍夫的初衷是想明确肌肉产热的代谢机制，乳酸循环并不能完全解释这一问题，他认为在肌糖原分解为乳酸的过程中，肌肉产热来自某些中间代谢产物释放的化学能，于是迈尔霍夫及他的团队进一步去分离鉴定这些中间代谢产物，而这些中间产物日后成为埃姆登 – 迈尔霍夫 – 帕尔纳斯途径的重要组成部分。与此同时，迈尔霍夫还带领研究团队利用热力学方法测算从糖原到乳酸代谢过程中每一种中间代谢产物的化学能，试图找出肌肉产热的直接来源，但是一直没有突破。在此期间，与当时大多数学者一样，迈尔霍夫也没有对代谢过程中的磷酸化合物给予足够的重视。直到 1927 年，来自哈佛大学的印度生物化学家耶拉普拉伽达 · 苏巴拉奥（Yellapragada Subbarow，1895—1948）与同事在肌肉组织中提取出一种磷酸化合物——磷酸肌酸。他们发现，当肌肉收缩时，磷酸肌酸分解为磷酸和肌酸，释放出大量热量；而复原时，又恢复为磷酸肌酸。迈尔霍夫突然意识到，他一直以乳酸作为中心去寻找肌肉的产热来源，这种思路是不是本身就存在偏差。于是他决定改变方向，从磷酸肌酸及其他磷酸化合物中去寻找肌肉的产热来源。这部分工作主要是由迈尔霍夫团队中的洛曼来完成的。

洛曼于 1924 年加入迈尔霍夫的团队，一直寻找肌肉产热的中间代谢产物。到 1927 年迈尔霍夫做出重大转变时，洛曼就在迈尔霍夫指导下着手分离肌肉组织中的磷酸化合物。功夫不负有心人，洛曼很快在 1 年多后分离出了一种新的磷酸化合物，这种物质参与乳酸形成过程，并鉴定其主要成分为腺苷三磷酸（ATP）。1929 年 8 月，洛曼在国际生理学会议上宣布了他的研究成果。有趣的是，洛曼的报道反过来又给予苏巴拉奥和其同事不少触动，因为洛曼的报道让他们想起了搁置已久的研究结果。其实，他们早在洛曼之前就发现了 ATP，但是由于种种原因并没有公开发表。此次会议后，他们于当年 9 月匆匆发表了 ATP 的有关研究结果，但是为时已晚，学术界之后一直公认洛曼是首位发现 ATP 的科学家。

之后，洛曼和迈尔霍夫系统地应用热力学方法对 ATP、磷酸肌酸等磷酸化合物释放的能量进行了测定。根据化合物能量释放的高低，他们将这些化合物分为两大类，一类释放的能量较少，而另一类释放的能量较多，并对肌肉产热具有重要作用，称为高能磷酸化合物。洛曼于 1931 年证明，当 ATP 水解两个磷酸键生成 AMP 时，释放的能量达到磷酸肌酸这类高能磷酸化合物的水平，因此，ATP 最终纳入高能磷酸化合物的行列。此后，洛曼的研究仍然在继续着，他进一步确定了 ATP 的化学结构，到 20 世纪 40 年代期间，该结果通过 X 射线衍射分析法得到证实。纵观洛曼的主要研究成果，他在 ATP 的研究中做出巨大的贡献，遗憾的是并没有被授予诺贝尔奖。

在 ATP 的研究领域，出自迈尔霍夫实验室的另一位科学家李普曼同样功不可没。虽然李普曼因乙酰辅酶 A 的研究名扬天下，但是他的一些研究也推动了对 ATP 的认识。李普曼早年在迈尔霍夫实验室学习时，其中的一项课题是探讨丙酮酸的氧化机制。他选择与酵母菌类似的一种德氏乳杆菌菌株进行研究。他发现，无机磷酸盐对于丙酮酸的氧化同样重要，能够加速反应的进行。在迈尔霍夫诸多研究成果的启发下，李普曼采用同位素标记的磷酸盐和腺苷去追踪这些磷酸盐的去向，结果发现，丙酮酸的氧化能够促使腺苷和磷酸盐合成 ATP。这就是我们现在所说的氧化磷酸化反应。1939 年，李普曼在纽约长岛举行的第七届冷泉港研讨会上报道了他的研究成果。

在这些成果的基础上，他为《酶学进展》撰写了著名论文“磷酸键能的代谢产生和利用”，引入“高能磷酸键”这一概念，从而解释了 ATP 这类高能磷酸化合物的与众不同之处。高能磷酸键的概念一直沿用至今，并通过热力学研究将其定义为水解时释放的能量大于 25 kJ/mol 的磷酸键。

从 ATP 的发现历程来看，迈尔霍夫实验室一直处于该研究的核心地位，迈尔霍夫带领的团队在糖酵解和能量代谢领域均做出了突出贡献，不愧是生物化学的奠基人。

风扇触发的灵感

李普曼在丙酮酸氧化过程中发现的氧化磷酸化现象，为我们探寻 ATP 的来源提供了重要的线索。之后研究进一步证实，线粒体是合成 ATP 的重要场所，NADH 经电子传递链发生的氧化反应与 ADP 合成 ATP 的磷酸化反应密切相关。线粒体通过电子传递链“发电”，而 ADP 到 ATP 的过程则是“充电”过程。线粒体的电能如何转化为 ATP 高能磷酸键的化学能，这个问题成为 20 世纪 50 年代后期，继线粒体电子传递链得到充分认识后的新问题。

在探索线粒体合成 ATP 的机制之前，我们先来认识另一种合成 ATP 的方式，即底物水平磷酸化。在糖酵解和三羧酸循环的代谢过程中，某些环节生成的 ATP 主要依赖底物水平磷酸化。底物水平磷酸化是指在代谢过程中，一些化学物质作为底物通过脱水、脱氢反应产生高能代谢产物，并可以将这一能量直接转移给 ADP 生成 ATP。例如在糖酵解过程中，甘油醛 –3– 磷酸脱氢并磷酸化生成甘油酸 –1,3– 二磷酸，在分子中形成一个高能磷酸基团，在酶的催化下，甘油酸 –1,3– 二磷酸可将高能磷酸基团传递给 ADP，生成 ATP。

底物水平磷酸化合成的 ATP 量较少，远不能满足机体的需求，因此机体所需的 ATP 主要还是依靠线粒体。在认识线粒体电子传递链之后的一段时间内，科学家们受底物水平磷酸化机制的影响，猜想线粒体电子传递链也可能通过类似的机制合成 ATP，也就是说，电子传递链在氧化反应过程中也可能形成高能磷酸基团，并通过某些中间产物将高能磷酸基团传递给 ADP，从而合成 ATP。但是，依据这样的猜想始终找不到突破口，因为始终分离不到所谓的中间产物。

就在研究陷入僵局时，出现了一位不按套路出牌的科学家。他并没有通过实验去继续研究，而是在大量文献综述和分析推理的基础上建立了新的理论学说，为研究线粒体 ATP 合成机制提供了重要方向。他就是英国生物化学家米切尔。其实，米切尔也并不是不喜欢实验研究，只是限于当时的条件，他无法开展如此精细的实验研究，转而开始了理论研究。理论研究并没有限制他的发展，反而为该领域的发展指明了道路。

在选择了这样一个极具挑战的课题后，其他人都觉得他疯了。面对他人的质疑，米切尔默默地泡在图书馆专心查阅资料。经过推理分析，米切尔首先否定了线粒体采用与底物水平磷酸化类似的机制去合成 ATP，因为他想，既然“高能中间产物”迟迟分离不出来，那么或许就真的没有，而是另有乾坤。其次，米切尔更倾向于之前提出的一种化学偶联机制，即线粒体的氧化反应与磷酸化反应是通过偶联机制工作的。这种工作模式可以理解为氧化反应过程和磷酸化反应过程是并联关系，两者各自进行反应，然后通过某种桥梁作用有机联系起来。而底物水平磷酸化则类似于串联关系，即氧化反应和磷酸化反应是顺次进行的。

那么，接下来的问题就是氧化反应和磷酸化反应是如何偶联起来的。这个问题才是米切尔课题的真正难题，只有越过这个难关他的研究才会有意义，否则他的课题将宣告失败。米切尔仍然继续查阅文献，某一天他看到了关于斯科（Jens Christian Skou，1918—2018）在 1957 年发现细胞膜表面钠钾泵的研究。这种蛋白质结构通过水解 ATP 发生转动，实现细胞膜内外的钠、钾离子交换。这个很有趣的发现引起了米切尔的注意，他觉得或许和他的课题存在一定的关系。

一天，他像平时一样，到研究室顶棚的木制吊扇下面乘凉，呆呆地想他的课题。突然，他来了灵感，细胞膜上的钠钾泵利用 ATP 这种磷酸化合物的能量，将细胞内的钠离子转移到细胞外，因为细胞膜内外的钠离子浓度不同，需要逆浓度梯度将钠离子转移。而线粒体内膜的两侧质子浓度梯度则刚好相反，如果用氢离子代替钠离子通过钠泵从细胞外进入细胞内，会出现什么情况？大概钠泵会往反方向转吧。钠泵如果往反方向转，不就会产生能量，形成 ATP 了吗？这个道理类似于：消耗电能，转动电风扇使空气流动，产生风；反过来，风又可以带动风车，风车又产生电能。

在风扇的启发下，米切尔进一步分析完善，提出了电子传递链与氧化磷酸化偶联的化学渗透理论。化学渗透理论首先将电子传递链看做一种质子泵，消耗氧化反应释放的能量，将线粒体基质中的质子逆浓度梯度泵入内膜外的膜间隙。

这个过程就是我们前面故事中所讲的线粒体“发电”。然后，米切尔基于钠钾泵定义了 ATP 合酶的工作机制，ATP 合酶具有质子通道，当质子顺着两侧电势差进入线粒体基质时释放自由能，然后驱动 ATP 合酶活性中心将 ADP 和无机磷酸合成 ATP，这就是给 ATP“充电”的过程。电子传递链和 ATP 合酶都是一种定向的化学反应，通过质子的一进一出偶联在一起，共同维持线粒体内膜两侧的质子平衡（图 18–1）。

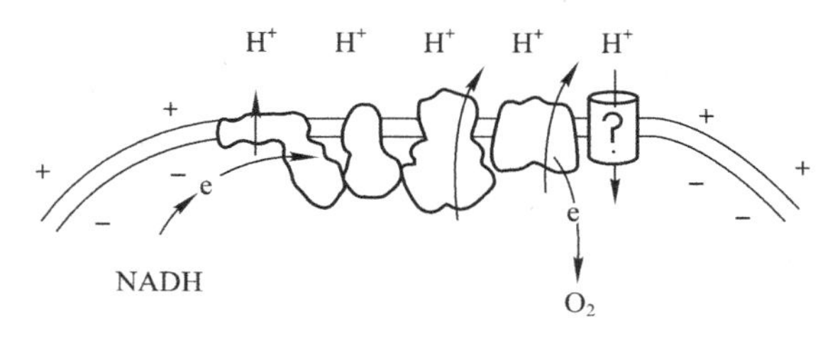

图 18–1　化学渗透理论

米切尔的化学渗透理论帮助我们更形象地认识 ATP 作为新陈代谢“蓄电池”这一身份。ATP 合酶消耗线粒体内膜两侧的电能合成 ATP，将电能储存在 ATP 的高能磷酸键中。而 ATP 又可以驱动钠钾泵，维持细胞膜两侧的钠离子浓度梯度，此时高能磷酸键中的化学能又转化为了细胞的电能。从这个角度讲，ATP 确实是不折不扣的“蓄电池”。不过 ATP 的职能并不只局限于钠钾泵，ATP 还参与新陈代谢中许多磷酸化与去磷酸化反应，这些反应就像代谢的开关，决定着机体代谢的方向。而 ATP 将自身的化学能用于调节这些开关，从而保证机体各项生理功能的正常进行。

1961 年，米切尔将他的理论成果发表在 *Nature* 杂志上。由于他的成果缺乏充分的实验支持，当时并没有引起太大的关注。1963 年，米切尔因病离开爱丁堡大学，自己在乡下建立了一个实验室继续对生物氧化的研究和探索。他一心要从实验上证明“ATP 是钠泵逆转时产生”的这一设想。知道自己没有实验经验，于是他雇了一名助手帮他做实验，并且得到了某种程度上的实验证据。但是，由于他的证明是间接性的，相关领域学者的反应很冷淡。

直到后来科学家从线粒体内膜上成功地提取了合成 ATP 的酶，米切尔的理论才得到了事实的证明。化学渗透理论得到了越来越多的认可，为此米切尔于 1978 年获得诺贝尔化学奖。在颁奖典礼上，他讲到“尽管你体弱多病又缺乏实验经验，但如果你能每天苦思冥想地做学问，那么，你也许能获诺贝尔奖。”

最美丽的酶分子

决定米切尔化学渗透理论成败的关键在于 ATP 合酶，这种酶是否存在？是否以他预期的方式工作？一系列问题亟待解决。其实，早在米切尔提出化学渗透理论之前，就有科学家从线粒体内膜分离出了 ATP 合酶，准确地说是酶的一部分。然而，实验结果发现，分离出来的这部分酶表现出来的是 ATP 水解活性，因此 ATP 合酶的研究被搁置了一些年。直到米切尔的化学渗透理论引起较多的关注后，科学家们重新去挖掘线粒体内膜上的这种酶，最后才发现 ATP 合酶具有两部分，一部分位于内膜外，也就是之前分离出来的部分，称为 F_1；另一部分则镶嵌在内膜中，称为 F_0。此时，ATP 合酶才大白于天下，又称为复合体Ⅴ。

ATP 合酶由于结构复杂，其发现要比电子传递链中的四个复合体晚了很多年。接下来更复杂的事情就是阐明 ATP 合酶如何合成 ATP 了。美国科学家博耶耗费了一生的心血去解答这个问题。为了研究 ATP 的合成机制，博耶团队采用放射性同位素标记法，通过 ^{32}P 和 ^{18}O 来追踪线粒体氧化磷酸化过程中的化学反应。起初，他们发现用 ^{18}O 作为示踪剂比 ^{32}P 显示的氧化磷酸化反应速度更快。这两者之间的差异给博耶带来很大的困惑，因为既然是氧化磷酸化偶联，两者的反应应该是同步的，但所得的实验结果和公认的理论却发生了冲突。

所以，博耶花费了很长时间去解释这个实验现象。其间他也关注了米切尔提出的化学渗透理论，但是因为缺乏实验证据，质子梯度驱动 ATP 合成这种观点博耶一时无法接受。这样的困境又持续了一段时间。在一次讲座中，博耶突然受到启发，他豁然开朗，线粒体氧化反应产生的能量可能不是用于 ADP 和磷酸盐形成高能磷酸键合成 ATP，而是直接用于已合成 ATP 的释放。如果这个猜想成立，那么一系列问题就很好解释了。线粒体氧化反应的能量用于形成质子梯度，而质子内流形成的动能驱动 ATP 合酶释放 ATP，这样的过程就既能解释 ^{32}P 和 ^{18}O 的示踪反应时间长短不同，还肯定了米切尔化学渗透理论中质子梯度的驱动作用。

博耶于 1973 年发表了质子驱动的 ATP 合成理论。在这个理论基础上，他开始进一步探索 ATP 合酶的工作机制，重点研究质子能量如何促进 ATP 合酶释放产物 ATP。经过大量实验，在 ATP 合酶 F_1 的结构基础上，博耶提出了 ATP 合成的旋转催化机制。ATP 合酶 F_1 部分很像一个由 3 个 α 亚基和 3 个 β 亚基交替组成的圆筒，圆筒中间有一个像柄一样的不对称 γ 亚基。在质子内流的驱动下，γ 亚基不断旋转。由于 γ 亚基不对称，在旋转中它对 3 个 β 亚基的作用不同，分别赋予它们与 ATP 或 ADP 不同的亲和力，并且呈循环作用方式：低→中→高→低。在高亲和力时，β 亚基和 ADP 紧密结合，在镁离子存在的条件下，合成 ATP。ATP 合成完毕后，γ 亚基的旋转使得 ATP 和 β 亚基结合处在低亲和力状态，ATP 被释放出来。

酶的这种作用方式一经提出，引起了不小的轰动，但事实是否如此，还有待证实。虽然之后的许多实验都从各个侧面揭示了 ATP 合酶的特性，表明博耶的假说是合理的。但最为有力的证据要数 ATP 合酶空间构象的阐明，来自英国的另一位科学家沃克，结晶并研究了 ATP 合酶的空间结构，用铁的事实证明了博耶的旋转催化机制。

沃克就读博士期间，就被蛋白质学家肯德鲁对蛋白质空间结构的研究产生了浓厚的兴趣，之后他选择蛋白质结构分析作为自己的方向。1974 年，沃克还见到了大名鼎鼎的蛋白质核酸测序专家桑格。与桑格的交流更加激起了沃克对于蛋白质结构研究的热情。

1978 年，沃克经过大量文献阅读，确定了自己的研究课题：线粒体内膜 ATP 合酶的蛋白质结构。首先他经过繁杂的实验，测定了 ATP 合酶这个蛋白质复合体的全部氨基酸序列，之后，他又与晶体学家合作，结晶制备了 ATP 合酶 F_1 部分的结晶体，并绘制了空间构象。F_1 部分的空间构象有力地支持了博耶提出的旋转催化机制。为此博耶和沃克被共同授予 1997 年诺贝尔化学奖。

博耶和沃克为我们呈现了如此奇妙的 ATP 合酶，这种不断旋转的分子马达被博耶称为“最美丽的酶分子”（图 16–2）。故事到此并没有结束，人类对 ATP 合酶的认识还有很长的路要走，特别是镶嵌于线粒体内膜的 F_0 部分，它的奥秘至今仍然深深埋在线粒体内膜之中。

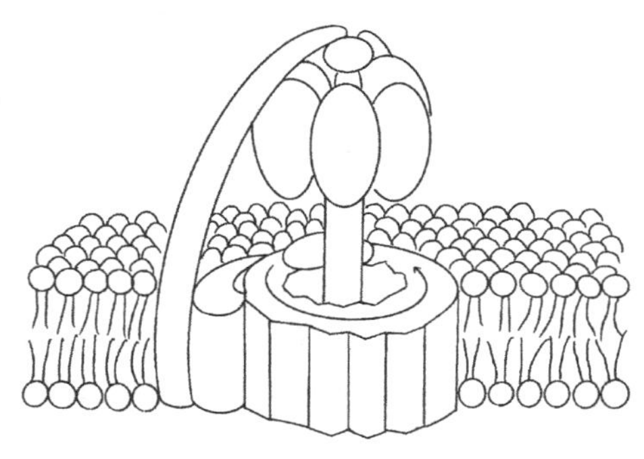

图 18–2　最美丽的酶分子

第二部分　医学生的见闻

师生对话

解：通过同学们精彩的故事讲解，我们了解了 ATP 的发现历程，以及机体是如何通过氧化磷酸化偶联机制生产 ATP 的。同学们听了这些故事，对临床工作有哪些启发？

李：我对氧化磷酸化偶联机制非常感兴趣，几位科学家能够研究清楚这么复杂的代谢过程着实令人钦佩。氧化磷酸化偶联机制对于机体的各种代谢和生理功能至关重要，如果这一环节出了问题，对机体而言会是很可怕的影响。我在一些资料中看到，有些毒物就会干扰氧化磷酸化偶联过程，对机体造成伤害。

王：你说的是解偶联剂吗？这类化学物质会解除电子传递链和 ATP 合酶的密切配合，阻碍 ATP 的合成，最具代表性的就是二硝基苯酚。我在一些媒体报道中看到，不法分子将这种化学物质加入减肥药中，虽然短暂可以降低体重，却引发了命案。我想给大家讲讲这方面的故事。

王

程

这个话题很有价值，相信许多年轻人都有一颗爱美的心，追求以瘦为美，因此选择服用减肥药物。但是盲目服用减肥药对健康造成损害的案例不在少数，希望通过你的故事让大家警钟长鸣。

解

是的，我们探讨新陈代谢的故事也希望帮助大家深入辨识生活中的种种陷阱，不要盲从，多一份理性思考。除了偶联机制，ATP 本身作为重要的能源物质，对大家的临床实践有什么启发呢？

ATP 确实是重要的能量物质，于是我在想，ATP 肯定有重要的药用价值，但是查找资料后发现，ATP 由于进入体内很快就会分解，反而没有特别广泛的用途。

张

这确实是 ATP 药用的一个缺陷，不过在一些疾病中，ATP 作为辅助治疗还是有一定意义的。我在儿科实习的时候，针对新生儿缺血缺氧性脑病，将 ATP 作为补充疗法，还是有不错的效果的。下面我就和大家分享一下我的见闻。

郭

解

很好，接下来就请两位同学和大家分享他们的故事吧。

警惕死灰复燃的减肥药

减肥药大家都不陌生，而且随着网络购物的发展，越来越多的产品让大家眼花缭乱。但是迅速致命的减肥药或许大家很少听闻。前不久澳大利亚一家医院报道了这样一个病例。一位 21 岁的小伙因高热不退前来就诊。他头痛、发热持续了 5 天不见好转，就诊前一天还出现了皮疹。医生了解病史后得知，他平素身体健康，为了保持身材 10 天前自行服用网购的减肥药。连续服用 5 天后，他开始出现发热症状，但是他又继续服用了 3 天，发热症状越来越严重。当时医生测其体温高达 40℃。之后在观察期间，这位患者出现了恶心、呕吐，呕吐物为黄色液体。虽然医生进行了积极抢救，但他最终还是不幸离世了。

这样的案例并不是个案，英国媒体也报道了一位 21 岁的女性，在服用减肥药后不久丧命；另一位新加坡女性网购减肥药，服用后也因急性中毒不幸身亡。此外，德国也报道了类似的事件，均因服用减肥药引起中毒和死亡。这是什么样的减肥药，竟有如此可怕的危害？

经权威鉴定，这些事件中的减肥药都含有一种相同的成分——二硝基苯酚（DNP）。这种化学物质早在 20 世纪 30 年代就被用于减肥药，但是由于毒性大、致死率高，很快于 1938 年被美国 FDA 禁止。但是，近些年来网购的发展，使得一些不法分子又开始利用 DNP 制造速效减肥药。屡屡出现的恶性事件引起了国际刑警组织的高度重视，针对 DNP 发出橘色警告，并将它归类为“急迫的威胁”。橘色警告上指出，DNP 通常以黄色粉状或胶囊售卖，但也有膏霜产品。提醒其成员国警惕这种药物死灰复燃。

DNP 的安全剂量非常小，使用者很容易出现中毒。典型的 DNP 中毒表现，包括面部潮红、出汗、恶心、呕吐、乏力、心率加快、焦虑不安等。较严重的 DNP 中毒会出现发热，体温最高可达 45℃，过高的体温继而引起呼吸困难、心律失常、昏迷等严重表现。

DNP 能够引起如此危害，原因在于它是一种解偶联剂。DNP 能够将线粒体内外膜间隙的质子带入线粒体基质，从而破坏线粒体电子传递链形成的质子梯度，进而影响氧化磷酸化偶联，阻碍 ATP 合酶利用质子梯度合成 ATP。由于缺乏 ATP，机体容易出现恶心、呕吐、乏力等症状。但是缺乏 ATP 并不是 DNP 带来的主要危害，DNP 通过解偶联作用，造成机体大量产热。大量产热会迅速消耗机体储备的脂质等能源物质，这也是 DNP 作为减肥药物的初衷。但是这种产热由于 DNP 的毒性作用很容易失控，最终造成患者出现高热，甚至超高热。在体温高达 40℃以上的情况下，患者很容易出现各种生命体征紊乱，进而危及生命。

目前，DNP 尚缺乏特效的解毒药物，对于药物过量严重的患者，很难纠正药物引起的高热反应，最终难逃厄运。因此，通过这个故事提醒广大爱美人士，一定不要盲目迷信速效减肥药物，爱美首先要保持一个健康的生活方式。

新生儿缺氧缺血性脑病

在儿科实习的时候，一位新生儿的诊治经历令我印象深刻。记得那天上午，一名刚出生的男婴从产房转来新生儿病房。据了解，患儿经剖宫产娩出，出生体重 3 552 g。出生后软弱无力，反应低下，新生儿反射缺失，并有窒息表现。产科医生立即在出生 1 min 内进行了新生儿阿普加评分，显示重度窒息。于是立即予以抢救，并分别于出生 5 min、10 min 和 20 min 再次进行阿普加评分，患儿的窒息情况逐渐好转，并在 20 min 时接近正常水平，随后紧急转来新生儿病房进行进一步治疗。

该患儿具有窒息病史，符合新生儿缺氧缺血性脑病的特点。儿科带教老师进行仔细的神经系统查体后，诊断为中度新生儿缺氧缺血性脑病，并立即安排患儿进行亚低温治疗。经过一系列准备，患儿在出生 2 h 内开始了亚低温治疗。亚低温治疗就是通过精确控制药物，将患儿体温维持在 33.5℃，持续 72 h。72 h 之后，保持患儿体温每小时上升 0.5℃，直到体温恢复到 37℃。与此同时，带教老师强调要维持患儿水电解质平衡，给予葡萄糖以满足能量代谢需要，此外还加入细胞色素 c、辅酶 A 和 ATP 静脉滴注。营养支持治疗持续到 1 周后，患儿症状好转，并且能够进行母乳喂养。此时，头颅磁共振成像检查显示患儿未见明显的脑损害。之后，对患儿进行多次随访，生长发育良好，未出现后遗症。

新生儿缺氧缺血性脑病（hypoxic-ischemic encephalopathy，HIE）是一种较严重的新生儿疾病，有 15%～20% 的病死率，而存活的新生儿中 25%～30% 会出现永久性的神经缺陷，如脑性瘫痪、智力低下，因此早期诊断和治疗对于避免严重的神经系统损害具有重要的意义。

HIE 的发病原因与围生期各种宫内窘迫和产时窒息有关。本例患儿的病因经后期了解，其母亲妊娠期间各项指标一直都正常，在孕 39 周常规检查时，突然出现胎盘撕裂，紧接着胎儿的心率很快降到了 60 次 /min。产科医生立即通知手术室，同时将产妇送入手术室，进行剖宫产手术。经过与时间赛跑，患儿很快经剖宫产娩出。尽管如此，患儿出生后仍出现了窒息。但是，不幸中的万幸是这件事情整个经过恰好发生在医院，才赢得了宝贵的抢救时机，试想如果孕妇在家中发生胎盘撕裂，后果不堪设想。

HIE 对患儿的影响主要与脑损害有关，因为脑组织代谢旺盛，对氧气和能量的需求远高于其他组织。当发生缺血缺氧时，最容易影响脑功能。HIE 的脑损害包括原发性和继发性损害两个方面。原发性损伤为能量衰竭，缺氧时，脑无氧酵解增加，乳酸堆积，ATP 生成减少，Na^+–K^+–ATP 泵功能衰竭，细胞钙内流增加，导致细胞内水肿。继发性损伤与线粒体功能失调有关，线粒体功能失调导致 ATP 产量下降，继发细胞凋亡和氧自由基损害。

为了应对 HIE 对脑组织代谢的影响，本例治疗中主要采取了两种措施。一方面是采用亚低温疗法，降低患儿体温，减慢脑组织的代谢速率，降低对 ATP 的需求，从而有效预防脑组织水肿的发生。另一方面是积极的营养支持，由于患儿出生后尚不能母乳喂养或奶粉喂养，因此在维持水电解质平衡的同时给予葡萄糖，用于代谢需求，特别是在此基础上给予静脉滴注 ATP，能够直接给患儿提供代谢能量，加速缺血缺氧症状的恢复。许多文献都报道在常规治疗的基础上，补充 ATP 能够更好地帮助患儿康复。

第19期　衰老的奥秘

本期人物

摩西·冈伯格（Moses Gomberg，1866—1947），犹太裔美国化学家，密歇根大学化学教授，是自由基化学的奠基人。

丹汉姆·哈曼（Denham Harman，1916—2014），医学博士、哲学博士，美国内科医师协会会员，美国过敏症状研究院会员，老年生物医学家，内布拉斯加大学医学中心名誉教授。被称为"衰老的自由基理论之父"。

乔纳森·哈钦森（Jonathan Hutchinson，1828—1913），英国外科医生、眼科学家、皮肤性病学家、病理学家。最早报道了早老症（早年衰老综合征）。

第一部分　科学家的故事

师生对话

本期成员为：解军教授（以下简称解），程景民教授（以下简称程），李琦同学（以下简称李），韩婧同学（以下简称韩），王国珍同学（以下简称王），郭彩艳同学（以下简称郭），张帆同学（以下简称张）。

解

我最近在思考衰老的问题，有人说人体就像一部机器，用的时间长了零件老化了，自然就开始衰老。我觉得这种观点存在一定的问题，人体的衰老并不等同于老化，因为机体内有复杂的再生系统保证新的细胞组织能够及时更换老化的零件，如造血系统每天都在生成新的红细胞来取代老化的红细胞。因此，单纯以老化来解释是行不通的。同学们对此有什么见解，都来谈一谈。

李

现在衰老的确是一个很热门的话题。我们在查阅资料的过程中，发现关于衰老的研究报道很多，主要理论包括自由基学说、端粒消耗学说、体细胞突变学说和线粒体学说等，但是并没有一个理论能够全面地解释衰老的机制。我感觉目前我们对衰老的研究就像盲人摸象，很难有一个定论。

解

总结得很好，我认为衰老其实是一个系统性的问题，也是一个程序性的过程，单一因素并不足以启动这样复杂的生物学事件，因此这些理论虽然不全面，但也都能够解释得通。那么，在这些理论中，哪种学说影响力最大呢？

郭

自由基学说应该是影响力最大的，无论是文献报道，还是生活中的宣传，多是围绕自由基展开的。

程

这让我想起了铺天盖地的美容小广告，全都在说抗自由基延缓衰老之类的话，那么是谁提出的自由基学说呢？

韩

是哈曼教授，美国医学博士，被称为“衰老的自由基理论之父”。哈曼最初学习的是化学专业。1943 年获得化学博士学位之后，在美国壳牌石油公司的反应动力学研究部门从事化学研究。在工作期间，石油产物的自由基反应引起了他的极大兴趣，同时加上对衰老问题的探究欲望，最终促使他放弃了从事 6 年的工作，转而考取斯坦福大学医学院，开启了从医生涯。哈曼于 1954 年进入内科成为实习住院医师，在此期间他担任医院实验室的研究助理，终于如愿以偿地正式开始了对衰老的研究。

韩

解

从哈曼的经历来看，能够将基础学科与临床实践有机结合是他成功的最重要法宝，这也是同学们应该努力学习的方向。

我特意学习了一下自由基。从化学的角度来看，自由基其实是一种活泼的化学物质，早在哈曼之前就有不少科学家对其进行研究，冈伯格应该是自由基领域的奠基人。他在物质合成研究中偶然发现了一种三价碳，从而证明自由基产物的存在。然而，自由基产物过于活泼难以捕捉，一直是化学界的难题。直到20世纪五六十年代，通过先进的光谱学技术才证明了自由基的存在，这也成为哈曼研究的重要基础。

张

程

那么，我们就从自由基的化学研究讲起，然后了解自由基理论的诞生，最后体会线粒体在衰老研究中的地位。所以这一期的内容看似与主题无关，实则还是围绕线粒体及其能量代谢展开的，希望同学们在接下来的故事中慢慢体会。

“长生不老”自古以来就是人类共同的夙愿，面对人人都要经历的衰老，人类一直在不断探索。从西方的“青春之泉”传说，到中国的“寻仙问道”，无不折射出古代人类对长寿的渴望。如今，生命科学领域已经发生了翻天覆地的变化，对于衰老问题科学家们也有了许多新的认识，出现了多种理论假说。其中，新陈代谢的改变是衰老的主要表现之一，而其背后的相关机制也成为衰老理论的重要组成部分。经过前面的旅途，我们已经对新陈代谢有了较多的理解，接下来就让我们以新陈代谢作为切入点去探索衰老的奥秘。

自由基与衰老

人过中年，随着年龄的增长，机体逐渐出现新陈代谢减慢、各项生理功能减退的表现，此时机体已经不知不觉开始衰老。目前，公认的延缓衰老的措施主要包括：合理运动、减少高热量食物的摄入、增加摄入富含抗氧化剂的食物等。前两种措施容易理解，那么，为什么摄入抗氧化剂呢？其实，我们不断吸入氧气用于机体氧化反应从而产生能量，同时氧化反应也会带来一些负面影响，而抗氧化剂恰恰可以抵消一部分这样的不良影响。许多植物中含有天然抗氧化剂，因此现在大力提倡多吃水果、蔬菜抗衰老，原因就在于此。机体氧化反应会带来什么负面影响？抗氧化剂又如何发挥作用？这还要从美国老年生物医学家哈曼的研究说起。

第二次世界大战以原子弹的爆炸宣告结束，核辐射对人体造成了巨大的影响，这些危害也引起了美国政府的高度重视。于是在1947—1954年，美国军方资助了一些研究，以明确核辐射造成人体损伤的原因。研究初步发现，实验小鼠暴露于核辐射中，会产生大量的自由基，并且出现衰老加速、诱发肿瘤等问题。这些研究将自由基对机体的影响带入公众视线，那么什么是自由基呢？

我们对于自由基的认识莫过于近年来大街小巷越来越多的美容广告。其实，这种化学物质早在1900年就已经被发现了。美国化学家冈伯格首先发现了自由基的存在，被称为自由基化学的奠基人。他在研究六苯基乙烷的合成时，遇到了问题。起初他认为实验失败的原因在于氧气的影响。为了排除氧气的影响，他将实验改为在二氧化碳气体中进行，也因此意外获得了一种物质。这种物质能迅速与氯气、溴气、碘反应，根据其反应特点，以及其他的实验现象，冈伯格推断他得到的三苯甲基中的碳元素可能是一种三价碳，也就是日后所说的自由基。之后的研究发现，许多共价键的化学物质都可以形成自由基，如氢自由基、氧自由基、氯自由基等。这些物质有一个共同特点，就是化学性质活泼，容易与其他物质发生化学反应。这一特点也成为自由基造成机体损害的化学基础。

此时，获得化学博士学位的哈曼并没有直接从事自由基化学的研究，而是在一家石油公司工作。1945年的一天，他下班回家后，妻子的一本杂志吸引了他的目光，其中一篇题为“Tomorrow You May Be Younger”的文章令他感触颇深。也就是在这个时候，哈曼萌生了探索衰老奥秘的念头。随后从1947年起，美苏冷战正式开始。在此期间，哈曼目睹了两个核大国军备竞赛带来的影响，也关注了核辐射损害机制的相关研究，特别是自由基能够加速衰老的报道引起了他的注意。他开始尝试在自由基化学研究中做一些工作。但是，他发现衰老问题更多的是医学范畴，从化学角度并不能很好地深入研究。于是在1949年他离开了工作几年的公司，转而攻读医学。1954年他获得医学博士学位，并完成了住院医师培训，正式开始他的医学职业生涯。

在临床工作期间，哈曼每周都会有一定的“业余时间”。此时，他终于能够有精力也有能力从事衰老的研究工作。从1945年萌生想法，到1954年正式开始研究衰老，一晃过了9年，虽然哈曼一直追随着自己的初衷，但是当他真正开始着手这个课题时，才发现一切都是全新的开始。由于缺乏有力的前期研究支持，哈曼直接思考引起衰老的原因困难重重。经过4个月的苦思冥想之后，他依然找不到解决问题的出口，几乎就要放弃了。

就在一筹莫展时，某天早上他的脑海中突然出现了“自由基”这个词。灵光一闪后，他开始重新审视自由基在衰老中的作用。虽然他几年前就注意到自由基与衰老的关系，但是没有系统地进行研究，所了解的内容都是支离破碎的信息，再加上时隔久远，以至于在 4 个月中都没有想起“自由基”。而这一次，他重新抓住了机遇，经过仔细推敲后，哈曼开始系统地总结自由基与衰老之间的关系。

经过系统的文献分析后，哈曼于 1954 年提出并发表了“衰老的自由基理论”。衰老是一个漫长的生理过程，是一个环境与遗传因素相互作用的过程，哈曼认为这些复杂的过程必然有一个起点，而这个起点正是哈曼所要关注的问题。通过总结前期研究，哈曼发现高压氧和核辐射都会增加机体的自由基，并且加速衰老过程。当这个过程放慢，机体在正常新陈代谢过程中产生的自由基，虽然量不大，也会引发损伤。衰老的起始阶段不断有自由基损伤积累，长时间后就会量变引起质变，最终出现衰老表现，并且自由基损伤积累越多，衰老速度越快。由此哈曼认为，自由基就是诱发衰老的真正元凶。他的理论能够解释人口学统计结果，即在生命早期衰老速度较慢，而随着年龄增长衰老速度越来越快。

哈曼的理论提出后，并没有引起学界的重视，因为他做的只是理论工作，缺乏实验的支持。哈曼也深知自己理论的不足，在之后的几年中一直努力开展实验研究，不断补充和修正学说内容。要证明自由基在衰老中的作用，首先就要证明如果经过干预减少自由基的产生，则寿命会增加。于是哈曼选择了抗氧化剂，因为具有化学背景的他认为自由基是机体氧化反应的产物。1957 年，他得出结论，抗氧化剂延长了小鼠的平均寿命。因此诞生了第一个试图通过食用抗氧化剂来延长寿命的研究。

但是这一观点的批评者认为，食用抗氧化剂只能略微增加小鼠的平均寿命，而对预期最大寿命的影响甚微。甚至有人认为，大剂量抗氧化剂仅仅降低了动物肿瘤的发病率而没有影响其真实寿命。哈曼并没有放弃，继续尝试应用抗氧化剂探索抗衰老作用。到 1968 年，他的研究结果表明，经抗氧化剂喂养的小鼠寿命增加了 45%，显著超过了该物种的平均寿命和最大寿命。另外，随后发现的超氧化物歧化酶能够分解代谢产生的自由基，成为研究自由基所致衰老的重要工具。在越来越多研究证据的支持下，“衰老的自由基理论”成为衰老的重要理论学说之一。

线粒体与衰老

随着“衰老的自由基理论”的确立，自由基也日益成为生物医学领域的热点话题。有许多研究报道认为，自由基除了在衰老过程中发挥作用，在许多疾病（如肿瘤、肺疾病、心脑血管疾病等）病程进展中也扮演着重要角色。既然自由基对机体有这么重要的影响，接下来我们首先需要了解自由基是如何产生的。

机体的许多新陈代谢过程中都会产生自由基，包括血红蛋白、肌红蛋白、细胞色素c等生物大分子的氧化过程，以及细胞氧化酶类催化的反应过程，免疫细胞吞噬异物的过程。除了这些内源性的途径之外，吸烟、服用药物、接受辐射等外界因素也会导致机体自由基产生增多。但是，随着科学家们对线粒体认识的深入，发现约90%的自由基来源途径最终可以追溯到线粒体。线粒体是细胞的有氧代谢中心，同时也是自由基产生的中心，这一点并不难理解，因为自由基就是氧化代谢的副产品。

在哈曼提出“衰老的自由基理论”前后，也正是线粒体功能研究的重要时期。科学家们提出了电子传递链是线粒体进行氧化反应的主要途径，同时分离鉴定了构成电子传递链的4种酶复合体。这些酶复合体将NADH等线粒体直接燃料中的电子高效地传递给氧气完成了氧化反应。但是，这一过程也带来了产生自由基的隐患，因为电子传递给氧气的过程中，有一定的概率使氧气转化为活泼的氧自由基。

哈曼在后期完善衰老理论的过程中，及时采纳了线粒体与自由基的最新研究成果，于1972年改进了自己的理论，提出“线粒体自由基老化理论”。新的理论提出，线粒体作为半自主的细胞器，其自身的DNA会在机体内外各种因素的影响下产生突变。随着年龄的增长，线粒体DNA突变会不断积累，带来的直接后果就是逐渐影响线粒体的正常功能，特别是电子传递链的功能，因而更容易产生自由基。自由基生成速率的上升更容易对细胞内大分子、细胞膜、线粒体膜等结构造成损害，长时间的积累就会产生不可逆的破坏，进而引起细胞各项功能的下降，最终出现细胞衰老。

“线粒体自由基老化理论”得到许多后续研究的支持。首先，利用生物标志物证实线粒体DNA随着年龄增长突变也越来越多，并且相同组织中的细胞核DNA的突变量显著低于线粒体DNA的突变量。因此，线粒体DNA的损坏会随着年龄增长是一个不争的事实。后续研究进一步明确了线粒体产生自由基的部位，即电子传递链复合体Ⅰ和复合体Ⅲ是线粒体自由基的主要来源。实验发现，通过改变这两个复合体的氧化还原电位，就可以改变氧自由基的生成速率。因此，线粒体电子传递链的功能与氧自由基的生成确实密切相关。当然，我们同时也会质疑：难道线粒体对于自由基就没有任何应对措施吗？答案是肯定的，线粒体的应对武器就是超氧化物歧化酶（SOD）。这种酶可以将氧自由基催化形成过氧化氢，然后过氧化氢经过一系列催化反应最终形成水和氧气。SOD反应体系效率非常高，能解除大部分氧自由基的损害，因此我们检测到的线粒体自由基仅占总量的一小部分。线粒体在正常生理状态下，能够有效维持自由基产生与消除之间的平衡（图19–1）。然而许多研究发现，衰老细胞中的线粒体表现为自由基生成的增多与ATP产量的下降，这种平衡显然被打破了。总之，大量的研究结果肯定了“线粒体自由基老化理论”的一些内容，因此该理论至今仍是衰老研究领域重要的理论学说。

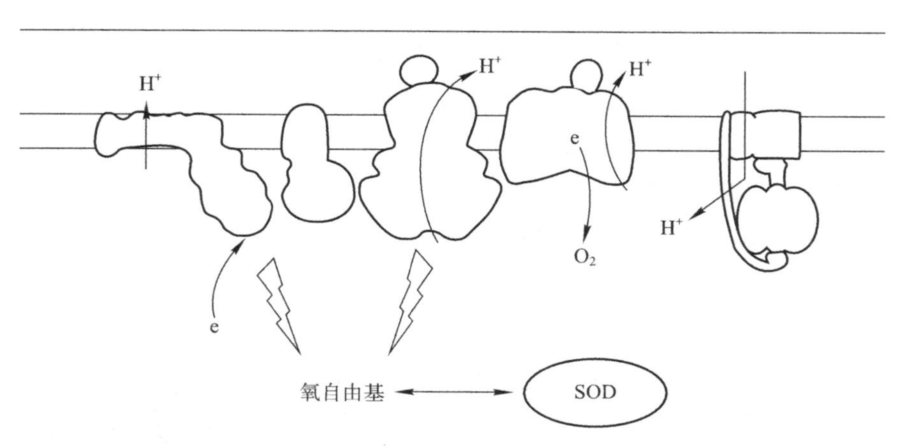

图 19-1　自由基的平衡

“线粒体自由基老化理论”的一个最大优势在于，能够解释不同物种之间的寿命差异，以及相同物种之间的寿命差异。对于不同的物种，寿命差异可以相差数倍到数百倍以上。研究发现，寿命长的物种线粒体产生自由基的速率要远远低于寿命短的物种。而相同的物种，其寿命的差异也可以用线粒体 DNA 的突变程度和速度，以及线粒体自由基的平衡调节来解释。然而，“线粒体自由基老化理论”并不完善，其中的许多观点和证据之间的因果关系还有待证实。例如，线粒体 DNA 的突变程度如何影响自由基的平衡，其中的许多机制还有待进一步研究。但无论如何，线粒体在衰老中的作用是肯定的，在未来人类探索衰老奥秘的道路上仍然需要更深入地认识线粒体。

线粒体网络与衰老

古诗云：“横看成岭侧成峰，远近高低各不同”，这句话正是想告诉我们，观察事物的立足点不同，看到的现象也会有所不同。对衰老的研究就充分地体现了这个哲学道理。哈曼的一生都在关注线粒体和自由基，形成了“线粒体自由基老化理论”；而另外一些科学家则关注细胞染色体，发现了端粒酶，提出“端粒酶致衰老理论”；还有医生和科学家从整体层面关注中枢神经和内分泌改变，于是有了“神经内分泌衰老理论”。而单就线粒体而言，我们的视角不一样，同样会看到不同的现象。

在近百年研究线粒体的过程中，科学家们先通过光学显微镜，再通过电子显微镜一步一步扩大放大倍数，最终认清了线粒体的庐山真面目。随后通过分子生物学技术，系统地研究线粒体膜上的各种生物大分子，将视野推进到更微观的层面。在提出线粒体是细胞“发电厂”半个世纪之后，一些科学家重新调整了观察视角，发现线粒体远不只是“发电厂”。

单独一个线粒体就是一个精微的"发电厂"，但是将视野退回到细胞层面，我们会看到细胞内有成百上千个线粒体，如果将这么多的线粒体作为一个个点，然后用线联系起来就会形成一张网络，这就是近年来出现的新名词——线粒体网络。研究人员通过荧光标记对活细胞内的线粒体进行实时观察，并利用三维图像重建技术发现，线粒体在细胞内并不是孤立和静止的。它们在细胞内彼此高度联系，并发生着频繁而持续的融合与分裂。当线粒体发生分裂时，一个线粒体会分裂成为两个更小的线粒体；而融合发生时，线粒体则会组合成一个巨大的线粒体。这种行为使得细胞内的线粒体分布、数量和功能呈现出动态的变化趋势，因此线粒体网络也是一个动态网络（图 19–2）。

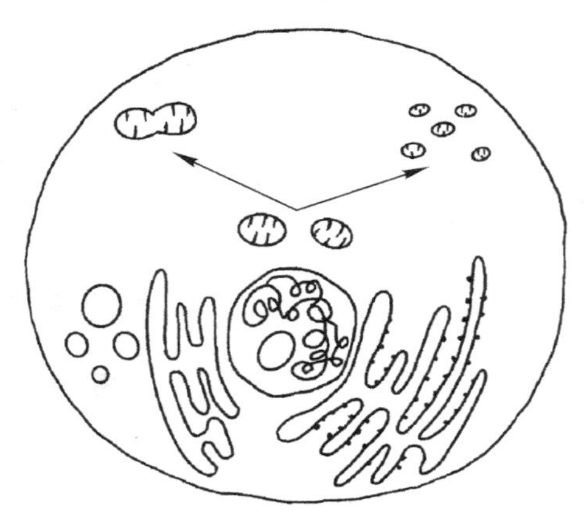

图 19–2　线粒体动态网络

线粒体在衰老过程中的作用和地位是毋庸置疑的，但是仅通过线粒体自由基解释衰老仍然争议不断，因此有些科学家开始换个视角，试图从线粒体的动态网络来探索衰老的机制。他们研究认为，线粒体的融合是为了更充分地利用线粒体的功能，而分裂则与受损的线粒体有关，将线粒体分解为更小的部分，有助于保留正常功能的线粒体，同时及时清除异常功能的线粒体。正常细胞中，线粒体的融合与分裂呈现一个动态平衡状态，成为线粒体的质控体系，最终目的是满足细胞的能量需求，同时维持线粒体功能的正常。研究发现，在衰老的细胞中，线粒体的分裂和融合平衡被打破，线粒体分裂活动减弱，受损的线粒体不能被及时清除，同时为了满足细胞的能量需求，线粒体之间包括这些受损的线粒体继续融合，最终导致细胞中线粒体数目减少，同时出现"巨线粒体"。这些"巨线粒体"的 ATP 合成能力下降，而且更容易产生氧自由基。

线粒体分裂和融合的动态平衡失调与一些衰老相关疾病密切相关，如帕金森病、阿尔茨海默病、心血管疾病等。帕金森病是以震颤为主要表现的老年性疾病，在一些体外细胞实验中发现，线粒体动态平衡失调存在于帕金森病的动物模型中。同样多见于老年人，以记忆减退为主要表现的阿尔茨海默病也与线粒体的动态平衡密切相关。研究发现，在阿尔茨海默病的动物模型中，海马区神经元的线粒体动态平衡失调要早于 β 淀粉样蛋白沉积这种典型病理改变的出现。因此，线粒体网络的改变可能参与阿尔茨海默病的病理过程。此外，在心脏疾病研究中，也发现线粒体动态平衡与心肌细胞的病理改变显著相关。

既然线粒体动态平衡在正常衰老和衰老相关疾病中都有重要的作用，那么，调节线粒体网络是否可以延缓衰老呢？哈佛大学报道了他们在这方面的研究尝试，他们选择生命周期只有2周的线虫作为研究对象。利用遗传手段调控线粒体分裂和融合的相关蛋白，模拟热量限制下的线粒体网络（因为有研究已经证实热量限制可以延长寿命）。结果不负所望，线虫的寿命得到了延长。这项研究让我们看到调控线粒体网络成为可能，同时进一步肯定了线粒体动态网络在衰老过程中的作用。但探索衰老的奥秘还有很长的路要走，而线粒体网络在今后的研究中仍然是一个引人注目的课题方向。

第二部分　医学生的见闻

师生对话

程：不知道大家有没有见过一种疾病？患者还在青春期就步入了老年。

王：程老师说的应该是一种早老症吧，之前见过这样的报道。英国有两位5、6岁的小孩儿结婚了，背后的原因让人催泪，因为正当别人还在享受童年时光时，他们已经白发苍苍步入暮年，实在是一种无奈之举。

解：早老症的确是一种少见但又束手无策的疾病，但是从另一方面也印证了衰老可能是基因调控的一种主动的生物学过程，因此寻找早老症的致病基因和发病过程是研究衰老的重要手段。接下来，希望同学们通过临床案例直观地对早老症有一个介绍，同时也希望有兴趣的同学能够加入衰老的研究队伍中。

张：正好我在老年科实习的时候，文献学习听到过这种疾病，那我就给大家讲讲早老症的故事吧。

韩：我有一个问题，无论是正常衰老还是早老症，目前研究还没有取得突破性的进展，然而许多药物和美容产品都标榜能够延缓衰老，是不是有夸大的成分？

解：这个问题很好，不可否认，目前衰老的机制还缺乏完善的理论体系，所谓抗衰老药物包括抗自由基药物仍缺乏有力的理论和实验支持。虽然自由基理论在衰老研究中有重要地位，但目前的一些实验结果并未表明摄入抗自由基药物就一定能够延缓衰老，甚至有的实验还证明自由基并不是百害而无一利。所以自由基和抗自由基药物都是一把双刃剑，希望同学们学会辩证地看待问题。

程：的确，生命体在新陈代谢过程中产生的许多物质都具有两面性，希望同学们不要片面地接受一些观点。抗自由基药物虽然抗衰老的疗效不确切，但在临床上还是有其用武之地的，同学们能举个例子吗？

李：我在临床上见过一种抗氧化剂是还原型谷胱甘肽，常作为肝的保护药。我在神经内科实习的时候，见到一例帕金森病患者，使用还原型谷胱甘肽后效果很不错，令我印象深刻。

程：很好，那下面你把这个案例也跟大家分享一下。

不按套路出牌的衰老

在老年科实习的时候，有一次集体文献学习，了解到一种比较罕见的疾病。患者是一位6岁的小朋友，但是给人的印象就像年过花甲的老人。他的头发比较稀疏，而且已经花白。睫毛和眉毛也基本脱落，眼窝深陷。皮肤还有像老年人一样的色素沉着。牙齿也有像老年人饱经沧桑后的磨损表现。

据家人讲述，患儿出生时各项指标正常，体重3.5 kg。但是出生1个月后就发现患儿生长缓慢。随后在生长发育的过程中，各项衰老表现逐渐伴随而来。虽然辗转了许多医院，但是依旧不能够阻止同步发生的衰老。6年来患儿身高只长到 96 cm，体重仅 11 kg。但是患儿的智力发育未受影响。进一步检查后，患儿的 X 线片已见骨质疏松和关节变形，血常规、激素水平、心电图、脑电图均未见异常表现。

这是一例较为典型的早年衰老综合征（早老症），最早于 1886 年由哈钦森首先报道。之后，在 1897 年，吉尔福德（Hastings Gilford，1861—1941）也独立描述了这一病症，由此也称为哈 - 吉综合征（Hutchinson-Gilford progeria syndrome，HGPS）。

HGPS 的患儿在刚出生时基本正常，但是在 1 岁以内开始出现生长发育迟缓。之后在 3 岁以内就开始有早老的症状出现，主要表现为秃顶、皮下脂肪缺失、硬皮病等。患儿还具有典型的面部特征，包括雕仰鼻、鸟样脸、小颌等。此外，骨关节的改变（如骨质疏松症和关节僵硬）也相对多见。大部分 HGPS 的患儿智力通常不会受到影响。这种疾病预期寿命大多为 7 ~ 27 岁，平均 13 岁，患儿大多数死因为心脑血管疾病。

如果说 HGPS 是衰老加速的疾病，“不老症”则是与之相反的疾病。之前有媒体报道过一位 12 岁的美国女孩儿，令人惊讶的是她身高只有 68 cm，体重 6 kg，至今仍然生活在摇篮里，不会走路，不会说话。时间对于她而言似乎已经停滞了，她一直保持着几个月大婴儿的状态。但是这样的“不老”状态也并非常人所想的长生不老，这个小女孩被疾病缠身，患有脑卒中、消化道溃疡、呼吸系统疾病，甚至还长了肿瘤。这种病例非常罕见，全世界至今报道病例数的也是个位数，因此还没有正式的医学名词来命名，暂且称为“不老症”。

无论是早老症还是“不老症”，都是“不按套路出牌”的衰老相关疾病，对于现有的衰老理论也是一大挑战。前面的故事告诉我们，衰老与自由基的产生、线粒体的损害及线粒体的动态网络都有密切的关系。这些理论建立在慢性损伤和突变积累的基础上，属于衰老研究中的“随机理论派”（stochastic theories）。这种理论学派以衰老的随机性和被动性为主要特点，但是面对早老症和“不老症”解释起来显得牵强。于是衰老研究中还诞生了另一个派别——“多效理论派”（pleiotropic theories）。这种理论学派则强调衰老是一个机体主动调节的程序性过程，而早老症和“不老症”恰好展现出基因强大的一面，可以主动调控衰老的进程，似乎更符合“多效理论派”的理论特点。虽然目前对于衰老的程序性基因调控还缺乏足够深入的认识，相信早老症和“不老症”这些临床疾病的观察和研究能够为之提供更多线索。

还原性谷胱甘肽的妙用

在神经内科实习的时候，帕金森病是比较常见的老年性疾病，通常具有较长的病史，前来就诊的患者多数是复查和调整用药的。一天，一位 60 岁的患者照例前来复诊。这位患者一直坚持找带教老师定期复查，我们已经比较熟悉了。他在 5 年前被诊断为帕金森病，据病史资料显示，患者当时的症状还是比较典型的，主要表现为震颤、慌张步态、面具脸（表情呆板）、写字过小症（写字越写越小）。一经诊断，患者就开始服用多巴丝肼，随后加用苯海索，帕金森病的运动症状得到了较好的控制。

患者此次就诊的问题主要是随着时间的推移，先前剂量的药物已经不足以控制症状，而且药效缩短。后经几次剂量调整后，仍然不能稳定控制症状，此外他还出现了浑身疼痛和翻身困难的症状。此时，带教老师判断他出现了耐药性，这也是服用多巴丝肼几年后容易出现的问题。针对患者的问题，单纯增加药物剂量或增加抗帕金森病药在不能保证疗效的情况下，还更容易引起不良反应，因此不是稳妥的选择。而近年来兴起的帕金森病手术治疗，即脑起搏器植入可以作为一种选择。此外，从代谢角度进行补充疗法也可以作为一种保守方法。

患者最终还是选择保守治疗。目前已经有一些临床研究发现，帕金森病患者在服用抗帕金森病药的同时，联合静脉滴注还原型谷胱甘肽作为补充治疗，能够有效地改善症状，同时可以减小抗帕金森病药的剂量。患者在常规抗帕金森病药治疗的基础上，每周静脉滴注还原型谷胱甘肽 3 ~ 4 次。3 周以后，患者很高兴地发现自己不用再增大药物剂量也能够很好地控制症状，而且之前药物带来的肌肉酸痛、翻身困难的症状也得到了改善。

本例中对于出现耐药表现的帕金森病患者，还原型谷胱甘肽的应用恰到好处。许多研究表明，帕金森病的病理过程中，氧化应激与自由基损害是重要的环节之一。帕金森病患者脑黑质纹状体神经元的线粒体功能下降，产生的氧自由基增多，造成了进一步损害，引起神经元凋亡。因此，选择合适的抗氧化剂能够有效地阻止氧自由基对神经元的进一步损害，对于改善帕金森病症状有重要的临床意义。

还原型谷胱甘肽是机体可以合成的天然活性肽，能够与氧化性物质及代谢产物结合，清除体内氧自由基及其他自由基，从而保护细胞膜，改善线粒体功能，促进三大营养物质的代谢，最终延缓黑质纹状体神经元的衰老和凋亡。鉴于还原型谷胱甘肽的代谢特点，一般最好单独静脉滴注，避免与维生素 B_{12}、维生素 K_3、抗组胺制剂、磺胺药、四环素等混合使用。此外，还原型谷胱甘肽还可能引起过敏性休克，用药过程中一定要密切观察，出现哮喘、胸闷、气短等症状一定要停药并及时对症治疗。

还原型谷胱甘肽在帕金森病中的联合应用虽然初见成效，但是其中的具体机制还有待研究，同时还有待大样本的临床试验进一步验证。

06

第六站

新陈代谢的守护神

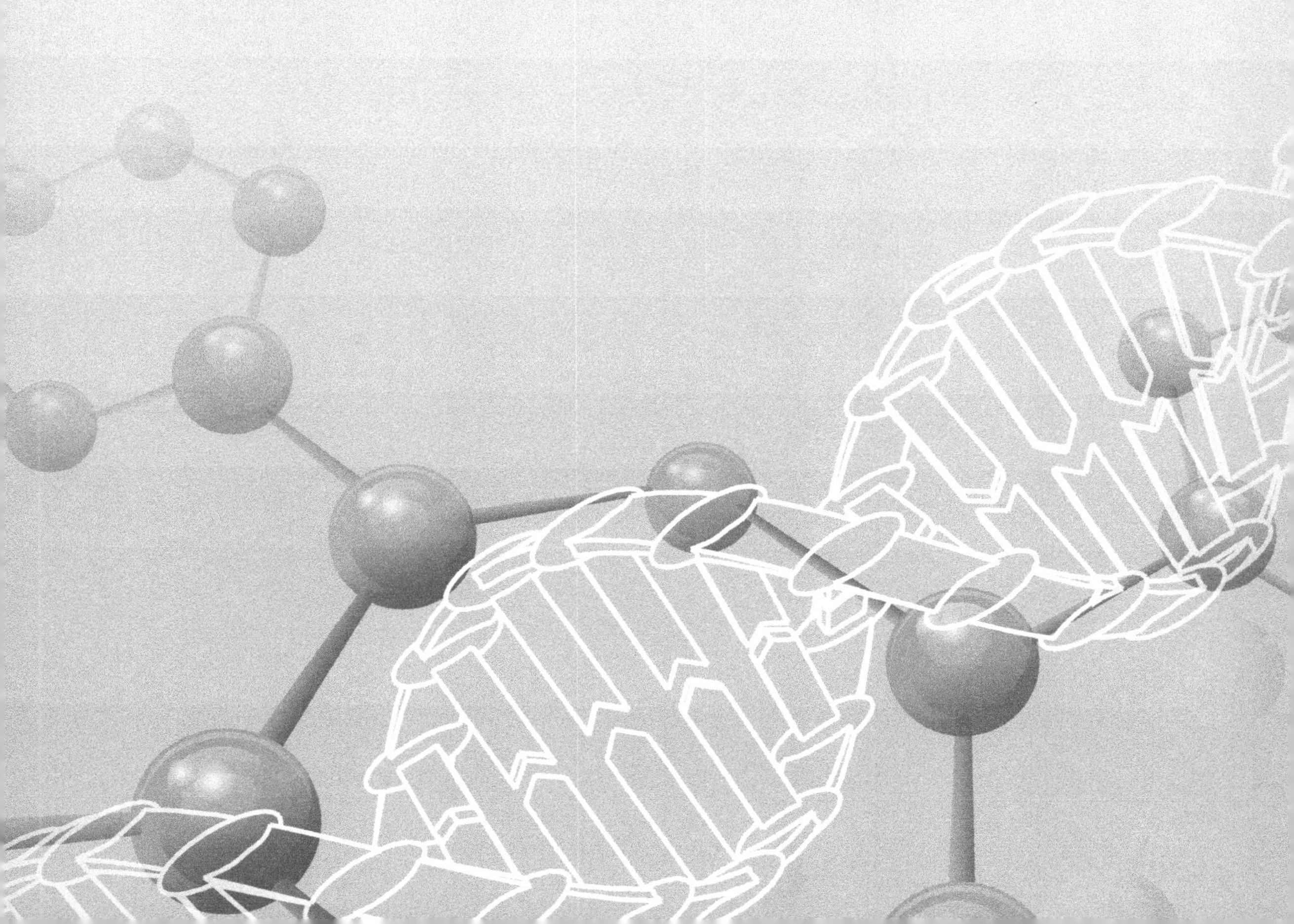

第 20 期　舌尖上的新陈代谢

本期人物

克里斯蒂安·艾克曼（Christiaan Eijkman，1858—1930），荷兰内科医生、生理学家。他通过实验发现米糠有缓解脚气病（即维生素 B_1 缺乏症）症状的作用，推动了维生素的发现，并因此获得 1929 年诺贝尔生理学或医学奖。

赫里特·格林斯（Gerrit Grijns，1865—1944），荷兰生理学家。他首次研究证实，脚气病是一种缺乏营养的疾病，并证实米糠中的抗脚气病物质是水溶性的。

卡西米尔·冯克（Casimir Funk，1884—1967），波兰生物化学家。他成功分离出治疗脚气病的有效成分，即维生素 B_1（硫胺素），还首次分离出维生素 B_3（烟酸），并且定义了当时存在的几种营养物质，包括维生素 B_1、维生素 B_2、维生素 C 及维生素 D。

埃尔默·维尔纳·麦科勒姆（Elmer Verner McCollum，1879—1967），美国生物化学家、营养学家。他发现食用猪油的实验动物出现眼干燥症状的原因，是缺少一种可溶性脂肪物质，并将其命名为维生素 A。

第一部分　科学家的故事

师生对话

本期成员为：解军教授（以下简称解），程景民教授（以下简称程），李琦同学（以下简称李），马小雯同学（以下简称马），张雨薇同学（以下简称张）。

解：同学们，在前面五站的学习讨论中，我们先是以酶作为起点，然后分别学习了糖类、蛋白质、脂质三大营养物质的代谢，接着又讨论了以线粒体为核心的能量代谢，似乎已经基本涵盖了机体新陈代谢的主要内容。但是，我们仍然要设置第六站的内容，因为有一类特殊的物质虽然在机体内的含量较少，但却是举足轻重的，无论是物质代谢还是能量代谢都离不开它的身影。而且不同于微量元素，这些物质基本都是有机物，分子结构相对复杂。同学们猜一猜这是一类什么物质？

张：解老师说的应该是维生素吧？我觉得维生素最符合这样的特点，它们就像小精灵，穿梭在生命这棵大树中间，维系着新陈代谢的有序性和稳定性。

解：说得很对，而且你的这个比喻很贴切，这样我们这一站的主题就是去结识这些新陈代谢的精灵。同学们对维生素有什么认识，都来谈一谈。

马：维生素与许多疾病有关，如维生素 B_1 与维生素 B_1 缺乏症（脚气病），缺乏维生素 C 会引起维生素 C 缺乏症（原称坏血病），维生素 K 则与凝血有关，所以我感觉与之前新陈代谢的内容相比，维生素更贴近生活，这里应该有更多的故事可以讲。

李：的确如此，对公众来说，维生素是很熟悉的名词。不过之前我对于脚气病和“脚气”傻傻分不清，所以期待关于脚气病与维生素 B_1 的故事。

程：那么咱们该从哪儿讲起呢？维生素 A、B、C、D 等的命名应该是按照发现顺序而来的，不如我们就按照维生素的命名顺序讲吧。

有关资料显示，虽然维生素是按照发现顺序命名的，但是维生素 A 和维生素 B_1 却因为机缘巧合，使真正被第一个发现的维生素 B_1 却排在了维生素 A 之后。所以，我建议咱们从维生素 B_1 的发现讲起。维生素 B_1 的发现要归功于一位科学家对鸡饲料的细心观察和研究。被常人忽视的细节往往在经过观察研究后就会有伟大的发现，这正是维生素 B_1 发现者——艾克曼的经历。

解：不错，那么我们就从维生素 B_1 发现的故事讲起，谁来介绍一下艾克曼？

张：我来介绍一下吧。艾克曼于 1858 年出生于尼德兰，是家里的第 7 个孩子，父亲是当地一个学校的校长。从阿姆斯特丹大学毕业后，他以军医的身份被派往印度尼西亚，后因患疟疾退役回国。幸运的是，他认识了罗伯特·科赫（Robert Koch，1843—1910），并在其细菌学实验室工作。要知道，科赫还是一位了不起的医生。他是世界病原细菌学的奠基人和开拓者，第一个发现“特定传染病是由特定病原细菌造成的”。大家知道“科赫法则”吗？

马：据了解，科赫为研究病原微生物制订了一个严格的准则，被称为“科赫法则”，包括 4 个要点：第一，这种微生物必须能够在患病动物组织内找到，而未患病的动物体内则找不到；第二，从患病动物体内分离的这种微生物能够在体外被纯化和培养；第三，经培养的微生物被转移至健康动物后，动物将表现出感染的征象；第四，受感染的健康动物体内又能分离出这种微生物。

马

是的，当时科学家们分离出伤寒沙门菌、霍乱弧菌、结核分枝杆菌和炭疽杆菌等，微生物学发展如火如荼。在这样的背景下，曾跟随科赫学习的艾克曼在1886年加入了脚气病调查团。当他重返印度尼西亚爪哇时，曾猜测“脚气病是由微生物或者化学毒物引起的”。然而这项研究并不顺利，他们没有分离出脚气病的细菌，也无法制造脚气病的动物模型，这是不符合“科赫法则”的。当脚气病调查团其他成员都失望回国时，艾克曼坚持留在爪哇实验室，继续寻找病因。在一个偶然的机会，艾克曼发现米糠能够治疗鸡的多发性神经炎，进而他通过实验证实米糠有缓解脚气病症状的作用。后来，经过许多科学家的不懈努力，人类终于发现并提取出了维生素 B_1。艾克曼也因此获得了1929年的诺贝尔生理学或医学奖。

张

解

是的，人类对维生素的发现和利用是一个漫长而曲折的过程。那么，艾克曼在爪哇的实验到底经历了怎样的一波三折？还有哪些科学家为维生素的发现做出了贡献？我们就进入接下来的故事吧。

自从巴斯德肯定了疾病的“细菌说”以来，攻克困扰人类多年的传染病，终于迎来了曙光。巴斯德为炭疽病、狂犬病和霍乱等传染病的研究做出了巨大贡献，其科学思想影响了一大批科学家，以至于之后许多医生和科学家将细菌感染作为主要的致病因素。然而他们在实践中发现，有些疾病虽然在人群中有一定的流行趋势，但却始终找不到致病微生物。直到20世纪初，随着对新陈代谢的研究不断深入，营养学也得到了巨大发展，许多未明原因的疾病才找到了答案。

鸡饲料的秘密

谷物是我们主食的主要来源，为了更好地保存这些能量来源，人类想了许多办法。收获的谷物仍然具有生命活力，为了保证代谢需求，谷物含有较多的水分，但这为发霉变质提供了条件。于是，人类将谷物晒干脱水，这大大地降低了变质风险。但是，带皮的谷物时间久了仍然会腐坏，人们由经验得出，去除谷皮的颗粒更容易保存，于是谷物的储存又多了一道工序，那就是谷物脱皮。然而，这一新技术在带来收益的同时也带来了新的问题。

1853 年，英国军舰驶入东京港，要求日本开放贸易。日本接受了要求，并很快按照西方模式改组了自身的体制，建造西方式的战舰，发展一支自己的海军。然而日本海军却经常得一种名为“脚气病”的疾病。这个名称来源于锡兰岛上的土著语言，意思是“乏力”。患脚气病的人常觉得身体疲乏，胳膊和腿像瘫痪了似的，严重者可致死亡。脚气病的主要症状有多发性神经炎、肌肉萎缩和水肿等，对下肢的影响尤为明显。值得注意的是，脚气病与我们平常所说的“脚气”差别很大，后者是指真菌感染引起的足部皮肤损害。

1878 年，脚气病在日本军舰上已极为流行，这种情况让日本士兵根本无法作战。日本海军的将军了解到，英国人已经用改变水兵饮食的办法解决了坏血病的问题，但英国水兵从来不得脚气病。因而，他把英国水兵和日本水兵的食谱拿来进行了一番对比：日本水兵吃的是蔬菜、鱼和大米饭；英国水兵不吃大米，而是吃大麦之类的其他粮食。日本将军让日本水兵在吃饭时也吃一些大麦，结果日本海军中的脚气病逐渐消失。此事也就不了了之，没有人再探究其中的缘由。

然而，脚气病并没有绝迹，东南亚许多国家的居民长期受着脚气病的折磨，吃不下饭，睡不好觉，浑身没力气，走路也不方便。奇怪的是，当地的许多鸡竟然也患上了这种病。1893 年，荷兰医生艾克曼坐船到达印度尼西亚的爪哇岛，考察这里流行的脚气病。艾克曼是个细菌学专家，他想：“脚气病这样普遍，是不是由细菌传染引起的呢？”

几年后，艾克曼在医院里养的一些鸡得了一种叫“多发性神经炎”的病，发病的症状与脚气病相同。艾克曼受到启发，他想：只要找到让鸡患多发性神经炎的细菌，也就找到了让人类患脚气病的细菌。起先，他想在病鸡身上查细菌，并给健康的鸡喂食从病鸡胃里取出的食物，想让健康的鸡“感染”脚气病菌，结果健康的鸡竟然全都安然无恙。但他坚持实验下去。

就在艾克曼继续着他的实验的时候，医院里的鸡忽然一下子都好了，再没有病鸡可供艾克曼做实验了。这是怎么回事呢？艾克曼天天守在那几只鸡旁，想找出其中的原因。有一天，艾克曼正蹲在鸡栏里观察鸡的活动情况时，新雇来的饲养员走过来喂鸡。艾克曼望着鸡群纷纷抢食的劲头，脑子里忽然冒出了一个想法：这些鸡都是这位饲养员喂的，而这位饲养员来了只有两个多月。值得注意的是，正是这个饲养员来了两个多月以后，鸡的病才好了起来。这两件事情是偶然的巧合，还是有某种必然的联系？

艾克曼仔细调查了前后两个饲养员的情况。原来，前面的那个饲养员用人吃剩的白米饭喂鸡，而新来的饲养员总是用一些拌着米糠的饲料喂鸡。稻米生长的时候，谷粒外包裹着一层褐色的谷皮。带皮的米即糙米，碾去谷皮，就会露出白色的谷粒，也就是白米（图 20–1）。糙米可以保存很长时间不腐坏。因此，在吃大米的国家里，人们通常都是保存糙米，食用之前再脱皮。

图 20–1　鸡饲料的秘密

艾克曼发现，医院里的鸡之前吃的正是这种白米饭，它们吃了一段时间后就患了多发性神经炎。新调来的饲养员觉得让鸡光吃剩下的白米饭太浪费，开始给鸡拌着吃一些米糠，而鸡的病居然莫名其妙地好了。

“原因是不是出在饲料里？”艾克曼脑中闪出一个念头。艾克曼决定再作一番尝试。他选出几只健康的鸡，开始用白米饭喂养它们，一段时间之后，它们果然患上了多发性神经炎。他随即改用糙米饲养，它们很快都痊愈了。艾克曼反复地这样实验。最后，他可以随心所欲地使鸡患病，也可以使它们复原。“问题就出在饲料上！”艾克曼做出了判断。接着，他又问自己，“吃粗粮能不能治好人的脚气病呢？”通过推广，爪哇岛的居民都吃起粗粮，脚气病患者果然也一个个地好起来了。

艾克曼始终没有找到脚气病菌，所以他认为脚气病一定是由某种毒素引起的。他断定白米的谷粒中含有某种使人或鸡致病的毒素，而谷皮中必定有某种可以中和毒素、使人或鸡恢复健康的东西。

摆脱“疾病细菌说”的影响

作为一名细菌学家，艾克曼始终坚持“疾病细菌说”理论，毕竟这是当时的主流思想。然而，艾克曼的研究助手，荷兰生理学家格林斯有不同的意见。或许因为他比艾克曼年轻几岁，思维更加活跃，他果断放弃了艾克曼寻找病原体的思路，决心另辟蹊径。

格林斯冷静地分析起来：爪哇岛的人们习惯吃白米，而把米糠丢掉了，会不会就在扔掉的米糠中有一种重要物质，人缺少这种物质就会得脚气病？于是他在 1901 年提出：脚气病的原因可能是白米中缺少谷皮中所含有的某种人体需要的物质。如果一味地吃去皮大米，人就会得病。

格林斯可能是第一位将脚气病归入营养缺乏症的科学家。由于思路的转变，他改变了实验目的和实验设计，开始尝试应用化学手段分离米糠中能够治疗脚气病的物质。当时的化学家们已经发现，浸泡过米糠的水能够治愈人类的脚气病和禽类的多发性神经炎。格林斯由此推测这种物质可能是水溶性的。经过大量的实验，他也证实了这一推测：抗脚气病的物质是水溶性的。

浸泡过米糠的水中存在着各种水溶性物质，若想把其中的抗脚气病物质分离提纯出来，是一件非常困难的工作。格林斯想到应用化学沉淀法，先加入一种化学试剂与某些物质反应形成沉淀，然后再用病禽进行试验，看能治疗多发性神经炎的物质是沉淀，还是仍然留在溶液中。如果还在溶液中，就再加入另一种化学药剂继续实验，看新的沉淀能否治疗脚气病；如果出现在沉淀里，就可以进行下一步工作，在沉淀中提取有效物质。这样持续地反复实验、反复观察下去，终究会获得纯净的抗脚气病物质。但是由于当时的条件限制，他未能成功地分离出这种物质。

这些未完成的研究工作引起了化学家冯克的关注。冯克首先肯定了格林斯的观点，认为引起脚气病的真正元凶应该就藏在米糠浸泡过的水里，是一种水溶性的有机化合物。结合专业的化学知识，他终于在 1910 年提取出一种类似嘧啶的物质，这种物质能够治疗鸽子的多发性神经炎。进一步分析这种化合物，冯克发现其中含有氮元素，于是他推测可能含有“胺”。缺乏这种物质会导致疾病，因此该物质对于维持正常的生命活动具有重要意义，故而冯克将“vital”和“amine”两个词合成一个新词“vitamine”，这就是“维他命”的来历。

虽然后来的化学结构分析表明，维生素中并不含有“胺”，但是为了纪念冯克历史性的突破，人们将错就错，将这个词沿用下来。冯克当时发现的维生素其实就是维生素 B_1，以我们现在的知识来看，似乎冯克的研究成果还存在两个问题。首先，我们已经知道维生素是一个大家族，分为 A、B、C、D、E 和 K 等许多亚类。维生素的命名基本是按照其发现的先后顺序规定的，有趣的是，第一个发现的维生素 B_1 却排在了第二位。另外，维生素正确的英文单词为“vitamin”，然而最初的名称却是“vitamine”。这是为什么呢？要想找到问题的答案，接下来我们继续从“vitamine”概念的萌芽到“vitamin”系统的建立这段历程中去追溯。

新陈代谢的精灵

格林斯能够克服定势思维，摆脱“疾病细菌说”的影响，并不是个例。其实，人类很早就意识到了缺乏营养物质会导致疾病，但是所谓的“营养”究竟是什么，却一直没有答案。到了 19 世纪末 20 世纪初，随着有机化学的发展，人类对糖类、脂质、蛋白质有了初步的认识，缺乏这些生命所需的化学物质会导致疾病的发生，因而疾病的病因也可能是已知或未知的营养物质。格林斯正是这种科学思想的代表之一。

继格林斯之后，1906年，英国化学家弗雷德里克·高兰·霍普金斯（Frederick Gowland Hopkins，1861—1947）提出，食物中可能存在许多种微量物质，人体本身不能产生这些物质，只能从食物中摄取，一旦缺少这些物质，就会患上疾病。他首次提出，缺乏不同的营养物质将导致不同的“营养缺乏症”（nutritional deficiency），脚气病、坏血病就属于这一类病症。除此之外，他还列举了被称为“软骨病”的第三种病。

既然缺乏营养物质会导致疾病，那么营养全面的饮食又是什么呢？20世纪前后，许多科学家开始探索营养全面的饮食应该包含哪些物质。但当时有机化学的发展有限，科学家们对“营养物质”的最初认识是：完整的饮食结构应该包括糖类、脂质、蛋白质、无机盐和水这五种成分。

随着实验技术的发展，科学家们可以更精确地改变食物中不同营养成分的比例和含量，观察不同比例的营养物质对实验动物的影响。但是结果超乎预期，无论怎样调整比例，食用这种人工食物的实验动物都不能健康发育和生长。有研究发现，用牛奶中提取的营养物质（只含有糖类、脂质、蛋白质、无机盐）喂养的幼年鼠不能正常发育。因此，除了已知的这些营养物质，应该还有尚未发现的对于生命至关重要的物质。但是，这些报道并未引起重视。

1905年，科内利斯·阿德里亚努斯·佩克耳哈林（Cornelius Adrianus Pekelharing，1848—1922）报道了类似的研究发现。如果用牛奶代替提取物，实验动物生长发育明显改善。于是，他推测牛奶中可能含有一种营养物质，虽然含量很少，但动物自身不能利用糖类、脂质、蛋白质三大营养物质来合成这种物质。他的实验结论已经提出了维生素概念的基本雏形，但是他的发现依旧没有得到广泛的关注。

直到1913年，美国生物化学家麦科勒姆带领研究团队发现，食物中的一种微量的脂溶性物质，也是生命必不可少的营养物质。他们在之前研究的基础上进一步改进，采用脱脂牛奶研究脂溶性物质对生长发育的影响。结果发现，脱脂牛奶影响动物的生长，而这部分除去的脂质中可能含有一些脂溶性的营养物质。麦科勒姆确定他们发现的物质应该是一种“vitamine”，并称之为“脂溶性物质A”。麦科勒姆将他们的研究结果发表3周后，另一个团队也报道了类似的结果。但是，科学界通常只认定首次报道为发现者，因此麦科勒姆被认为是“维生素A”的发现者。“脂溶性物质A”最初被认为能够用于眼干燥症和佝偻病治疗。1920年，研究才发现能够治疗佝偻病的成分，其实是另一种成分，这种成分被命名为维生素D。

也是在1920年，科学家们相继提取出了维生素C和维生素B_2。化学实验证明，这些对生命至关重要的营养物质都不含有“胺”。于是，英国生物化学家杰克·塞西尔·德拉蒙德（Jack Cecil Drummond，1891—1952）建议将这几种物质都归为一类，将“vitamine”末尾的字母“e”去掉。冯克创造的这个新词就演变成了“vitamin”，也就是一直沿用至今的名称，翻译为维他命，或者维生素。他还建议将之前的“脂溶性物质 A”这种命名方式简化，直接称为维生素 A，于是第一个发现的维生素也就顺次称为维生素 B_1。此外，当年还发现的另外两种维生素也按照发现顺序，被称为维生素 C 和维生素 D。

维生素的发现过程见证了人类对于营养缺乏性疾病的认识历程，也极大地推动了营养学的发展（表 20–1）。随着生物化学的发展，人们逐渐认识到不同的新陈代谢途径需要各种不同的维生素参与。维生素虽然含量很少，但是举足轻重，是新陈代谢过程中当之无愧的“精灵”。

表 20–1　维生素的发现历程

发现时间（年）	维生素名称	食物来源
1913	维生素 A	鱼肝油
1910	维生素 B_1	米糠
1920	维生素 C	柑橘类
1920	维生素 D	鱼肝油
1920	维生素 B_2	肉、蛋类
1922	维生素 E	小麦胚芽油
1929	维生素 K_1	蔬菜茎叶
1931	维生素 B_5	肉类
1931	维生素 B_7	肉类
1934	维生素 B_6	肉类
1936	维生素 B_3	肉类
1941	维生素 B_9	蔬菜茎叶
1948	维生素 B_{12}	肝、蛋类

第二部分　医学生的见闻

师生对话

解　本期故事主要讲解了维生素 B_1 的发现历程，其实 B 族维生素是一个大家族，我们平常接触最多的是维生素 B_1、维生素 B_6、维生素 B_{12}，同学们对这几种 B 族维生素有哪些了解？

维生素B_1的主要作用是促进成长，帮助消化，改善精神状况，辅助用于带状疱疹的治疗。不得不说的是，在孕妇的早期保健中它起着非常重要的作用，如果缺乏维生素B_1有可能引起神经管发育的异常。

张

维生素B_{12}主要用于治疗原发性或继发性内因子缺乏所致的巨幼细胞贫血，也可用于神经炎的辅助治疗。维生素B_{12}常与叶酸合用，孕妇缺乏可能会增加日后患急性淋巴细胞白血病的概率。

马

当然，维生素也不是多多益善的，维生素B_6就不同于前两者，很容易补充过量，维生素B_6过量可引起神经系统不良反应。

李

程

同学们讲得很好，我觉得如果能够通过临床案例进行讲解，相信大家对维生素会有更深入的认识。维生素的种类比较多，而且后续的内容还会进一步涉及更多的维生素，所以我们不如就本期内容提到的维生素A和维生素B_1，看看具体的临床病例。

好的，那我来介绍一下维生素A的应用案例吧。或许大家对维生素A的认识还停留在夜盲症，希望通过我在实习查房中的经历，给大家带来更深刻的认识。

马

对于维生素B_1，现在单纯由于食物摄入不足引起的脚气病已经比较少见了，但是临床上还会见到一些由于维生素B_1缺乏引起的疾病。我在神经内科实习的时候就见过相关疾病，通常与过量饮酒诱发的维生素缺乏有关。下面我来给大家介绍一下维生素B_1缺乏引起的脑病吧。

李

解

很好，接下来请两位同学讲讲这两个案例吧。

维生素 A，你了解吗？

实习生活对于我来说是忙碌而又紧张的，因为除了各项临床工作，在查房过程中还随时会面临被老师提问而答不上来的窘境。虽然会觉得很难堪，但通过这个过程可以加深对知识的理解，培养良好的临床思维，不断积累临床经验。其中有一次查房经历至今让我难忘，通过带教老师的提问，我重新认识了维生素 A。

患者是一位 25 岁的小伙子，因为肝氨基转移酶持续偏高超过 6 个月，一直找不到原因，因此在消化科住院寻找原因。当时我刚好在消化科轮转，从他住院后，就一直关注他的病情。对于不明原因的氨基转移酶升高，带教老师给我讲到要先从常见问题依次排查。氨基转移酶升高的原因主要包括感染、免疫、酒精、药物等引起的肝损害。而该患者乙型肝炎病毒、HIV 检查结果正常，自身免疫性肝炎相关的几种抗体也阴性，而且他也没有饮酒嗜好，近期也未服过任何药物，因此该患者的病因应该就属于少见病因了。

对于疑难病症，最有效、最可靠的方法还是要从病史中寻找答案。因此，患者住院后我们多次询问患者的既往病史、个人经历、生活方式等各个方面的情况。进一步排除了其他疾病的可能后，带教老师认为应该更多地关注他的生活方式。因为现在许多年轻人生活习惯并不健康，如熬夜、吃零食、少运动等不良习惯，这些因素正是导致亚健康状态的元凶。经询问后了解到，患者平素喜欢健身。我一听喜欢运动，这是好事呀！但还是带教老师有经验，立即询问患者有没有特殊的健身食谱。后来我才知道，原来许多健身者为了练出一身肌肉，额外会服用蛋白粉之类的增肌营养品。这时患者补充了一句，他听说维生素 A 能够促进肌肉生长，于是额外补充了一些维生素 A。我们立刻对他服用的剂量进行计算，发现他服用的剂量远远超过推荐范围。随即抽血化验，血液中维生素 A 浓度超标，因此维生素 A 中毒症诊断明确。

本例患者的诊治经历给了我不少启发，我也查阅了一些资料，自认为基本掌握了维生素 A 中毒症的相关知识，于是在隔天的查房中信心满满。查房中，带教老师照例提问，首先问我富含维生素 A 的食物有哪些。这个问题属于常识问题，通常胡萝卜、猪肝、鱼肝等食物中含量较多。接着问我维生素 A 有什么作用。我想这个问题也简单，维生素 A 参与视网膜感光细胞的代谢过程，感觉细胞感受弱光主要依赖视紫红质。视紫红质由视蛋白和视黄醛组成，感光后视紫红质分解，解离出来的视黄醛则需要经过一系列代谢循环再次与视蛋白合成视紫红质。而维生素 A 作为视黄醛的合成原料，是保证视黄醛代谢循环的重要保证，因此当缺乏维生素 A 时会导致夜盲症。

我自认为解释得很到位，但是带教老师继续问我："还有呢？"我一时语塞，带教老师开始补充，维生素 A 除了众所周知治疗夜盲症的作用外，还参与皮肤黏膜生长修复、免疫调节、骨骼代谢和生长发育等过程。维生素 A 参与糖蛋白的代谢过程，能够维持上皮细胞的完整性，因此缺乏维生素 A 容易引起皮肤干燥和眼干燥症。在免疫过程中，维生素 A 也有重要的作用，因为免疫细胞激活、分泌抗体、吞噬异物都离不开视黄醇，故而维生素 A 不可或缺。在骨骼代谢中，维生素 A 对骨骼细胞也有重要的影响，在骨骼代谢中与维生素 D 存在拮抗作用，因此最初研究维生素 A 时与维生素 D 是分不清的。此外，维生素 A 能够促进生长发育，因此婴幼儿需要适量补充维生素 A。

听了老师的讲解，我顿时觉得自己还是得意得太早了。接下来，带教老师继续提问，维生素 A 中毒症的主要临床表现是什么。这次我小心翼翼地回答着问题，生怕出现纰漏。维生素 A 中毒症有急性和慢性之分。急性中毒会出现严重皮疹、恶心、呕吐、头痛甚至昏迷。而慢性中毒则会损害肝细胞，出现氨基转移酶增高、肝纤维化、肝硬化等问题。本例患者属于慢性中毒，需进一步行肝细胞活检，以明确肝细胞的损害程度。老师点点头，对我的回答比较满意。

当带教老师问我维生素 A 过量的损害机制时，我又傻眼了，这一点又没看到。老师解释道，维生素 A 的中毒机制还要从其吸收说起。由于维生素 A 是脂溶性的，进入消化道后，在胃内几乎无法吸收，而是随着脂肪的分解产物一起经肠黏膜吸收进入肝。正因为肝是维生素 A 的储存器官，当维生素 A 过量时会破坏肝细胞膜，出现肝细胞损害，早期引起氨基转移酶升高。随着肝细胞损伤的持续，肝继而出现纤维化。此时恢复起来就比较复杂了。

最后，带教老师总结：临床工作中不仅要知其然，还要知其所以然，只有这样才能全面而深入地分析病情，为患者及时做出科学、合理的诊疗方案。

维生素 B_1 的大作为

进入临床实习已经一年多了，虽然自认为课本知识已经学得很透彻，可是真正开始实习，与患者接触之后，才发现自己经常处于手足无措的状态。现实中遇到的病情远比课本中写的要复杂得多，检查、诊断、治疗和预后，每个环节都无时不在考验着我们。因此，只有将理论联系实践后才能真正理解所学知识。我正是在遇到一位患者之后，才了解到，维生素缺乏还可能导致严重中枢神经系统疾病。

这是一位中年男性，他最开始出现头晕、视物旋转，伴恶心、呕吐的症状，接诊医生进行检查后，发现比较符合良性位置性眩晕的诊断，因此进行了手法治疗后让其回家多休息，避免突然体位变动。但是患者过了一段时间后再次前来就诊，自述眩晕症状时好时坏，之后还逐渐出现走路不稳，精细动作欠灵活，偶有头、手抖动现象。当时我正好随带教老师出门诊，听老师讲这种情况应该排除良性位置性眩晕，真正的病因还需进一步观察和检查，因此让患者住院治疗。

患者入院后，我们更加仔细地询问了其病史。了解到患者平素喜欢饮酒，几乎三餐离不开酒。由于饮酒的缘故，饮食并不规律，饭菜也比较简单，经常酒后泡面充饥。他饮酒有十余年的时间，平素身体健康，直到最近才出现上述症状。神经系统查体发现共济失调的表现。当时正值夏季，患者讲到喝酒的同时，还会吃半个西瓜。此时，带教老师发问，进食西瓜这类高糖食物与症状有没有关系。患者仔细回忆后发现，确实是最近喝酒又吃西瓜后更容易出现这些症状。于是，老师给我讲到，患者有饮酒史，以头晕、共济失调为主要表现，就要考虑韦尼克脑病。此外，饮酒后食用高糖食物加重症状也是该疾病的一个特点。为进一步诊断，给患者进行了头颅磁共振成像（MRI）检测和血液化验。

头颅 MRI 显示脑桥被盖部、中脑导水管周围、双侧丘脑内侧长 T2 信号，符合韦尼克脑病的典型特点。同时血液维生素 B_1 含量低于正常。因此，该患者确诊为韦尼克脑病。我从来没听过这个名词，于是查阅资料，了解到韦尼克脑病（Wernicke encephalopathy）是由于维生素 B_1（硫胺素）缺乏所致的严重中枢神经系统疾病。

之所以会出现维生素 B_1 缺乏，主要与患者的饮食习惯有关。通常喜欢饮酒的人们饮食不规律，而且营养不均衡，特别是缺乏果蔬类食物。时间长了就会因维生素 B_1 缺乏出现中枢神经系统症状。维生素 B_1 在体内能够转化为硫胺素焦磷酸，这种物质使丙酮酸脱羧转化成乙酰辅酶 A，将无氧糖酵解与三羧酸循环联系起来。当维生素 B_1 缺乏时，三羧酸循环不能正常进行，葡萄糖代谢产生的 ATP 就会大打折扣。而高能耗的中枢神经最先受累，引起脑组织乳酸堆积和酸中毒，干扰神经递质合成、释放和摄取，导致中枢神经系统功能障碍，引起韦尼克脑病。而患者饮酒后进食高糖食物加重症状也与维生素 B_1 代谢有关。因为大量的葡萄糖代谢首先会消耗维生素 B_1 的物质储备，从而进一步加重硫胺素焦磷酸的缺乏。

教科书描述的韦尼克脑病通常具有眼外肌麻痹、精神异常及共济失调三组特征性症状。但是在实践中发现，韦尼克脑病并不都具有这样的典型表现，因此易误诊漏诊，如不及时治疗常可导致不可逆的脑损害。此时，临床经验就显得尤为重要。特别是对于长期饮酒的患者，一定要提高警惕。这次老师能够迅速做出诊断，与其丰富的临床经验有很大关系，只有真正将理论应用于实践才能为患者解除疾病的痛苦。

对于韦尼克脑病的治疗主要是补充维生素 B_1，道理虽然简单，但是实践中仍有许多注意事项。这类患者长期饮酒，胃肠吸收功能不良，因此口服维生素 B_1 效果不好。另外，实践发现肌内注射给药效果也不佳。最主要的办法是静脉给药。此类患者静脉大量补充葡萄糖之前，一定先补充维生素 B_1，防止上述高糖食物引起的类似反应出现，诱发急性症状。

第21期 橙子中的精灵

本期人物

詹姆斯·林德（James Lind，1716—1794），苏格兰内科医生，是皇家海军卫生学的先驱。他开展了有史以来第一个临床试验，提出柑橘类水果治疗坏血病的理论。此外还为皇家海军提出诸多预防保健措施，促进了预防医学和营养学的发展。

阿尔伯特·圣捷尔吉（Albert Szent-Gyorgyi，1893—1986），匈牙利生物化学家，因确定维生素C的化学结构，获得了1937年的诺贝尔生理学或医学奖。此外，他在三羧酸循环的中间代谢产物研究中也做出了贡献。

莱纳斯·鲍林（Linus Pauling，1901—1994），美国著名的化学家、生物化学家，早年在化学键和蛋白质结构的研究中颇有建树，后因反对核弹在地面测试获得诺贝尔和平奖，晚年对维生素C的应用提出了尖锐的观点，由此引发一场大论战。

第一部分　科学家的故事

师生对话

本期成员为：解军教授（以下简称解），程景民教授（以下简称程），李琦同学（以下简称李），马小雯同学（以下简称马），张雨薇同学（以下简称张）。

解　同学们，咱们今天继续讲维生素的故事。大家有没有想过，为什么牙龈出血的时候，周围人总要告诉你多吃些水果？

当然是补充维生素C啊！尤其是要多吃橙子之类的水果。

张

没错，说起吃水果补充维生素，我们首先会想到橙子。对于我们而言，似乎橙子已经成为维生素C的代名词。

李

解

看来大家对于维生素C很熟悉。按照维生素的命名顺序，继维生素A和维生素B之后，我们本期主要讲讲维生素C的故事。那么，维生素C有哪些作用呢？

其实维生素C还有很多更为重要的作用，如抗癌，增强机体免疫力，治疗贫血，预防现在的高发病，如动脉粥样硬化等。

张

程

看来同学们生活常识很丰富。那么，在认识维生素C的作用之前，人类肯定受到不少困扰，当时的情形又是什么样的呢？

其实，几百年前人们并不知道藏在橙子中的维生素C，也不清楚维生素C的作用，并且一直被坏血病困扰了好多年。尤其是身处大航海时代的水手们，许多人被坏血病夺去了生命。

马

解

坏血病确实困扰了欧洲航海事业很多年，从坏血病的成功治疗到维生素C的最终确定，离不开科学家们的不断努力和突破，大家对其中的关键人物有多少了解呢？

研究坏血病的代表人物当属苏格兰内科医生林德，在营养学的基本概念还未建立的时代，林德凭借他的仔细观察发现橙子和柠檬汁可以治疗坏血病实属不易。另外，林德还提出了斑疹伤寒的预防措施，进一步提高了英国海军的实力。

马

程

据我了解，林德是较早规范地开展临床试验的科学家之一，他在抗坏血病研究中就充分体现了科学、严谨的临床试验设计，因此好的研究设计也是他成功的又一保障。希望同学们在聆听林德故事的同时，仔细体会他的学术思想，并努力学以致用。

张

程老师说的我们一定认真学习领悟。另外，我补充一下，真正发现并提取出维生素C的是匈牙利生化学家阿尔伯特·圣捷尔吉，最初他是在实验室中从牛的肾上腺中分离出来的，为进一步研究维生素C化学结构奠定了基础。

解

从林德到圣捷尔吉跨越了近200年的时间，相信维生素C的研究历程中有许多耐人寻味的故事，接下来就让我们仔细聆听他们的故事吧。

说起吃水果补充维生素，我们首先会想到橙子。对于我们而言，似乎橙子已经成为维生素C的代名词。然而，几百年前人们并不知道藏在橙子中的维生素C，也不清楚维生素C的作用，一直被坏血病困扰了好多年。尤其是身处大航海时代的水手们，许多人被坏血病夺去了生命，直到经验告诉人们橙子对这种情况有效，局势才得以扭转。

海上凶神

克里斯托弗·哥伦布（Christopher Columbus，1451—1506）于1492年发现美洲大陆以后，欧洲各国纷纷开始派遣船只远渡重洋去寻找资源。在海上航行时，水手们常常一连多日见不到陆地，缺乏新鲜水果和蔬菜，他们靠船上储存的食物充饥，如风干面包、风干肉或者熏肉等。

虽然不会挨饿，但在漫长的航程中，水手们时常患一种怪病。他们大多数先是表现出浑身无力、牙龈出血、肌肉疼痛，继而虚弱得无法继续工作而长期卧床，甚至部分人得病不久后死亡。这种病在当时被称为“坏血病”，过去几百年间曾在船员、探险家及海军中广为流行，特别是在远洋船员中尤为严重。1497年7月9日—1498年5月30日，葡萄牙航海家达伽马（Vasco da Gama，1460—1524）绕过非洲到达印度，他的160名船员中，有100多人死于坏血病。1519年，葡萄牙航海家麦哲伦（Ferdinand Magellan，1480—1521）率领的远洋船队从南美洲东岸向太平洋进发。3 个月后，有的船员牙床破裂了，有的船员流鼻血，有的船员浑身无力，待船到达目的地时，原来的 200 多人，活下来的只有 35 人。1577 年，一艘西班牙大帆船漂流在马尾藻海海面上，发现时所有的船员都死于坏血病。相比之下，中国明朝的郑和多次率领船队下西洋，并未发现大量船员因长期航行而染上坏血病，这是为什么呢？

此外，坏血病也常侵袭那些每日食用粗劣食品的监狱人员。在战争中，被围困的城市及一些饮食单调的地区也会发现它的踪影。至此，开始有人注意到坏血病和饮食之间存在着某种关系。例如在 1734 年，一位奥地利医生在经历了坏血病大流行之后，通过调查分析发现，坏血病可能与饮食有关，并于 1737 年提出水果、蔬菜能预防坏血病。中国的郑和船队之所以少见坏血病，确实与饮食习惯有关，他们随船携带水果、蔬菜，这一点与欧洲船队差别较大。但是，这一重要发现却没有引起人们重视。直到几年后，苏格兰医生林德偶然发现这篇被人遗忘的报道，又翻阅了不少书籍，查找有关坏血病的记载。最终林德得出结论，合理的饮食可以防止坏血病。

1747 年，林德开始对患坏血病的水手进行实验观察，想要了解什么样的食物能最有效地治愈他们。林德选择了 10 名海员，分别给他们服用醋、盐水和橙汁，最后发现复原最快的是食谱中增加了柑橘属水果汁的患者。林德的这个实验被认为是历史上第一次进行的临床试验。

1753 年，林德在著作 *A Treatise of the Scurvy* 中宣布了这项试验结果并发出呼吁，促请英国海军在水手的伙食中增加柑橘类果汁。但他无法取得海军当局的赞同，有一部分原因是他的著作中一些观点还存在不足，还有一部分原因是新鲜水果难以长期储存，而当时是把果汁煮沸后储存起來，虽然延长了保存时间，但是服用后发现已经失去了抗坏血病的作用。

但是，伟大的英国探险家詹姆斯·库克（James Cook，1728—1779）船长却被林德医生说服了。他在自己船上的食品储备中加上了橙子。每当船员患病，就让他们饮用橙汁。在他远航太平洋的壮举中，他手下仅有一名船员最后死于坏血病。在库克船长的实践下，进一步肯定了饮用橙汁对治疗和预防坏血病的确切疗效。可是，英国海军仍是不改成规。

直至林德医生去世后的第 2 年，英国海军才做出了让步，橙子终于走上了战舰。从 1795 年起，坏血病逐渐在英国海军中绝迹了。英国军舰上食用酸橙已成为司空见惯的事情，伦敦港区一段储运酸橙的码头则被叫做“橙子仓”。

虽然英国海军部采用了橙汁，商业部却自行其是，因而坏血病在英国商船上仍然猖獗不止。70 年之后，英国商业部于 1865 年才规定商船上的海员也必须每天服用橙汁。但当时仍然不知道橙子中的什么物质对坏血病有治疗作用。

第三个维生素

到了20世纪初，随着化学的发展，科学家们能够鉴别出食物中越来越多的营养成分，并明确不同成分对于生命的意义。与此同时，一些科学家也在不断探索橙子中是否存在能治疗坏血病的物质。最简单、有效的办法就是将橙汁中的不同成分分离出来，然后给坏血病患者逐个服用后观察疗效，也就是进一步通过林德医生开展的临床试验去鉴定抗坏血病成分。但是此时再进行临床试验已经困难重重，因为随着橙汁的推广，坏血病患者越来越少见。

面对问题，科学家们想到如果能够让实验动物患上坏血病不就可以解决了吗。然而，新的困难又出现了，虽然已经知道坏血病与饮食有关，但是应用先前水手们的饮食并不能够成功建立坏血病动物模型。直到1912年，德国医生阿克塞尔·霍尔斯特（Axel Holst，1860—1931）和同事报道了人工诱导的坏血病豚鼠模型，问题才真正解决。他们发现将豚鼠的饮食进一步单一化，去除水手们食谱中的肉类等，只剩谷类食物饲养豚鼠，长时间后就会出现坏血病症状。只要在饲料中增加一点蔬菜，豚鼠的坏血病症状就会消失。他们的豚鼠模型较好地模拟了人类坏血病，为寻找抗坏血病物质奠定了基础。

在坏血病动物模型的基础上，研究人员经过不断尝试，终于在维生素B命名后不久，发现了抗坏血病物质。它像维生素B一样也是一种水溶性物质，但又与维生素B有所不同。维生素B是一种比较稳定的物质，分子不易改变。如果把溶解于水中的维生素B加热，冷却后，仍然具有抗脚气病作用。但如果将抗坏血病物质溶于水中再加热，它的化学结构就会发生变化，不能再用来治疗坏血病。这说明两者是有着显著区别的。因此，1920年英国化学家杰克·塞西尔·德拉蒙德在对维生素进行系统命名时，将这种抗坏血病物质也归为维生素家族，并顺次命名为“维生素C”。

虽然研究证明了维生素C的存在，但是当时并未能分离结晶出维生素C，这就意味着化学家不能确定维生素C的化学结构，阻碍了对其进一步的认识和应用。分离和结晶维生素C的工作是在命名几年后由匈牙利生物化学家圣捷尔吉完成的。有趣的是，圣捷尔吉的研究方向几乎与坏血病和维生素C不沾边。圣捷尔吉最初对肾上腺的功能比较感兴趣。患有艾迪生病（Addison’s disease）的患者表现为肾上腺功能减退，最具有特点的临床表现是色素沉着。同时，圣捷尔吉注意到一些水果（如苹果、香蕉和梨等）腐烂时，也会出现类似的深棕色。圣捷尔吉认为两者之间有一定的关系，因为基于他前期在有氧代谢和细胞呼吸领域所做的工作，他考虑这两个过程的共同点就是细胞氧化反应加速。反过来看，正常肾上腺和水果中应该有一种抗氧化的还原剂存在，因而不会有色素沉着和变色的现象。

于是，圣捷尔吉开始寻找这种还原剂。1928年，他成功地从牛肾上腺中分离结晶出 1 g 还原性物质，并发表论文确定其化学分子式是 $C_6H_8O_6$，称之为己糖醛酸（hexuronic acid）。同时，他在水果中也发现了类似的物质。1929 年，他到美国梅奥医院做研究，附近的屠宰场免费供给他大量牛肾上腺，他从中分离出 25 g 己糖醛酸。他将一半己糖醛酸送给英国化学家霍沃思（Walter Norman Haworth，1883—1950）进行分析工作。可是那时技术尚不成熟，霍沃思没有成功地确定这种物质的化学结构。而圣捷尔吉则拿着另一半进一步研究这种物质的生理功能。经研究发现，这种物质能够令艾迪生病患者的色素沉着消失，因此圣捷尔吉进一步肯定己糖醛酸就是他要找的还原剂。

1930 年，圣捷尔吉回到匈牙利继续他的研究。在这里，他遇到了年轻的同事，改变了他之后的研究方向。这位同事曾经做过不少维生素方面的研究，当他看到圣捷尔吉得到的己糖醛酸时，强烈怀疑这种物质就是维生素 C。于是在第二年，他们通过实验证明己糖醛酸能够治疗坏血病。这么伟大的发现圣捷尔吉觉得结果尚未完全肯定，因此没有急于发表。但是，其他学者也开始关注到己糖醛酸与维生素 C 的关系。1932 年，美国匹兹堡的化学家查尔斯·格兰·金（Charles Glen King，1896—1988）率先在 *Nature* 杂志上报道了柠檬汁中提取的化合物能够治疗坏血病，并且与圣捷尔吉提取的己糖醛酸非常相似。一时间，名不见经传的己糖醛酸成为焦点。圣捷尔吉不为所动，继续在己糖醛酸与维生素 C 的关系方面做着工作，同时与霍沃思继续合作鉴定这种物质的化学结构。功夫不负有心人，维生素 C 的化学结构终于在二人的共同努力下大白于天下。

最终，1937 年的诺贝尔生理学或医学奖颁给了圣捷尔吉和霍沃思，因为圣捷尔吉在维生素 C 和有氧代谢的研究中功不可没，而霍沃思最终确定了维生素 C 的正确化学结构。二人最后决定将维生素 C 命名为抗坏血酸（ascorbic acid）。

维生素 C 的大论战

圣捷尔吉和霍沃思对维生素 C 的研究，为维生素 C 的工业化生产奠定了基础。由于产量高、成本低，维生素 C 被广泛地应用于食品和药品等多个领域。到了 20 世纪后期，似乎已经司空见惯的维生素 C，由于一个著名学者的声音再次成为公众焦点。

1994 年 8 月 19 日，美国著名学者莱纳斯·鲍林在家中逝世，享年 93 岁。多家媒体对他的一生给予高度评价，然而路透社却认为他是“本世纪最受尊敬和最受嘲弄的科学家之一”。之所以说“最受嘲弄”，和鲍林晚年公开发表对维生素 C 应用的观点有密切的关系。

维生素 C 最初的标签是抗坏血病物质，这也是最广为接受的事实。从 20 世纪 30 年代后期到 60 年代，陆续有一些学者报道维生素 C 有益于普通感冒的恢复。这些星星点点的说法随着鲍林《维生素 C 与普通感冒》一书的出版，一下子有了燎原的态势。鲍林在书中强调，维生素 C 可以预防普通感冒，改善普通感冒症状；维生素 C 的服用剂量可以达到 1 000 mg 或更多。鲍林曾两次获得诺贝尔奖，在美国民众心中有很高的地位和影响力。同时，维生素 C 本身安全性较高，在多年使用中很少见到不良反应报道，因此天生就具有大众好感。鲍林的书籍一经出版，民众一致好评，并纷纷将维生素 C 纳入常备药。

鲍林拥有化学家、物理学家、结晶学家和分子生物学家等诸多头衔，却唯独不是临床医生，因此反对声音主要来自医学权威。激烈的反对者认为鲍林不是医生，根本没资格来指导民众使用维生素 C 治疗疾病。甚至有人讽刺他为江湖郎中，呼吁民众不要被虚假宣传蒙蔽。稍微理智的学者也暗暗为他感到惋惜，一个伟大的化学家擅自“闯入”医学界，最终会因为自己的不专业影响声誉。

面对来自公众人物和医学权威的大论战，最有效的办法就是用事实说话。继鲍林的书籍出版后，不少临床试验随即展开去验证书中的观点。在这个时期也是循证医学萌芽和发展的时期，正是由于传统医学过于依赖经验和权威，一些医学工作者开始意识到临床上采取的诊疗措施应该建立在严谨的科学研究结果之上。因此，究竟鲍林和医学权威孰是孰非，需要临床试验的结果来判定。

几年后，不少临床试验陆续有了结果，从普通感冒的预防和治疗两个方面进行了验证。由于儿童和成年人对于维生素 C 的代谢能力不同，试验也针对性地分为两种人群。首先对于普通感冒的疗效，大部分临床试验选择症状的持续时间作为评价指标。综合几个临床试验结果发现，儿童组每日摄入大于 1 g 的维生素 C，与安慰剂组相比，症状持续时间能够缩短约 22%。虽然谁也不确定这个 22% 的水平是否有临床意义，但在试验过程中观察发现，维生素 C 对个体的恢复或多或少还是有一定的作用的。相比儿童组，成年人组的试验选择了更大的剂量，有研究采用每日 6 g 维生素 C 持续 5 日作为补充治疗方案，而且试验进行了更细致的比较，将出现感冒症状 24 h 内服用维生素 C 和 24 h 后服用也作为评价指标。于是有了更有趣的结果，临床试验表明，成年人在出现感冒症状 24 h 内补充大剂量的维生素 C，约 48% 的患者能够缩短症状持续时间；而 24 h 后再补充维生素 C 效果就会大打折扣，仅有 29% 的患者有效。

接着，研究探讨了维生素 C 对于普通感冒的预防作用。但是几个大型的临床试验均未发现维生素 C 能够降低普通感冒的发病率。最后一个问题是关于维生素 C 的使用剂量问题，这一点也是鲍林与医学权威争议最大的地方。鲍林大胆地提出维生素 C 可以每日摄入 1 g 甚至更多，然而当时的营养学会仅推荐维生素 C 每日剂量为几十毫克。后来，一些研究提出儿童每日基本摄入量为 50 mg，成年人每日基本摄入量为 100 mg。但是也有研究认为在疾病状态下，患者对维生素 C 耐受剂量会增大，可以达到几克，甚至 10 g，因此为提高疾病疗效短期内摄入 1 g 以上的维生素 C 也未尝不可。

经过临床试验的验证，这场大论战逐渐平息，最终双方并没有绝对的胜负。

经过试验证明，维生素 C 确实能够辅助治疗普通感冒，但是对于预防感冒却没有太大的意义。因此，在今后的医学发展过程中，仍然需要像鲍林这样提出大胆的观点去打破固有观念。当然，治疗疾病也不能迷信权威，同时需要更严谨的临床试验去验证猜想，希望有更多的临床研究为患者的健康保驾护航。

第二部分　医学生的见闻

师生对话

解

鲍林发起的维生素 C 大论战，其中一个争议在于维生素 C 的使用剂量。任何药物在体内都有一个合适的浓度，低于这个浓度起不到治疗作用，高于这个浓度则会引起毒性作用，而这个合适的浓度区间就是药物治疗窗。维生素 C 的治疗窗比较宽，因而产生了不少争议。同学们不妨结合临床实践讲讲维生素 C 的“正作用”和“副作用”，这样能够进一步加深对治疗窗的认识。

张

我在儿科实习的时候见过一例维生素 C 缺乏症的患儿。随着生活条件的改善，现在很少有儿童出现营养不良症状，因此典型的维生素 C 缺乏症非常少见。而我见过的这一例并非生活条件所致，而是有别的原因，下面就由我给大家讲讲这个病例吧。

程

很好，维生素 C 在临床上有着广泛的应用，对于促进患者的机体代谢和功能康复具有重要的辅助治疗作用。但是，是药三分毒，如果长期大剂量使用维生素 C 会出现什么问题呢？这也是医学权威面对鲍林的观点主要担心的问题。

马

程老师说的我深有体会，维生素 C 在很多人眼里只是营养物质，从来没有想过吃多了还会有不良反应。我在泌尿外科实习就见过一例因维生素 C 食用过量引发的尿路结石案例，在此之后我对于维生素 C 合理应用才有了反思。

解

同学们讲得非常好，接下来，我们就通过这两个案例，一正一负，更客观地认识维生素C的应用。

维生素C的重要性

在儿科实习的时候，有一天从门诊收治入院一位10岁的患儿。这位患儿最开始的主要症状是鼻出血，头皮瘀点、瘀斑。门诊医生怀疑急性白血病，故而安排住院进一步检查。经骨髓检查确诊，很不幸是T细胞急性淋巴细胞白血病。为了取得较好的疗效，化学治疗应该越早越好，一经诊断患儿就接受了规范的化学治疗。

急性白血病的化学治疗一般分为两个阶段，第一个阶段是“诱导缓解”阶段，此时给予足量的化学治疗药物，迅速消灭癌变的白细胞。第二阶段是“强化治疗”阶段，为了防止白血病复发，逐渐延长化学治疗间隔，根据患儿个体情况不同，这个过程可能持续3年以上。而在两个化学治疗阶段之间还有一个间隔，以保证首次化学治疗后，患儿有足够的时间恢复各项生理功能。

这位患儿在第一阶段化学治疗中，效果显著，而且未出现明显的不良反应。因此，化学治疗结束后就安排他先出院了，希望他在这个化学治疗间期能够尽快恢复。然而，没过几天家长就再次来到医院，和主治医生说孩子出现了新的症状。我们听了顿时紧张起来。家长说孩子胳膊和腿上又出现了瘀点，但是和之前不太一样的是，这种皮疹颜色逐渐加深，从提供的照片上看有些色素沉着的表现。带教老师初步判断应该不是白血病复发，而是有别的原因。

为了排除药物反应及其他过敏反应，我们仔细询问了患儿患病以来的饮食和服药情况。患儿服药一直很规律，而且都按照医嘱执行，未服用其他额外药物。但是饮食上自从化学治疗后就有了较大的变化，患儿平时就不爱吃水果、蔬菜，患病后为了迁就他，家长也没有刻意去给他吃水果、蔬菜，想吃什么就给吃什么。我们重新安排患儿入院，进一步对营养状况进行了检查和评估。检查结果显示，血液维生素C的浓度低于5 μmol/L，达到了维生素C缺乏症的诊断标准。之后排除了药物反应和过敏反应的可能，最终诊断维生素C缺乏症。

患儿本身有急性白血病，维生素C的缺乏非常不利于病情的恢复。此时通过调节饮食不能很快解决问题，因此给予维生素C的补充治疗。经过1周的大剂量补充，然后数月小剂量的维持，患儿的血液维生素C达到了正常水平。在进一步饮食调整后，患儿的营养状况明显改善，为第二阶段的化学治疗打好了基础。

维生素C是机体新陈代谢必不可少的营养物质，但是人体不能自身合成维生素C，因此需要通过食物补充。维生素C能够影响胶原蛋白的合成，而胶原蛋白是构成骨、软骨、牙齿、皮肤、血管壁、肌腱、韧带及瘢痕组织的重要成分。维生素 C 缺乏时可使胶原纤维的形成发生障碍，影响结缔组织功能，因而导致毛细血管内皮细胞间缺乏胶原纤维，以致毛细血管脆性及血管壁渗透性增加，容易造成出血。同时，骨骼的正常代谢过程也离不开维生素 C 的作用，当缺乏维生素 C 时，成骨作用被抑制，不能形成骨组织，容易骨折和骨骺分离，甚至发生骨萎缩。此外，维生素 C 影响儿茶酚胺类神经递质的代谢，缺乏维生素 C 会影响神经功能，出现疲劳和虚弱感。维生素 C 缺乏引起的这些表现正是坏血病的主要临床症状。本例患儿再次出现的出血倾向，也正是由于维生素 C 缺乏导致的。

这个病例给我最大的启发就是临床工作中，除了密切观察患者的病情和疗效，患者的饮食起居习惯也要密切关注，因为合理的营养支持、健康的生活方式也是疾病恢复的重要因素。进行健康宣教，理应是治疗疾病的重要环节。

维生素 C 过量导致尿石症

在泌尿外科实习时，急诊遇到的患者许多是尿路结石。一天值班，又来了一位患者考虑为尿路结石。带教老师接到电话后，和我一起去看患者。我虽然实习时间不长，但是已经见到不少类似患者，也觉得见怪不怪了。然而，当我看到患者时，还是大吃一惊，因为我还是头一次见到年仅 9 岁的患儿出现尿路结石。

患儿因突然出现左腰部剧烈疼痛、恶心、呕吐等症状，被家长送到急诊。为了明确诊断，带教老师让患儿进行 X 线平片检查，结果显示左肾轻度积水伴左输尿管上段扩张、左输尿管中下段结石。结合患儿个体情况和结石特点，带教老师决定采用碎石机为患儿进行体外冲击波碎石治疗，2 天后患儿排尿时排出了结石。

接下来的问题是患儿的结石是从哪儿来的。尿液化验结果显示，24 h 尿草酸含量是 278.94 mg，高于正常值 6 倍（正常值 45 mg/24 h）。带教老师讲到，出现这样的结果肯定与孩子的饮食习惯有关。经询问得知，患儿经常用维生素 C 泡腾片泡水喝。家长听说维生素 C 能够预防感冒，于是从孩子 3 岁起就经常给孩子喝维生素 C 泡腾片水，有时候一天会喝 3 片。这种维生素 C 泡腾片每片含有 1 g 维生素 C，这就意味着患儿维生素 C 的摄入量最高可达每日 3 g，远高于儿童的推荐每日摄入量。

为了防止孩子再次出现尿路结石，我们先让家长逐渐减少给孩子服用维生素 C 的剂量，直到完全停止，其他饮食暂不调整。过了 3 个月复查，尿草酸已降至正常水平，而且再未出现尿路结石。因此可以肯定，患儿的尿路结石是由于维生素 C 过量引起的。

我们都知道，新鲜蔬菜中，辣椒、茼蒿、苦瓜、豆角、菠菜和韭菜等维生素

C 含量丰富；水果中，酸枣、鲜枣、草莓、柑橘和柠檬等维生素 C 含量最多。这些对我们来说都是生活常识。同时，我们一直听到的都是维生素 C 的各种益处，包括参与抗体及胶原形成，组织修复，苯丙氨酸、酪氨酸、叶酸的代谢，铁、糖类的利用，脂肪、蛋白质的合成等新陈代谢过程。同时，维生素 C 还具有抗氧化、抗自由基、抑制酪氨酸酶的作用，能够抗衰老、美颜淡斑。加上维生素 C 价格便宜，如果想额外补充维生素 C 非常容易。这些都成为过量服用维生素 C 的重要条件。

维生素 C 作为公众最熟悉的一种维生素，被认为毒性最小，因此至今有不少人相信大剂量的维生素 C 能够预防感冒。然而，过量服用维生素 C 不会有任何影响吗？当然不是，凡事都要适度，维生素 C 摄入过量仍然会影响健康。维生素 C 过量可增加肠蠕动，引起腹部绞痛、腹泻，还可引起皮疹、胃酸过多、胃液反流。对于肾功能较差的人，维生素 C 可能诱发尿路结石。儿童如果长期服用大剂量维生素 C，可能影响骨骼的发育。适龄妇女服用大剂量维生素 C 还可降低生育能力，影响胎儿的发育。

值得注意的是，长期服用大剂量维生素 C 的人一旦停止服用，机体仍保持对维生素 C 的高分解率和高排泄率，以致在食物中维生素 C 含量足够的情况下会出现缺乏维生素 C 的症状。所以大量服用维生素 C 后不可突然停药，如果突然停药会引起药物的戒断反应，使症状加重或复发，应逐渐减量直至完全停药。本例中带教老师正是考虑到这一点，特意嘱咐家长不可以直接停止服用维生素 C 泡腾片。

维生素 C 过量之所以会引起尿路结石，与其在体内的代谢过程有关。摄入维生素 C 在十二指肠和空肠上部吸收入血，然后随着血液循环到达全身各个组织器官。体内维生素 C 大部分会分解为草酸随着尿液排出，其余部分仍以维生素 C 的形式从尿液排出。问题的关键在于草酸的代谢，虽然维生素 C 不是尿草酸的唯一来源，但是过量的维生素 C 仍会增加尿草酸的含量。草酸在从肾排出过程中会与钙结合，形成草酸钙，而过量的草酸钙正是尿路结石的主要原料。儿童由于肾的排泄功能尚未发育完善，加上输尿管较细，因此最终导致结石的发生。

通过这次的所见所闻，我对维生素 C 的合理使用也有了新的认识。虽然维生素 C 不像其他维生素一样容易引起中毒症状，但是作为补充药物服用时仍然要遵循推荐剂量。特别是儿童的新陈代谢功能尚未成熟，更要注意合理使用。

第22期　血液的守护神

本期人物

乔治·迈诺特（George Minot，1885—1950），美国医学家，在治疗恶性贫血患者时，发现食用动物肝能够迅速改善症状，挽救了大量生命，为此获得1934年诺贝尔生理学或医学奖。

亨利克·达姆（Henrik Dam，1895—1976），丹麦生物化学家、生理学家，因发现维生素K，并明确其生理作用，获得1943年诺贝尔生理学或医学奖。

王振义（1924—），中国血液学专家，中国血栓与止血专业的开创者之一，被誉为“癌症诱导分化之父”。首创用全反式维A酸治疗急性早幼粒细胞白血病。

第一部分　科学家的故事

师生对话

本期成员为：解军教授（以下简称解），程景民教授（以下简称程），李琦同学（以下简称李），马小雯同学（以下简称马），张雨薇同学（以下简称张）。

解

同学们，时间过得真快，转眼间我们进入最后一期内容。按照之前的逻辑，我们应该继续依照D、E的顺序来认识维生素家族。但是，继维生素B和维生素C之后陆续发现的其他维生素，故事比较零散。因此，我认为本期可以围绕一个专题展开，让大家有一个更系统的认识。那么，选择什么专题比较适合呢？

李

解老师的建议非常好，解决了我们的困惑。在查阅资料过程中，我们发现如果继续依次讲解维生素的故事，由于信息量的缩减将会使得故事效果大打折扣，选择一个专题是最好的办法。而这个专题我建议选择血液疾病，因为资料显示，许多维生素都与血液系统有关，如维生素A、维生素C、维生素E和维生素K等。

解

很好，最后一期内容我们就围绕血液病展开。维生素的发现为许多血液病提供了治疗办法，因此其意义远不止大家所了解的保健营养作用。贫血、出血、白血病这三类血液病是大家比较熟悉的，同时也代表了血液系统的主要问题，我们不如就从这三种疾病入手，去了解维生素在治疗中发挥的作用。

张

据我了解，出血性疾病是一种凝血功能障碍引起的疾病，而凝血本身就是一个比较复杂的生理过程，其中就有维生素K的参与。

马

是的，维生素K参与多种凝血因子的合成，如凝血因子Ⅱ、Ⅶ、Ⅸ和Ⅹ。因此，我觉得通过维生素K的故事，我们可以进一步认识凝血功能和出血性疾病的相关机制。

程

很好，对于血液病，我们不如直接分为三个方向，即红细胞相关疾病、白细胞相关疾病和血小板相关疾病。出血性疾病就是血小板相关疾病的代表，而通过维生素K希望大家对这个方向的问题能够有进一步的认识。接下来，还有两个方向的问题，同学们继续谈谈自己的见解。

马：白细胞相关疾病最具代表性的莫过于白血病了。说起白血病，大家都会有些紧张，但是有一种白血病的治疗得益于维生素 A 的一种衍生物，而获得这一成就的是一位中国科学家，这也是本书提到的第一位中国科学家。

李：你说的是中国的王振义院士吧。他开创了全反式维 A 酸治疗急性早幼粒细胞白血病的先河，为人类探索出一条全新的癌症治疗途径。我之前在新闻报道中读过王振义先生的故事，就让我来给大家讲讲吧。王振义出生在上海，自幼勤奋好学，喜欢刨根问底。在他 7 岁那年，祖母不幸病逝，从此父亲希望子女中有一人能够从医，幼年王振义也暗自下了从医的决心。后来，他投身医疗事业，作为一名医学家，他拯救了数不清的患者；作为一名科学家，他取得了一系列具有国际影响的科研成果；作为一名教育家，他为国家培养了众多优秀的血液学专业人才。

解：说完白血病，红细胞相关的疾病中最令人头疼的莫过于贫血了。特别是在 20 世纪初那个战乱年代，许多人因为贫血而死。找到贫血的病因对于当时的科学家而言是一个重要的难题。

马：维生素 B_{12} 的发现为巨幼细胞贫血提供了有效的治疗途径，而且现在的临床中依然存在因维生素 B_{12} 缺乏导致恶性贫血的例子。维生素 B_{12} 主要经胃肠道吸收。因此，胃肠功能对于这类贫血是至关重要的。

张：维生素 B_{12} 作为甲基转移酶的辅助因子，通过参与甲基转运，影响叶酸利用，调节核酸和蛋白质的合成，影响红细胞的合成和成熟，所以生活中要注意膳食平衡和营养平衡。

解：很好，无数科学家们为人类认识和治疗疾病做出了不朽的贡献。我们不仅要继承他们在医学上的知识成果，也要学习他们的优秀品质。医德与医术同样重要。接下来，就让我们开始维生素与血液病之间的故事吧。

贫血、出血和白血病等血液病对大家来说都不陌生。贫血让人变得憔悴，出血疾病让人变得脆弱，而白血病很多时候则相当于宣判死刑。血液系统的疾病对人体的影响是十分广泛的，而长期以来我们都缺乏相应的治疗措施，显得有点力不从心。终于，维生素的发现为这些血液病的治疗提供了许多有效的方案，它们就像一个个精灵，默默地守护着我们的血液系统。

红细胞的守护神

红细胞是血液中的主力军，通过血红蛋白将氧气运送至机体各组织器官，是有氧代谢的重要保障。红细胞数量或血红蛋白含量低于正常值时，就会影响机体各个系统的正常代谢，出现贫血症状。在我们的常识中，贫血似乎不是很严重的疾病。然而，一百多年前欧美地区接连报道过一种贫血，用尽各种治疗方法都无效，常在 1 ~ 3 年内死亡，被称为恶性贫血。这种贫血的血细胞特点是，红细胞数量严重减少，仅为正常人的 1/10，其中还有一些巨大淡染的红细胞。

1912 年，还是实习医生的迈诺特就亲眼目睹了这种恶性贫血。他看到许多患者经历了反反复复的复发与缓解，尝试了当时所有的治疗手段，包括砷治疗、输血和脾切除等，最后患者还是痛苦地死去。迈诺特触动很大，决心寻找治疗这种疾病的办法。虽然只是个初生牛犊，迈诺特却有了大胆的想法，他猜测食物中或许有一种成分能够治疗这种恶性贫血。

之所以有这样的猜想，与迈诺特不断查阅资料和认真钻研密不可分。他了解到许多恶性贫血患者的胃功能存在一定问题。早在 19 世纪 50 年代，英国医生就发现这类患者存在胃液缺乏问题。不久，另一位美国医生也发表了类似的观点，认为这种致死性贫血病是因胃液缺乏引起的消化不良所致。还有研究通过尸检发现，恶性贫血患者胃中的腺体大量萎缩。基于这些研究报道，迈诺特推测，肯定是胃液缺乏引起食物中某种营养成分的吸收障碍，导致了恶性贫血，因此他接下来的工作重点就是去寻找食物中的有效成分。

这是一项棘手的工作，食物中的营养成分复杂多样，要想找到治疗恶性贫血的有效成分如同大海捞针。迈诺特于 1915 年正式开始了探索工作，其间他了解到有些研究人员认为高脂肪食物会引起红细胞破坏，于是将患者饮食调整为低脂饮食，但是收效甚微。而另一些研究报道发现，将患者饮食调整为以肉类为主的高蛋白质饮食，竟然对贫血产生了一定的效果。迈诺特认为，高蛋白质可能促进血红蛋白的合成，虽然这还不能彻底解决疾病的源头，不过从蛋白质含量高的动物组织入手或许是条出路。

一晃几年过去了，迈诺特仍然在坚持他的研究。在偶然阅读的一篇论文中，他注意到研究人员通过连续给实验犬放血建立了慢性贫血模型，饲以肝组织能够迅速改善贫血症状，促进血红蛋白再生。迈诺特猜测会不会肝中有特殊的成分，既然对实验犬有效，不如给恶性贫血患者也试一试。

从 1924 年至 1925 年初，一小部分患者开始接受迈诺特提出的肝疗法。他们每天的饮食中都会加入动物肝，一段时间后，他们的贫血症状得到了明显的改善，效果比迈诺特预期的要好很多。迈诺特并没有因为初见成效而止步于此，他认为要验证食用肝对恶性贫血的疗效，还需要更大样本的临床试验，并严格地设置对照。于是从 1926 年开始，迈诺特和助手开始了严谨的临床试验。他们将食用肝的患者例数扩大到 45 例。经过对患者仔细的观察发现，大部分患者食用肝 1 周内贫血症状就会缓解，2 个月以内红细胞计数就基本接近正常水平。

临床试验获得了成功，迈诺特并没有就此停止，他试图进一步从肝中寻找治疗恶性贫血的有效成分。多亏哈佛大学生理学实验室的帮助，迈诺特得到了肝提取物的口服制剂。然而，效果并不理想。随着迈诺特经验的不断积累，他们于 1929 年发现，将肝提取物通过静脉给药的方式能够发挥较好的疗效，而且所需剂量大大降低。他们的尝试也经过了德国医生的进一步证实。在此基础上，他们提出了肝提取物的肠外营养疗法。这种方法对于严重胃肠疾病的患者非常有效，因为肠外营养可以不经过胃肠吸收直接让营养物质进入血液供机体代谢。

此外，迈诺特还观察了肝疗法对恶性贫血患者神经症状的疗效。除了造血系统受累，恶性贫血患者还表现出神经系统受损症状，包括乏力、手足麻木和步态不稳等。通过对 100 例患者近 3 年的追踪随访，不少患者神经系统异常症状和体征逐渐减轻，最终恢复正常。总之，作为一名临床医生，迈诺特全面、系统地观察了肝疗法对恶性贫血患者的疗效，唯一遗憾的是他未能进一步从肝提取物中分离出有效化合物。

直到 1947 年，美国女科学家在牛肝浸液中发现了一种含钴化合物，经实验证实，这种物质就是迈诺特苦心寻找的抗恶性贫血物质。由于其成分上与维生素相似，故被纳入维生素家族，命名为维生素 B_{12}，也称为抗恶性贫血维生素。这种维生素与其他 B 族维生素不同的是，一般植物中含量极少，而肝、瘦肉、鱼、牛奶及鸡蛋中含量较多。

维生素 B_{12} 的发现也帮助我们更好地解开迈诺特肝疗法的前因后果。实际上，迈诺特在实验犬的启发下提出肝疗法，可以说是“歪打正着”。实验犬连续放血后引起的贫血属于慢性失血性贫血，而恶性贫血患者的贫血则是现在所说的巨幼细胞贫血。这两种贫血的发病机制大不相同，前者只是各种原因导致的红细胞数量减少，而后者与红细胞生成过程中的代谢活动，特别是维生素 B_{12} 的缺乏密切相关。因此，对于慢性失血性贫血需要及时补充造血原料，如铁、蛋白质等，而巨幼细胞贫血需要及时补充维生素 B_{12}。幸运的是，肝组织所含营养成分比较丰富，富含蛋白质、铁、维生素 B_{12} 等多种成分，被誉为补血佳品，因而迈诺特“侥幸”获得成功。

恶性贫血患者之所以会出现维生素 B_{12} 缺乏，与其消化吸收过程密切相关。

维生素 B_{12} 在胃中首先要与内因子（胃分泌的一种糖蛋白）结合，然后才能在肠道吸收。早在迈诺特之前就发现恶性贫血患者存在胃酸缺乏、胃分泌功能下降的问题，因此内因子缺乏导致维生素 B_{12} 吸收障碍。进入机体的维生素 B_{12} 对叶酸的代谢有重要作用，当维生素 B_{12} 缺乏使得叶酸代谢受累时，核酸与蛋白质生物合成就会受到影响，进而影响红细胞的生成和成熟。

我们不禁提出疑问，恶性贫血患者的主要问题在于维生素 B_{12} 吸收障碍，为什么通过肝疗法补充维生素 B_{12} 仍然有效。这是因为人体对维生素 B_{12} 的需要量极少，人体每天约需 12 μg，在一般情况下不会缺少，只有在疾病、年老、严格素食、妊娠等情况下才容易缺乏。因此，当通过肝疗法适当增加恶性贫血患者的维生素 B_{12} 摄入水平时，就能通过略微增加的吸收量改善症状。这也就更能理解为什么之后通过肠外营养的方式静脉给予维生素 B_{12}，需要的剂量大大降低。

止血良药

血小板是血液中的护卫队，当出血时能够及时止血和凝血，防止血液成分的进一步流失，维持血液系统各项功能的稳定。在止血和凝血过程中，血小板需要与一系列凝血因子和凝血酶相互配合，共同完成保护任务。任何环节出现问题，都会引起出血表现，如皮肤瘀点、瘀斑，黑便，鼻出血，月经量增多等。急性出血会引起失血性休克而危及生命，慢性失血则容易引起贫血。面对这些情况，迫切需要有效的止血药物。

丹麦生物化学家达姆在研究胆固醇代谢过程中，无意间发现了一种止血物质，为许多棘手的出血问题提供了一剂良药。有趣的是，这种物质的发现与艾克曼发现抗脚气病物质的经历很相似，同样是在鸡饲料中找到了线索。

1928—1930 年，达姆在哥本哈根大学生物化学研究所从事雏鸡胆固醇代谢的研究工作。当时已经发现，实验大、小鼠和实验犬能够通过自身代谢合成胆固醇，但是达姆注意到一些文献报道，如果用类似的去除固醇类物质的食物饲养雏鸡，这些雏鸡就不能正常生长发育，意味着雏鸡的代谢方式不同，不能自行合成胆固醇。达姆对这个现象非常感兴趣，决定重复实验一探究竟。

当时维生素的重要性日益得到关注，但是许多维生素的功能还未完全研究清楚。达姆猜测会不会是缺乏维生素 A 和维生素 D 这类脂溶性的维生素造成的。为了排除维生素缺乏给实验造成的干扰，他在去除固醇类物质的鸡饲料中添加了鱼肝油，用以补充脂溶性维生素 A 和维生素 D，同时已经证实这种鱼肝油中胆固醇的含量非常少。达姆对比用这种方式饲养的雏鸡和刚出生的雏鸡体内胆固醇含量的变化，他发现刚出生的雏鸡在 2 ~ 3 周内会将蛋黄中携带的胆固醇消耗殆尽，之后随着体重的增长胆固醇的含量也逐渐增高。于是，达姆证明雏鸡也能够在原料充足的条件下自行合成胆固醇。

故事并没有就此结束，在实验过程中，达姆有了意外发现。他发现，在部分雏鸡的皮下、肌肉当中乃至全身的不同部位都有出血症状，而且采集到的血样还发生了凝血迟缓的现象。但是可以肯定的是，这种出血和胆固醇缺乏没有直接关系，因为达姆已经证明雏鸡可以自行合成胆固醇，而且进一步的实验发现，在饲料中添加胆固醇后也没有改善症状，更说明了两者之间缺乏联系。

不久之后，来自加拿大的研究团队也报道了相似的现象。他们也是在验证雏鸡对维生素 A 和维生素 D 的需求时发现了出血现象和凝血延长现象。同时，研究还指出，这种现象与饲料中添加肉类提取物有关，而正常的肉食则没有影响。遗憾的是，这个团队并没有对这个现象进一步追踪。

与此同时，加利福尼亚大学的研究人员发现用新鲜的卷心菜饲养雏鸡，出血症状就会逐渐好转。他们认为，这种出血现象是由于缺乏维生素 C 而引起的坏血病。此时，维生素 C 已经能够提取出来，达姆将维生素 C 化合物的溶液注射给雏鸡后，没有明显效果，于是达姆认为应该是维生素 C 之外的物质。解决问题的唯一途径还是需要从食物成分中寻找答案。达姆继续扩大食物范围，经过多次实验他发现，如果在鸡饲料中提高谷类和种子食物的比例，出血症状能够得到改善。进行这么多次实验后，达姆于 1934 年提出雏鸡出血的原因，应该是由于食物中缺乏某种新的未知的营养成分导致的。

实验还在继续，达姆对大量不同动物组织和植物食材进行比较后，发现植物种子、绿叶和动物肝对于出血的改善效果最为明显。锁定来源之后，达姆进一步从苜蓿种子中鉴定出这是一种脂溶性的物质，符合维生素的特点，因此于 1935 年将这种物质命名为维生素 K。值得注意的是，维生素 K 是维生素家族中唯一一个不按照字母顺序顺次命名的维生素，字母 K 来自斯堪的纳维亚文和德文中“koagulation”（凝固）一词的首字母。

在达姆命名维生素 K 不久后，美国化学家多伊西（Edward A. Doisy，1893—1986）于 1939 年从鲜肉中成功分离出维生素 K。经过研究发现，从苜蓿种子和鲜肉中分离出的维生素 K 作用相似但化学结构略有不同，因而将前者称为维生素 K_1，后者称为维生素 K_2。同年，他测定了维生素 K 的化学结构，确认它是一种萘醌的衍生物，并在不久之后，成功地在实验室合成了维生素 K，从而大大促进了维生素 K 在医疗领域的应用。由于达姆和多伊西分别在理论和实践中对维生素 K 的发现和应用做出了重大贡献，两人一同获得了 1943 年的诺贝尔生理学或医学奖。

发现维生素 K 之后，达姆与同事一直致力于维生素 K 促凝血机制的研究。组织破损后的血液凝固过程是一个非常复杂的生理过程。其实，平时血液系统已经为应对出血做好了准备。血液中的血小板、凝血酶原和纤维蛋白原是三个关键角色，都处于待命状态，随着血液循环不断流动。当血管破裂时，血小板首先冲锋上阵，及时填补破口。然后就开始一系列启动工作，将凝血酶原激活为凝血酶。最后，凝血酶的作用是使血液中的纤维蛋白原转变为细网状沉淀的纤维蛋白，从而使血液凝固。机体正是通过多重保险避免平时错误触发凝血系统。在启动凝血酶原的过程中，需要一系列凝血因子的顺次激活，其中凝血因子Ⅱ、Ⅶ、Ⅸ和Ⅹ的合成需要维生素 K（图 22-1）。当维生素 K 缺乏时，这几种凝血因子合成减少，从而导致凝血酶原不能正常激活，引起凝血障碍。

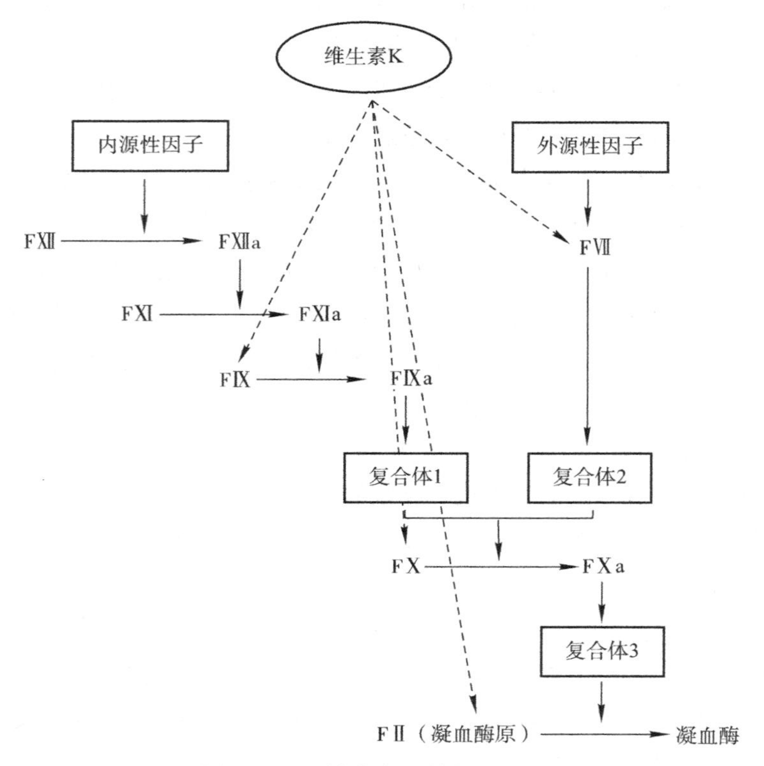

图 22-1 维生素 K 的凝血机制

此外，维生素 K 还参与骨骼代谢，能够促进骨骼中磷酸钙的合成。有研究发现，老年人的骨密度与维生素 K 的含量正相关。因此在补充钙和维生素 D 的同时，也需要多吃蔬菜和肉类补充维生素 K。

白血病的新疗法

白细胞是血液中的武装力量，能够及时发现并消灭入侵机体的“外敌”，为健康保驾护航。正常情况下，白细胞由于分工不同，又细分为粒细胞、单核细胞和淋巴细胞三大类。这些不同种类的白细胞均来源于造血干细胞增殖产生的原始细胞，并在特定分子的诱导下逐渐从幼稚细胞分化为成熟的各类白细胞。当这个过程中某些环节出现问题引起增殖失控、分化障碍时，停留在相应分化阶段的异常白细胞大量增殖积累，抑制正常造血功能，并侵犯其他器官，就出现了我们所知的白血病。

早在 1847 年，德国细胞病理学之父鲁道夫·魏尔啸（Rudolf Virchow，1821—1902）通过显微镜观察患者的血液，将这种白细胞异常增多的疾病命名为白血病。得了白血病的患者会出现贫血、发热、牙龈出血、肝脾大，机体越来越虚弱，不久后死亡。但是，这种病一直是不治之症，直到 1946 年全球首次成功地应用化学治疗药物使白血病得到缓解。此后，白血病的化学治疗方案不断改进完善，对于不同类型的白血病也有了对应的治疗措施，白血病不再是无药可救的绝症。

时间到了 20 世纪 50 年代，对于刚成立的中华人民共和国来说，温饱问题还未解决，天价的化学治疗药物对中国人民而言更是遥不可及。当时刚工作不久的王振义毅然选择了相对冷门的血液科，并于 1959 年挑起了上海广慈医院白血病病区主任的担子，决心挑战白血病治疗的难题，为中国人民寻找良方。

白血病的化学治疗随着时间的推移也逐渐出现了许多弊端，一方面患者会出现耐药性而疗效下降，另一方面，化学治疗的不良反应又给患者带来新的痛苦。王振义在之后十几年的工作期间，虽然几经调动，仍不忘关注白血病的治疗进展。1973 年，再次回到广慈医院的王振义开始白血病的研究工作。他带领几名研究生在一间破旧的小屋子中开始细胞实验。细胞实验首先要给细胞一个适宜的生长环境，但是在 70 年代，细胞培养箱还是非常稀罕的物件，他们克服困难，自己动手搭建了细胞培养设备。就在这简陋的条件下开始了白血病的各项实验。

当时国际上对白血病的治疗也出现了新的思路，以色列科学家发现在一定条件下能够诱导实验小鼠的恶性白细胞分化为正常白细胞。王振义对这种诱导分化的思路非常感兴趣，他比喻说："肿瘤细胞就像自己的孩子中有一个变坏了，我是打他呢？还是教导他呢？常规的治疗方法认为，肿瘤细胞一定要杀掉。就是用化学药物的治疗，叫化疗。化疗有一个缺点，不仅是把肿瘤细胞毒死了，正常细胞也受到了严重的损害。而我们这个治疗方法，叫诱导分化，就是劝导它弃邪归正。"

1983 年，美国科学家尝试应用顺式维 A 酸诱导治疗急性早幼粒细胞白血病，虽然没有取得成功，但是王振义仍然决定要进行尝试。因为急性早幼粒细胞白血病细胞分化程度低，恶性度较高，病情极度凶险，病死率高，当时患者从发病到去世不超过 1 周。国内当时只能找到全反式维 A 酸，王振义决定先拿全反式维 A 酸进行细胞实验。

顺式维 A 酸和全反式维 A 酸是一对空间异构体，属于维生素 A 的衍生物，因此一提到维 A 酸许多人就会想到维生素 A。但是维 A 酸有另一番功效。作为维生素 A 的代谢中间产物，维 A 酸主要有影响骨的生长和促进上皮细胞增生、分化、角质溶解等代谢作用。因此，维 A 酸较早用于皮肤病的治疗。

王振义用全反式维 A 酸在细胞实验中取得了成功，却遭到同行的否定和嘲讽。大家都觉得用治疗皮肤病的软膏就能攻克最为凶险的急性早幼粒细胞白血病，实属天方夜谭。当时已经 61 岁的王振义并没有放弃，而是等待合适的机会通过临床试验验证疗效。

1986年5月，上海儿童医院收治了一名5岁小女孩，确诊为急性早幼粒细胞白血病，已病得奄奄一息。同是血液病专业的夫人谢竞雄医生把这个病例告诉了王振义。王振义查看病情后考虑如果不采取措施，等待患儿的只有死亡，于是试探着对患儿父母说："我有一种新疗法可以一试。"虽然家长同意了新疗法，但是许多同行还是劝王振义慎重，如果尝试不成功，家属也有可能会迁怒于新疗法。但王振义仍然坚持治疗。首先，体外细胞实验证明这个药物是有效的。更关键的是，用王振义的话说："我的思想很'端正'，我不是拿病人做试验，而是从病人需要考虑。为了挽救生命，冒险是值得的。"

终于在王振义的大胆坚持下，患儿的病情得到了控制。这次试验的成功代表着世界第一例成功治疗急性早幼粒细胞白血病的案例，同时也首次通过事实证明诱导分化理论是科学的。之后24例患者使用该疗法后有23例得到缓解，试验结果发表在*Blood*杂志上，得到了全世界的认可。

后来研究发现，全反式维A酸治疗急性早幼粒细胞白血病是顺式维A酸疗效的10倍，当年的无奈之举反而成为正确的选择。虽然有一定的运气成分，但是关键离不开王振义的大胆尝试与不懈努力。此后，针对全反式维A酸出现的耐药情况，王振义从中药砒霜中找到新药物——三氧化二砷，与全反式维A酸联合使用，为更多的患者带来福音。王振义用毕生心血为中国添置了两种良药，但是他并没有去申请专利，只为更多的人能看得起病，吃得起药。

第二部分 医学生的见闻

师生对话

程：维生素的不断发现为疾病的认识和治疗提供了越来越多的思路和途径，特别是在战乱年代，因食物缺乏导致的维生素缺乏症更为普遍。于是，有人可能认为，我们身处和平年代，物质充裕，基本不会有维生素缺乏症了，事实确实如此吗？

马：不是的，正如我刚才所说的，维生素B_{12}的吸收会受到胃肠功能的影响。因此，当胃肠功能受损时，如手术之后，维生素B_{12}的吸收就容易受到影响。

另外，现在有部分人为了追求所谓的养生，奉行素食主义。我在实习的时候就见过一例因素食导致的维生素 B_{12} 缺乏症。

张

解

很好，那就由你来讲讲关于维生素 B_{12} 的临床见闻吧。除了维生素 B_{12}，大家还有没有别的案例？

我再来补充一个案例吧，那是我在急诊科实习的时候见到的一例维生素K缺乏引起的凝血障碍。

李

解

好的，最后在我们新陈代谢之旅即将结束之际，我来总结一下。科学发现往往基于一些机缘巧合，从“不可能”变成“可能”。而这看似是运气使然，实则离不开科学家们的细心观察和不懈努力。纵观我们总共22期的活动，一个个科学发现故事，无不讲述着这样一个道理。希望他们的故事和精神能够给同学们日后的学术生涯带来启示，带来动力。谢谢大家！

素食主义的烦恼

随着生活条件的改善，温饱问题解决后，人们越来越重视健康，追求养生。在许多人眼中，健康的饮食就是多吃蔬菜、水果，于是出现了一些素食主义者。有些严格的素食主义者坚决不吃任何含有肉、蛋、奶的食物。我随带教老师出门诊时就见到一位素食主义者，但是素食非但没有带来好处，还徒增许多烦恼。

这是一位56岁的男性患者，最近频繁出现头晕、乏力、肢体麻木等症状，而且近半年来体重减轻了约15 kg。进一步询问既往病史，他平素身体健康，没有高血压、糖尿病之类的问题，也没有任何遗传疾病，而且不吸烟，不喝酒。由于工作单位的政策，他可以享受提前退休，于是55岁就提前退休了。退休生活开始后，他比较关注健康养生节目，听说素食能够预防心脑血管疾病，于是开始尝试素食。

了解到这些情况后，我们分析认为患者有一年多的素食经历，首先要排除蛋白质和维生素的缺乏症。于是先给患者安排了化验检查。血常规结果提示患者有轻度贫血，同时维生素检测发现维生素 B_{12} 低于正常水平。排除其他神经系统和血液系统疾病后，诊断为维生素 B_{12} 缺乏症。给予维生素 B_{12} 连续肌内注射1周，然后改为隔日肌内注射1次，1个月后改为口服。同时建议患者调整饮食结构，注意补充肉类食物。3个月后随访，患者体重有所增加，不适症状消失，血维生素B_{12}也恢复到正常水平。

维生素B_{12}主要存在于肉类食物中，动物肝含量较高，减少肉类的摄入就会减少维生素B_{12}的来源。同时，其吸收主要受胃肠功能的影响，特别是胃病引起的内因子缺乏容易导致吸收不良。因此，凡是涉及这两种因素的患者都要警惕维生素B_{12}缺乏症，如老年人、素食主义者、胃部手术史、慢性胃炎、长期酗酒、长期服用抗酸药及携带HIV等。

维生素B_{12}缺乏主要累及造血系统和神经系统。本例患者主要以神经系统症状为主，与神经髓鞘的损伤有关。维生素B_{12}除了影响造血系统之外，还维护神经髓鞘的代谢与功能。神经髓鞘如同导线外周的绝缘层，为神经信号的传导提供保障。当神经髓鞘损伤时，就会出现神经系统症状。

对于维生素B_{12}缺乏症的治疗，肌内注射补充是见效最快的。但是肌内注射补充只适合短期迅速提高维生素B_{12}的血液浓度，如果肌内注射过量可能会引起哮喘、荨麻疹等过敏反应，还可引起神经兴奋，出现心悸等症状。

总之，追求养生一定要有度，只有全面均衡的饮食才是健康的保证。

维生素K缺乏症

春节刚过不久，节日的气息还未散去，来医院就诊的患者不是很多，急诊大厅显得有些冷清。我正闲着没事，这时一位家长带着一个小男孩匆匆赶来。经询问了解到，患儿随父母走亲戚时不慎摔倒造成头皮擦伤。本来不是什么大问题，但是伤口一直血流不止，这下家长觉得不对劲，于是赶紧来了医院。带教老师查看伤口后，考虑凝血功能障碍，先给患儿进行抽血检查，等待结果的同时，我们进一步了解情况。

据了解，前段时间患儿间断流鼻血5次，家长以为上火没有在意。在此之前，患儿查出有原发性胆汁酸腹泻，服用考来烯胺，并补充维生素D，未服用其他药物。这时检查结果出来了，显示中度贫血，细胞形态正常，凝血酶原时间（PT）延长，活化部分凝血活酶时间（APTT）延长，凝血酶时间（TT）正常。凝血因子活性测定显示，凝血因子Ⅱ、Ⅶ、Ⅸ、Ⅹ严重不足，综合检查结果，高度怀疑维生素K缺乏。于是进一步检测血液维生素K含量后确诊维生素K缺乏症。

治疗过程中，嘱患儿停用考来烯胺，并立即给予静脉注射维生素K，同时输注含维生素K依赖性凝血因子Ⅱ、Ⅶ、Ⅸ、Ⅹ的凝血酶原复合物，来控制活动性出血，并给予适量的浓缩红细胞以纠正贫血症状。输入凝血酶原复合物半小时后，出血立即停止。复查凝血功能时发现，PT和APTT恢复正常。5天后，患者出院。嘱其出院后，继续口服水溶性维生素K来防止进一步出血。在2周后的复诊中未发现患者有任何出血症状，且 PT、APTT 检测正常。

本例的核心问题在于考来烯胺这种药物。患儿有原发性胆汁酸腹泻，这种疾病是由于肠道中的胆汁酸吸收不良，造成肠道渗透压改变引起腹泻。考来烯胺能够加速胆汁酸的排泄，从而减轻腹泻症状。但是，服用考来烯胺最大的问题就是容易引起维生素的缺乏。维生素 K 是一种脂溶性维生素，80%～85% 的维生素 K 在回肠末段吸收，依赖于胆盐和脂肪的正常吸收。本例患儿有胆汁酸吸收不良，在一定程度上影响维生素 K 的吸收途径。同时考来烯胺还会与维生素 K 结合排泄，加速维生素 K 的流失。另外，由于维生素 A 和维生素 D 也是脂溶性维生素，会受到一定的影响。考来烯胺还能阻碍维生素 B_{12} 与内因子结合，造成维生素 B_{12} 吸收不良。

可以说，考来烯胺对多种维生素的吸收产生影响，因此本例中单纯补充维生素 D 是不够的。另外，是药三分毒，服药期间很可能产生各种不良反应，因此一定要密切观察，出现不良反应要及时就诊。

参考文献